区块链应用开发实战

（Hyperledger Fabric）

王静红　韩小东　勒中坚　江海 ◎主编

田亚雷　冯婵◎副主编

清华大学出版社

北　京

内 容 简 介

本书由三大部分共 10 章组成。第一部分为基础篇，主要讲解了 Hyperledger Fabric 的基础知识与环境搭建方法、Hyperledger Fabric 架构体系、创建 Hyperledger Fabric 应用网络的方法；第二部分为核心篇，主要讲解了 Fabric 中的排序服务实现、成员服务提供者与策略、Hyperledger Fabric 智能合约，以及 Hyperledger Fabric 账本实现；第三部分为实践篇，主要讲解了 Fabric-SDK 应用开发实践，详细说明了通过 Fabric-SDK 开发应用程序的步骤，并带领读者动手实现了简化的人力资源信息溯源系统项目。

本书适合作为具有一定编程基础的技术开发人员、区块链技术从业者的学习资料，也可作为高校计算机专业相关课程的教材。

图书在版编目（CIP）数据

区块链应用开发实战：Hyperledger Fabric/王静红等主编. —北京：清华大学出版社，2024.4
ISBN 978-7-302-65463-6

Ⅰ. ①区…　Ⅱ. ①王…　Ⅲ. ①区块链技术—程序设计　Ⅳ. ①TP311.135.9

中国国家版本馆 CIP 数据核字(2024)第 044662 号

责任编辑：郭丽娜
封面设计：王　岩
责任校对：袁　芳
责任印制：曹婉颖

出版发行：清华大学出版社
　　　　　网　　　址：https://www.tup.com.cn,https://www.wqxuetang.com
　　　　　地　　　址：北京清华大学学研大厦 A 座　　邮　　编：100084
　　　　　社 总 机：010-83470000　　　　　　　　邮　　购：010-62786544
　　　　　投稿与读者服务：010-62776969，c-service@tup.tsinghua.edu.cn
　　　　　质量反馈：010-62772015，zhiliang@tup.tsinghua.edu.cn
　　　　　课件下载：https://www.tup.com.cn,010-83470410
印 装 者：三河市铭诚印务有限公司
经　　销：全国新华书店
开　　本：185mm×260mm　　　　　印　　张：14.25　　　　　字　　数：344 千字
版　　次：2024 年 4 月第 1 版　　　　　　　　　　　　印　　次：2024 年 4 月第 1 次印刷
定　　价：57.00 元

产品编号：101058-01

前　言

党的二十大报告指出,加快发展数字经济,促进数字经济和实体经济深度融合,打造具有国际竞争力的数字产业集群。区块链作为数字经济的基础支撑技术之一,促进了数字经济的创新和多样化,推进了数字经济新业务模式和服务的发展。

本书是一本系统性讲解 Hyperledger Fabric 平台知识并侧重介绍区块链应用项目开发实战的书籍,遵循实践出真知的理念,通过大量动手实践,循序渐进地介绍超级账本技术及其相关核心模块。

本书从实用性方面并结合相关的理论知识点考虑,具有以下特点。

(1)由浅入深地介绍超级账本技术原理,详细说明 Hyperledger Fabric 的技术体系架构、运行中的网络拓扑结构及网络中各节点角色的作用。

(2)深入探索 Hyperledger Fabric 超级账本的交易流程实现。通过对网络环境的构建与部署和智能合约的开发部署,结合实际企业应用项目,一步步地探索 Hyperledger Fabric 分布式超级账本技术及其应用开发过程。

(3)通过两个基于 Hyperledger Fabric 的 GoWeb 应用开发实例,着重介绍基于 Hyperledger Fabric 的应用程序开发相关技术点、流程及技巧,能够让读者熟练掌握分布式超级账本平台技术,使读者可以根据不同的应用需求场景开发不同的基于区块链平台的企业级分布式应用。

(4)为了帮助读者提升学习效率,本书配备了完善的学习资源,如案例源码、PPT 课件,可以从清华大学出版社的官方网站中获取。

本书由三大部分内容组成,共计 10 章。

第一部分为基础篇(第 1~3 章),着重介绍环境安装及快速调试,以及通过手动方式搭建 Hyperledger Fabric 网络的详细过程,介绍了 Hyperledger Fabric 的整体技术架构、网络拓扑结构,以及网络节点的各种角色与作用。

第二部分为核心篇(第 4~7 章),第 4 章和第 5 章详细介绍 Hyperledger Fabric 中排序服务的实现方式和 Hyperledger Fabric 独特的 MSP 分类与结构,以及如何通过多种不同的策略实现对网络中各成员的验证及权限的管理。第 6 章与第 7 章介绍智能合约的开发及区块链账本的结构，重点讲解状态数据库的实现及具体应用。

第三部分为实践篇(第 8~10 章)，第 8 章介绍 Fabric-SDK 的常用 API，详细说明如何通过 Fabric-SDK 开发应用程序，包括 Hyperledger Fabric 网络环境的搭建、SDK 的配置及测试、智能合约开发及自动化部署的实现方式，以及用户如何通过浏览器访问应用程序并操作区块链中的状态数据。第 9 章与第 10 章介绍了一个简化的人力资源信息溯源系统项目。最后两章的实践操作，还能够使读者熟练使用 fabric-sdk-go，根据不同的需求场景，开发不同的基于区块链的应用程序。

由于编者水平及经验有限，书中不足之处在所难免，恳请广大读者提出并指正。

感谢 Hyperledger Fabric 官方及社区成员为本书的编写提供了全面、深入、准确的相关参考资料。

编　者

2024 年 1 月

源代码

目 录

第一部分

基础篇

第 1 章　Hyperledger Fabric认知与环境搭建

1.1　Hyperledger Fabric 概述

1.1.1　Hyperledger 简介

从比特币开源以后,区块链逐渐广为人知,区块链技术也被广大技术开发人员所熟知。在多年的发展过程中,区块链技术已经逐渐成熟、完善,并已实际应用在诸多不同的领域中。各行业的机构、企业也明确表态,大力支持区块链技术的发展,这使其快速形成相应的产业链,逐步推广至各个行业。

普通人员可能只会将区块链定义为一种虚拟数字货币,但对于技术人员而言,区块链实际上是多种相关的成熟技术结合之后产生的一种比较特殊的分布式数据库,其主要使用的核心技术就是点对点技术(peer-to-peer,P2P)、密码学及共识机制等。其在整个过程中能够实现去中心化、达成多方共识、实现数据的分布式存储且不可篡改。根据区块链应用范围的不同可以将其分类如下。

(1)公有链:全球范围内的所有组织、机构、个人均可参与,也被大众所熟知。

(2)私有链:某一个组织或机构范围内可以参与。由于其范围较窄,因此应用较少。

(3)联盟链:指定并经过审核的多个组织、机构均可参与,目前也被各大公司普遍应用。

超级账本(Hyperledger)是在 2015 年 12 月由 Linux 基金会主导并牵头建立的,由 IBM、Intel、Cisco 等金融、银行、物联网、供应链、制造和科技等行业的巨头共同宣布了 Hyperledger 联合项目成立。作为透明、公开、去中心化的企业级分布式账本技术,超级账本项目提供开源参考实现。目前已加入的成员超过 200 多家知名企业或机构。

国外成员有 IBM、Intel、Cisco、Oracle、Swift、RedHat、VISA、FUJITSU 及 NEC 等知名互联网、制造、金融和服务企业。

国内有小米、腾讯、联想、华为、中国信通院、房掌柜及浙江大学等互联网、金融、房地产和教育等行业的相关企业及机构成为 Hyperledger 企业会员。

超级账本项目是区块链技术中第一个面向企业级应用场景的开源分布式账本平台。在 Linux 基金会推出的 70 多个开源项目中,超级账本是增长最快的,目前已经成为企业级区块链技术的开放式全球生态系统。

作为 Linux 基金会的一部分,超级账本基金会(Hyperledger Foundation)采用模块化的方法来托管项目。超级账本基金会负责开发商业区块链项目,专注于为企业级区块链部署开发一套稳定的框架、工具和库。超级账本基金会邀请所有人能够为 Hyperledger 项目和社区做出贡献,共同推进分布式账本和智能合约的行业目标。

> 超级账本基金会:Hyperledger Foundation 是一个开源社区,是一个由 Linux 基金会主办的全球合作项目,包括金融、银行、物联网、供应链、制造业和技术领域的领导者。在技术治理和开放合作的基础上,个人开发者、服务和解决方案提供商、政府协会、企业成员与最终用户都被邀请参与这些改变规则的技术的开发和推广。

1.1.2 超级账本项目分类

1. 框架项目(framework project)

超级账本(Hyperledger)项目包含了多个不同的区块链框架(分布式账本应用开发平台),主要提供企业级应用程序开发环境及相关的软件开发工具包(software development kit,SDK),用来满足不同行业的需求。

Besu:Hyperledger Besu 是一款以太坊客户端,以前称为 Pantheon,被设计作为公共和私有许可网络,对企业友好。它也可以在 Rinkeby、Ropsten 和 Görli 等测试网络上运行。Hyperledger Besu 包括几种共识算法:工作量证明(proof of work,PoW)和权威证明(proof of authority,PoA)。其综合许可方案被专门设计用于联合体环境。

Fabric:用模块化架构作为开发区块链程序或解决方案的基础,允许一些部件(如共识算法和成员服务)实现即插即用。

Iroha:由 Soramitsu、Hitachi、NTT Data 和 Colu 提供,使用 C++编写,采用拜占庭容错(byzantine fault tolerance,BFT)一致性算法实现共识,是为了将分布式账本技术简单容易地与基础架构型项目集成而设计的一个区块链框架项目。其应用程序可以使用 Python、Java、JavaScript、C++、Android 和 iOS 移动平台编写。

Sawtooth:一个创建、部署和运行分布式账本的模块化平台。它包含一个新奇的共识算法,叫作消耗时间证明(proof of elapsed time,PoET),其面向大型分布式验证器群时能够消耗最少的资源。

Indy:特别为去中心化的身份而建立的一种分布式账本,用于提供植根于区块链或其他分布式账本的数字身份,以便可以跨管理域、应用程序和其他孤岛进行互操作。

2. 超级账本实用工具(hyperledger tool)

为了能够对基于 Hyperledger 框架项目开发的区块链应用程序进行测试、部署、监控及管理,Hyperledger 提供了多个不同的实用工具来实现相关的功能。

Bevel:Hyperledger Bevel 是一个加速器工具,开发人员可以通过它在公共和私有云提供商之间一致地部署生产就绪的分布式网络。

Cacti:Hyperledger Cacti 是一个区块链集成工具,是超级账本目前孵化中的一个项目,旨在提供分散的、安全的和自适应的区块链网络之间的集成。Hyperledger Cacti 能够允许用户安全地集成不同的区块链。

Caliper:由华为、Hyperchain、Oracle、Bitwise、Soramitsu、IBM 和布达佩斯技术与经济大学的开发人员提供;是一个区块链基准工具,内置一套预定义的测试用例,让使用者可以测试特定区块链执行的性能。

Cello：由 IBM 提供，赞助商为 Soramitsu、华为和英特尔(Intel)；旨在给区块链生态系统带来按需部署服务的模式，减少创建、管理和终止区块链的难度。

FireFly：Hyperledger FireFly 是第一个开源的超级节点是企业构建并扩展安全 Web3 应用程序的完整堆栈。FireFly API 用于数字资产、数据流和区块链交易，使得在流行的链和协议上构建应用程序的速度大幅加快。

提示：如果读者需要更加详细地了解超级账本的相关内容，可以通过访问 Hyperledger 官方网站获取相关的详细信息。各项目也可以在 GitHub 仓库中获取对应项目的说明及源代码。

1.1.3 Fabric 概述

Hyperledger Fabric 是一个由 IBM、Intel、DAH 等企业机构共同提供的区块链分布式账本的具体实现平台，也是 Hyperledger 旗下最优秀的项目之一。因其目的明确，专为企业设计，所以 Fabric 具有高度模块化和可灵活配置的架构，实现了组件的即插即用，可为各行各业的不同业务提供多样性的服务和优化服务，其中包括银行、金融、保险、医疗保健、人力资源、供应链，甚至数字音乐分发。

Fabric 是第一个支持使用通用编程语言(如 Java、Golang 和 Node. js)编写智能合约的分布式账本平台，不会受限于特定领域的编程语言(domain-specific languages，DSL)。这种情况说明大多数企业已经拥有开发智能合约所需的技能，并不需要额外花费时间、精力及费用去培训学习新的语言或特定领域的编程语言。

Hyperledger Fabric 是一个开源的企业级许可分布式账本技术(distributed ledger technology，DLT)平台，Hyperledger Fabric 与其他流行的分布式账本或区块链平台最大的不同主要体现在以下几个方面。

1. 隐私和保密性

Hyperledger Fabric 是一个需要经过许可的平台，通过其通道架构(channel architecture)和私有数据(private data)的特性来实现对数据的保密性。Hyperledger Fabric 提供了建立通道(channel)的功能，允许参与者为交易新建一个单独的账本。参与者并不希望所有的交易信息(如提供给部分客户的特定价格信息)都对网络中所有参与者公开。只有在同一个通道中的参与者，才会拥有该通道中的账本，而其他不在此通道中的参与者则无权查看到这个账本的相关信息。同时 Hyperledger Fabric 还可以支持多通道(multi channel)的实现。

2. 许可

几乎任何人都可以参与非许可区块链，并且每个参与者都可以是匿名的。与开放且无须许可的网络(公有区块链)系统允许未知身份的参与者加入不同网络(需要通过工作量证明协议来保证交易有效并维护网络的安全)不同，Hyperledger Fabric 通过成员服务提供者(membership service provider，MSP)来登记所有的成员，并且在许可的情况下，降低了参与者故意通过智能合约引入恶意代码的风险。

3. 可插拔的共识协议

Hyperledger Fabric 支持可插拔的共识协议，能够让平台根据不同的应用场景进行定制,以适应特定的业务场景和信任模型。例如,当多台服务器部署在单个企业内或由可信任的权威机构管理时,会大大降低其性能和吞吐量的需求,所以完全拜占庭容错的共识机制不是必要的。在这种的情况下,使用崩溃容错(crash fault-tolerance,CFT)共识协议可能就够了,而在去中心化的场景中,则需要使用更传统的拜占庭容错共识协议。

Hyperledger Fabric 与其他区块链平台相比较,最大的优势在于其性能更好。一个区块链平台的性能可能会受到诸多因素的影响,如交易大小、区块大小、网络情况及硬件限制等,但 Hyperledger Fabric 最新的性能测试已经达到了 20000 笔/s。

综上所述,大部分企业公司在开发区块链应用程序时,都会考虑并优先使用 Hyperledger Fabric 平台,来适应不同的应用场景及需求。

1.2 搭建 Hyperledger Fabric 环境

1.2.1 环境要求说明

"工欲善其事,必先利其器。"要学习使用超级账本开发区块链应用程序,首先必须了解相应的开发环境,掌握需要哪些开发工具,以及对应工具的获取、安装及设置。

(1)操作系统:Ubuntu/CentOS/macOS/Windows。

(2)所需工具:Git、cURL、Docker、Docker-Compose、Golang。

(3)fabric-samples:bootstrap.sh。

(4)相关二进制文件:bin 和 config 文件夹及其所包含的可执行二进制工具及配置文件。

下面向大家逐一介绍各工具的安装及相关配置说明。

1.2.2 操作系统的要求

推荐使用的操作系统为 64 位的 Ubuntu v16.04 LTS,系统内核为 GNU/Linux 4.13.0-36-generic x86_64。

硬件资源要求:内存最低为 2GB,最好 3GB 以上;磁盘空间为 30GB 或更高。

如果计算机默认安装的是 Windows 操作系统,则可以在 Windows 系统中安装一个 VMware 或 VirtualBox 虚拟机应用程序,然后在虚拟机中安装 Ubuntu v16.04LTS 系统,最后在 Windows 操作系统中安装一个远程连接工具(如 XShell 或 SecureCRT),以便对 Ubuntu 系统进行远程连接并操作。后面所有的操作都基于 Ubuntu v16.04 LTS 的操作系统。

提示:如果你使用的是 Mac 计算机,同样建议使用安装虚拟机的方式来学习。

1.2.3 工具的安装

1. 安装 Git

Git 是一个非常优秀的免费、开源的版本管理控制工具,用户可以使用 Git 工具方便地下载 Golang、Hyperledger Fabric 等官方在 GitHub 网站上发布的相关源代码或其他内容。在系统中安装 Git 工具可以使用以下命令。

```
$ sudo apt update
$ sudo apt install git
```

Git 工具在 macOS 系统中默认已安装。如未安装，可以通过浏览器进入 git-scm 官方网站的下载页面，选择 Mac 系统的安装包下载并安装。

2. 安装 cURL

如果操作系统中还没有安装 cURL 工具，可以使用如下命令安装 cURL。

```
$ sudo apt install curl
```

3. 安装 Docker

首先需要检查一下当前系统中是否已经安装了 Docker 工具，如果已经安装，需要将其升级至 v18.03+或最新版本；如果未安装，则可以直接使用相关命令进行安装。步骤如下。

（1）查看系统中是否已经安装 Docker。

```
$ docker -- version
```

如果未安装，则使用以下命令安装 Docker 的最新版本。

```
$ sudo apt update
$ sudo apt install docker.io
```

（2）安装完成，使用以下命令查看 Docker 的版本信息。

```
$ docker -- version
```

命令执行后会在屏幕中输出以下的 Docker 版本信息。

```
Docker version 20.10.12, build 20.10.12 - 0ubuntu2~20.04.1
```

如果输出上面的信息，则证明 Docker 工具已经安装成功。

为了确保 Docker daemon（Docker 守护进程）是在运行状态，可以使用以下命令启动 Docker 服务。

```
$ sudo systemctl start docker
```

提示：如果希望 Docker daemon 在系统启动的时候会自动启动的话，则可以使用如下命令实现。

```
$ sudo systemctl enable docker
```

最后，使用以下命令将系统中指定的用户添加至 docker 组。

```
$ sudo usermod - a - G docker < username >
```

注意：添加至 docker 组的命令执行完毕之后必须注销或退出当前终端之后再重新进入。

4. 安装 Docker-compose

与安装 Docker 类似，需要先检查一下系统中是否已安装 Docker-compose 工具。可以使用以下命令进行检查。

```
$ docker - compose -- version
```

如系统提示未安装，则使用以下命令安装 Docker-compose 工具。

```
$ sudo apt install docker - compose
```

安装成功后，查看 Docker-compose 版本信息。

```
$ docker - compose -- version
```

命令执行后会在屏幕中输出以下 Docker-compose 版本信息。

```
docker - compose version 1.25.0, build unknown
```

5. 安装 Golang

Hyperledger Fabric v1.4.x 要求 Golang 版本必须为 v1.11.x 以上，Hyperledger Fabric v2.2.0 版本要求 Golang 版本必须为 v1.14.4 以上。本书使用 Hypereldger Fabric v2.2.9 环境，选择使用 Golang 版本为 v1.18.7。

1）下载 Golang

首先在当前用户目录下创建一个名为 download 的目录，用来保存从网络中下载的文件。然后使用 wget 工具下载 Golang 的指定版本压缩包文件 go1.18.7.linux-amd64.tar.gz：

```
$ cd ~
$ mkdir download && cd download
$ wget https://golang.google.cn/dl/go1.18.7.linux - amd64.tar.gz
```

下载 Golang 压缩包文件，需要保证操作系统能够正常访问 Golang 官方网站。下载过程可能耗时较长（取决于具体网络情况），需耐心等待。

其他系统可以在 Golang 官方下载页面中查找相应的安装包下载并安装。下载完成后文件会保存在当前的 download 目录下，可以使用 ll 命令查看，如图 1-1 所示。

2）解压文件

压缩包文件成功下载至本地后，使用 tar 命令将下载后的压缩包文件解压到指定的 /usr/local/ 路径下：

```
$ sudo tar - zxvf go1.18.7.linux - amd64.tar.gz - C /usr/local/
```

```
kevin@example:~$ cd download/
kevin@example:~/download$ wget https://golang.google.cn/dl/go1.18.7.linux-amd64.tar.gz          ←── 下载命令
--2022-11-19 00:01:23--  https://golang.google.cn/dl/go1.18.7.linux-amd64.tar.gz
Resolving golang.google.cn (golang.google.cn)... 180.163.151.34
Connecting to golang.google.cn (golang.google.cn)|180.163.151.34|:443... connected.
HTTP request sent, awaiting response... 302 Found
Location: https://dl.google.com/go/go1.18.7.linux-amd64.tar.gz [following]
--2022-11-19 00:01:23--  https://dl.google.com/go/go1.18.7.linux-amd64.tar.gz
Resolving dl.google.com (dl.google.com)... 203.208.39.225
Connecting to dl.google.com (dl.google.com)|203.208.39.225|:443... connected.
HTTP request sent, awaiting response... 200 OK
Length: 141906548 (135M) [application/x-gzip]
Saving to: ' go1.18.7.linux-amd64.tar.gz'

go1.18.7.linux-amd64.tar.gz          100%[===================================================>] 135.33M  1.16MB/s    in 1m 58s

2022-11-19 00:03:22 (1.15 MB/s) - ' go1.18.7.linux-amd64.tar.gz'  saved [141906548/141906548]

kevin@example:~/download$ ll
total 138596
drwxrwxr-x 2 kevin kevin      4096 Nov 19 00:01 ./
drwxr-xr-x 5 kevin kevin      4096 Nov 19 00:03 ../              ←── 成功下载
-rw-rw-r-- 1 kevin kevin 141906548 Oct  5 01:44 go1.18.7.linux-amd64.tar.gz
kevin@example:~/download$
```

图 1-1　Golang 安装包下载

提示：如果在解压过程中出现以下错误。

```
gzip: stdin: unexpected end of file
tar: Unexpected EOF in archive
tar: Unexpected EOF in archive
tar: Error is not recoverable: exiting now
```

则说明下载的 tar 压缩包文件有问题，如没有下载完整或压缩包数据损坏。请删除后重新下载，并重新使用解压缩命令将其解压至指定的目录中。

3）配置环境变量

解压至指定目录后，为了使 Golang 可以被系统的所有用户正常使用，我们使用 vim 文件编辑工具打开系统的 profile 文件进行编辑。

```
$ sudo vim /etc/profile
```

将光标定位在文件的最后一行，然后在 profile 文件末尾添加以下内容。

```
export GOPATH = $ HOME/go
export GOROOT = /usr/local/go
export PATH = $ GOROOT/bin: $ PATH
```

编辑完成之后，保存退出，然后使用 source 命令，使刚刚添加的配置信息生效。

```
$ source /etc/profile
```

如果只想让当前登录用户使用 Golang，其他用户不能使用，则编辑当前用户 $ HOME 目录下的 bashrc 或 profile 文件，在该文件中添加相应的环境变量即可。

通过 go version 命令验证是否成功。

```
$ go version
```

如果成功，则会输出以下 Golang 版本信息。

```
go version go1.18.7 linux/amd64
```

如果系统中有旧版本的 Golang,则使用以下命令卸载旧版本的 Golang,然后重新安装并配置。

```
$ su -
# apt - get remove golang - go -- purge && apt - get autoremove -- purge && apt - get clean
```

1.2.4　安装 Hyperledger Fabric

所需工具的下载和安装完成之后,我们就可以下载并安装 Hyperledger Fabric 了。安装方式可以分为两种:第一种也是经常使用的方式,使用官方提供的一个脚本文件实现自动安装;第二种是先将源码下载至本地系统中,然后手动编译源码进行安装。下面向大家介绍使用脚本安装的具体方式。

为了方便安装,Hyperledger Fabric 官方提供了一个可执行脚本,该执行脚本可以将 fabric-samples 和所需的二进制工具自动下载安装至本地系统中。

Hypereldger Fabric 的最新版本为 v2.5.x,我们将使用一个 v2.2.x 的 LTS 版本(上一个 LTS 版本为 v1.4.x)。为了方便后期的操作与管理,我们先在操作系统中创建一个目录,用来保存下载的 fabric-samples。

```
$ cd ~ && mkdir fabric && cd fabric
```

创建并进入该目录之后,创建一个名为 bootstrap.sh 的脚本文件,并将 GitHub 仓库中 hyperledger/fabric 项目的 blob/v2.2.9/scripts/bootstrap.sh 的内容复制至新创建的脚本文件中,然后保存退出(或直接将该脚本文件下载至本地系统中)。

```
$ vim bootstrap.sh
```

该 bootstrap.sh 可执行脚本文件的作用如下。

(1) 如果当前目录中没有 hyperledger/fabric-samples 目录及其所包含的相应文件、子目录,则从 github.com 复制到 hyperledger/fabric-samples 存储库。

(2) 使用 checkout 切换为对应指定的版本标签。

(3) 将指定版本的 Hyperledger Fabric 平台特定的二进制文件和配置文件及 fabric-ca 下载并解压到 fabric-samples 存储库的根目录中。

(4) 下载指定版本的 Hyperledger Fabric Docker 镜像文件。

(5) 将下载的 Docker 镜像文件及各镜像文件标记为"latest"。

普通文件在 Linux 操作系统中是无法直接运行的,我们必须对其赋予可执行权限它们才能够运行,执行以下命令对 bootstrap.sh 脚本文件赋予可执行权限。

```
$ chmod + x bootstrap.sh
```

赋予可执行权限之后,可以直接执行此文件。

```
$ sudo ./bootstrap.sh
```

在执行此脚本文件时,网络环境必须稳定,否则会因为网络而导致各种问题的产生,例如,下载到一半时网络超时,最后下载失败等;并且由于 Docker 的各种镜像文件下载时间较长,所以请耐心等待。执行过程如图 1-2 所示。

```
kevin@example:~/fabric$ sudo ./bootstrap.sh
Clone hyperledger/fabric-samples repo

===> Cloning hyperledger/fabric-samples repo and checkout v2.2.9    ◄─── 复制fabric-samples并检出指定的版本
Cloning into 'fabric-samples'...
remote: Enumerating objects: 11474, done.
remote: Counting objects: 100% (76/76), done.
remote: Compressing objects: 100% (51/51), done.
remote: Total 11474 (delta 33), reused 44 (delta 19), pack-reused 11398
Receiving objects: 100% (11474/11474), 21.79 MiB | 717.00 KiB/s, done.
Resolving deltas: 100% (6145/6145), done.
Note: switching to 'v2.2.9'.

You are in 'detached HEAD' state. You can look around, make experimental
changes and commit them, and you can discard any commits you make in this
state without impacting any branches by switching back to a branch.

If you want to create a new branch to retain commits you create, you may
do so (now or later) by using -c with the switch command. Example:

  git switch -c <new-branch-name>

Or undo this operation with:

  git switch -

Turn off this advice by setting config variable advice.detachedHead to false

HEAD is now at c3a0e81 Missing await in asset-transfer-basic chaincode (#693)

Pull Hyperledger Fabric binaries
                                                        下载所需的二进制工具
===> Downloading version 2.2.9 platform specific fabric binaries  ◄───
===> Downloading: https://github.com/hyperledger/fabric/releases/download/v2.2.9/hyperledger-fabric-linux-amd64-2.2.9.tar.gz
  % Total    % Received % Xferd  Average Speed   Time    Time     Time  Current
                                 Dload  Upload   Total   Spent    Left  Speed
  0     0    0     0    0     0      0      0 --:--:-- --:--:-- --:--:--     0
  0 66.4M    0  5551    0     0   3812      0  5:04:28  0:00:01  5:04:27  3812
```

图 1-2　bootstrap.sh 执行过程

fabric-samples 与相关二进制工具及配置文件下载完成之后,会接着自动下载 fabric-ca 的服务端与客户端二进制工具,如图 1-3 所示。

```
===> Downloading version 2.2.9 platform specific fabric binaries
===> Downloading: https://github.com/hyperledger/fabric/releases/download/v2.2.9/hyperledger-fabric-linux-amd64-2.2.9.tar.gz
  % Total    % Received % Xferd  Average Speed   Time    Time     Time  Current
                                 Dload  Upload   Total   Spent    Left  Speed
  0     0    0     0    0     0      0      0 --:--:-- --:--:-- --:--:--     0
100 66.4M  100 66.4M    0     0  20318      0  0:57:07  0:57:07 --:--:-- 42464
==> Done.
                                                            下载fabric-ca二进制
===> Downloading version 1.5.5 platform specific fabric-ca-client binary  ◄───
===> Downloading: https://github.com/hyperledger/fabric-ca/releases/download/v1.5.5/hyperledger-fabric-ca-linux-amd64-1.5.5.tar.gz
  % Total    % Received % Xferd  Average Speed   Time    Time     Time  Current
                                 Dload  Upload   Total   Spent    Left  Speed
  0     0    0     0    0     0      0      0 --:--:-- --:--:-- --:--:--     0
 11 29.4M   11 3504k    0     0  22568      0  0:22:47  0:02:38  0:20:09 29806
```

图 1-3　二进制工具下载

fabric-ca 工具下载完成之后,按照脚本中的执行顺序,开始依次下载 Hyperledger Fabric Docker 镜像至本地 Docker 仓库中,这些镜像最终将构成 Hyperledger Fabric 网络,下载的镜像包括:hyperledger/fabric-peer:2.2.9、hyperledger/fabric-orderer:2.2.9、hyperledger/fabric-ccenv:2.2.9、hyperledger/fabric-tools:2.2.9、hyperledger/fabric-baseos:2.2.9、hyperledger/fabric-javaenv:2.2.9 和 hyperledger/fabric-ca:1.5.5。

下载完成后,查看相关输出内容。如果有下载失败的镜像,可再次执行命令重新下载。

> 注意：下载失败最大的可能性是因为网络环境的情况，如果产生了网络无法访问、连接被重置、连接中断等各种错误，则建议在网络访问人数较少的时间段重新使用上述命令执行脚本文件。
>
> 重新执行脚本命令对于已下载的 Docker 镜像文件不会重新下载。
>
> 脚本文件中的二进制文件可能由于网络环境导致下载失败，读者可以在 Hyperledger Fabric 项目仓库中选择相应版本的二进制文件压缩包，此处选择的是 hyperledger-fabric-linux-amd64-2.2.0.tar.gz 及 hyperledger-fabric-ca-linux-amd64-1.4.7.tar.gz 版本的压缩包文件。
>
> 下载的 hyperledger-fabric-linux-amd64-2.2.0 tar.gz 压缩包内有 bin 和 config 两个文件夹，hyperledger-fabric-ca-linux-amd64-1.4.7.tar.gz 压缩包内有 bin 文件夹，将两个 bin 文件夹内的二进制文件汇总在同一个 bin 文件夹内。最后将 bin 和 config 文件夹复制或直接移动至 fabric-samples 文件夹内即可。

脚本文件全部执行完成后，终端自动输出以下所示内容(自动列出已安装的 Docker 镜像文件)。

```
===> List out hyperledger docker images
hyperledger/fabric - tools      2.2      670b1b4657df      7 days ago      458MB
hyperledger/fabric - tools      2.2.9    670b1b4657df      7 days ago      458MB
hyperledger/fabric - tools      latest   670b1b4657df      7 days ago      458MB
hyperledger/fabric - peer       2.2      49e183118843      7 days ago      52.8MB
hyperledger/fabric - peer       2.2.9    49e183118843      7 days ago      52.8MB
hyperledger/fabric - peer       latest   49e183118843      7 days ago      52.8MB
hyperledger/fabric - orderer    2.2      d4dde80280b2      7 days ago      34.2MB
hyperledger/fabric - orderer    2.2.9    d4dde80280b2      7 days ago      34.2MB
hyperledger/fabric - orderer    latest   d4dde80280b2      7 days ago      34.2MB
hyperledger/fabric - ccenv      2.2      c0136ddc7361      7 days ago      518MB
hyperledger/fabric - ccenv      2.2.9    c0136ddc7361      7 days ago      518MB
hyperledger/fabric - ccenv      latest   c0136ddc7361      7 days ago      518MB
hyperledger/fabric - baseos     2.2      39b35230f606      7 days ago      6.82MB
hyperledger/fabric - baseos     2.2.9    39b35230f606      7 days ago      6.82MB
hyperledger/fabric - baseos     latest   39b35230f606      7 days ago      6.82MB
hyperledger/fabric - ca         1.5      93f19fa873cb      3 months ago    76.5MB
hyperledger/fabric - ca         1.5.5    93f19fa873cb      3 months ago    76.5MB
hyperledger/fabric - ca         latest   93f19fa873cb      3 months ago    76.5MB
kevin@example:~/fabric $
```

为了便于后期在不需要指定每个二进制文件所在的绝对路径的情况下使用相关的二进制工具，可以将其添加到系统的 PATH 环境变量中，命令格式如下：

```
$ export PATH = < path to download location >/bin: $ PATH
```

其中<path to download location>表示 fabric-samples 文件目录所在路径，例如：

```
$ export PATH = $ HOME/fabric/fabric - samples/bin: $ PATH
```

最后查看一下当前 fabric-samples 目录的所属用户信息,如果所属为非当前登录用户,则需要将其 fabric-samples 目录所属更改为当前用户。使用以下命令进行目录所属信息的更改。

```
$ sudo chown - R kevin:kevin ~/fabric/
```

1.3 Hyperledger Fabric 环境快速调试

1.3.1 network.sh 脚本

将 Hyperledger Fabric Docker 镜像及 fabric-samples 下载至本地系统后,用户可以使用 fabric-samples 代码库中提供的一个自动化脚本来部署并测试 Hyperledger Fabric 网络。通过此脚本在本地系统中创建并运行各个节点来实现对 Hyperledger Fabric 网络的测试。该自动化脚本文件被存放在 fabric-samples/test-network 目录中。

首先使用以下命令进入自动化脚本文件所在的 test-network 目录。

```
$ cd ~/fabric/fabric - samples/test - network/
```

成功进入指定的 test-network 目录之后,用户会看到有一个名称为 network.sh 的脚本文件,如下所示。

```
...(略)
- rw - r - - r - -   1  kevin kevin    344 Nov   19  2022   .gitignore
- rwxr - xr - x   1  kevin kevin  18602 Nov 19  2022   network.sh *
drwxr - xr - x    4  kevin kevin   4096 Jul  21  14:50  organizations/
- rwxrwxr - x    1  kevin kevin   1529 Jul  21  14:14  orgRole.sh *
- rw - r - - r - -   1  kevin kevin    777 Nov   19  2022   README.md
drwxr - xr - x    3  kevin kevin   4096 Nov  19   2022   scripts/
drwxr - xr - x    2  kevin kevin   4096 Jul  21  14:50  system - genesis - block/
```

如果该脚本文件没有可执行权限,则可以使用如下命令添加执行权限。

```
$ chmod 755 network.sh
```

添加完成之后可以使用 ll 命令查看该文件的详细信息,发现可执行权限已成功添加,如下面中的 network.sh 文件所对应的权限信息。

```
...(略)
- rwxr - xr - x   1 kevin kevin 18602   Nov 19 2022 network.sh *
drwxr - xr - x    4 kevin kevin 4096    Jul 21 14:50 organizations/
```

这个脚本文件在本地系统中将会使用 Docker 镜像建立 Hyperledger Fabric 网络。该脚本的具体使用方式可以通过使用-h 选项查看该命令的相关帮助说明得知:

```
$ ./network.sh - h
```

相关命令可以使用的选项如下。

up 及 createChannel 命令的可用选项。

```
- ca < use CAs > - 使用证书颁发机构生成网络加密相关的材料
- c < channel name > - 指定要创建的通道名称(默认为 "mychannel")
- s < dbtype > - 指定要使用的状态数据库:goleveldb(默认)或 couchdb
- r < max retry > - CLI 最大的尝试次数 (默认为 5)
- d < delay > - CLI 延迟秒数 (默认为 3)
- i < imagetag > - 指定 Fabric Docker 镜像的标签 (默认为 "latest")
- cai < ca_imagetag > - 指定 fabric - ca Docker 镜像的标签 (默认为 "latest")
- verbose - 详细模式
```

deployCC 命令的可用选项。

```
- c < channel name > - 指定部署的链码所在通道名称
- ccn < name > - 指定要部署的链码名称
- ccl < language > - 指定部署链码的编程语言,可以使用的编程语言:Golang(默认), Java,
                     JavaScript, TypeScript
- ccv < version > - 指定部署的链码版本.如 1.0 (默认), v2, version3.x 等
- ccs < sequence > - 为链码定义一个必须为整数的序列.如 1 (默认), 2, 3 等
- ccp < path > - 指定要部署的链码文件所在路径
- ccep < policy > - (可选)使用签名策略语法指定链码的背书策略.默认需要 Org1 与
                    Org2 确认
- cccg < collection - config > - (可选)指定私有数据集配置文件的文件路径
- cci < fcn name > - (可选)链码初始化的函数名称.当提供一个函数时,将请求执行 init
                     并调用该函数
- h - 查看帮助信息
```

1.3.2 测试 Hyperledger Fabric 网络

我们熟悉了 network.sh 自动化脚本的相关命令及其选项之后,就可以使用相关的命令及选项来建立并测试 Hyperledger Fabric 网络了。

1. 启动 Hyperledger Fabric 网络

首先进入 test-network 目录。

```
$ cd ~/fabric/fabric - samples/test - network
```

为了保证网络环境的正确性,避免产生一些错误,可以先使用 down 命令关闭网络并清空环境(删除先前运行的所有容器或工程)。

```
$ ./network.sh down
$ docker ps
$ docker images
```

然后使用 up 命令启动网络。

```
$ ./network.sh up
```

　　命令执行后会创建一个由两个 Peer（对等）节点和一个 Orderer（排序）节点组成的 Hyperledger Fabric 网络。使用 ./network. sh up 命令没有创建任何的通道，这一点将在后面通过使用相关的命令来实现。命令执行成功后将会看到创建的相关节点的日志信息（包含成功创建并处于运行状态的容器信息），如图 1-4 所示。

```
Creating network "fabric_test" with the default driver
Creating volume "docker_orderer.example.com" with default driver
Creating volume "docker_peer0.org1.example.com" with default driver
Creating volume "docker_peer0.org2.example.com" with default driver
Creating peer0.org1.example.com ... done
Creating orderer.example.com    ... done
Creating peer0.org2.example.com ... done
Creating cli
CONTAINER ID   IMAGE                           NAMES                   COMMAND              CREATED        STATUS               PORTS
88260b4c9396   hyperledger/fabric-tools:latest "/bin/bash"          1 second ago   Up Less than a second
                                               cli
944694767bed   hyperledger/fabric-orderer:latest  "orderer"         4 seconds ago  Up 1 second          0.0.0.0:7050->7050/tcp, :::7050->7050/tcp, 0.0.0.0:9443->9443/
tcp, :::9443->9443/tcp                         orderer.example.com
d117054f6014   hyperledger/fabric-peer:latest  "peer node start"    4 seconds ago  Up 1 second          0.0.0.0:9051->9051/tcp, :::9051->9051/tcp, 7051/tcp, 0.0.0.0:9
445->9445/tcp, :::9445->9445/tcp  peer0.org2.example.com
93b9ce64eaac   hyperledger/fabric-peer:latest  "peer node start"    4 seconds ago  Up Less than a second 0.0.0.0:7051->7051/tcp, :::7051->7051/tcp, 0.0.0.0:9444->9444/
tcp, :::9444->9444/tcp            peer0.org1.example.com
kevin@example:~/fabric/fabric-samples/test-network$
```

图 1-4　容器信息

　　注意：如果在执行 ./network. sh up 命令后出现如下错误，则表示在执行该脚本文件时，所需的二进制工具及其配置文件没有找到。

```
Starting nodes with CLI timeout of '5' tries and CLI delay of '3' seconds and using database
'leveldb' with crypto from 'cryptogen'
Peer binary and configuration files not found...
Follow the instructions in the Fabric docs to install the Fabric Binaries
```

解决方法如下。

（1）首先配置二进制工具所在目录的环境变量。

```
$ export PATH = $HOME/fabric/fabric - samples/bin: $ PATH
```

（2）然后进入 fabric-samples/bin 目录中，检查二进制工具是否具有可执行权限。

```
$ cd ~/fabric/fabric - samples/bin
$ ll
```

（3）如果没有可执行权限，则可以使用如下命令赋予相关的二进制工具可执行权限。

```
$ sudo chmod 774  *
```

2. 创建通道

　　Hyperledger Fabric 测试网络环境所需的两个 Peer 节点及一个 Orderer 节点已经创建并成功运行，接下来创建用于在 Org1 与 Org2 之间进行交易的通道（channel）。

　　使用 createChannel 命令创建通道，如果未指定通道名称，则使用默认名称 mychannel 作为应用通道的名称（如果需要创建具有自定义名称的通道，则可以使用-c 选项指定通道名称）。

```
$ ./network.sh createChannel
```

📄 **注意:** createChannel 命令,实际会使用当前目录中的 scripts/createChannel.sh 脚本文件进行通道的创建,所以,需要确认该脚本文件是否具有可执行权限,否则会导致运行过程中产生错误。

createChannel 命令执行时,首先会使用指定的二进制工具 configtxgen 创建应用通道交易配置文件,然后根据已创建的应用通道交易配置文件创建指定的通道,最后将指定的 Peer 节点加入已创建的通道中。所有步骤完成之后,所有已加入此通道的节点就可以在此通道中进行交易。

3. 部署链码

应用通道创建成功之后,可以使用 deployCC 命令在通道上部署一个指定的链码。

```
$ ./network.sh deployCC – ccn basic – ccp ../asset – transfer – basic/chaincode – go – ccl go
$ docker ps
```

deployCC 命令将在 peer0.org1.example.com 和 peer0.org2.example.com 上安装 asset-transfer(basic)资产转移链码。然后在指定默认的 mychannel 通道上部署指定的链码。如果第一次部署链码,脚本将会先下载安装链码所需要的依赖项。默认情况下,脚本安装 Golany 版本的 asset-transfer(basic)链码。但是开发人员可以使用-ccl 选项,指定安装 Java 或 JavaScript 版本的链码。可以在 fabric-samples 目录的 asset-transfer-basic 目录中找到 asset-transfer(basic)链码的源代码文件。

📄 **注意:** 在部署链码时会下载相关的依赖项,如果在下载过程中因网络环境或网络访问等情况出现问题导致下载失败,可以使用官方推荐的 go mod 工具解决。

如果使用的 Golang 版本是 1.13 及以上(推荐),实现代码如下:

```
$ go env – w GO111MODULE = on
$ go env – w GOPROXY = https://goproxy.cn,direct
♯ 设置不走 proxy 的私有仓库,多个用逗号相隔(可选)
$ go env – w GOPRIVATE = *.corp.example.com
♯ 设置不走 proxy 的私有组织(可选)
$ go env – w GOPRIVATE = example.com/org_name
```

设置完成之后,可以将当前的 Fabric 网络环境先关闭清空,之后依次使用 up、createChannel 命令启动并创建通道。

```
$ ./network.sh up createChannel
```

最后重新执行链码部署的命令。

```
$ ./network.sh deployCC – ccn basic – ccp ../asset – transfer – basic/chaincode – go – ccl go
```

将二进制工具及配置文件所在路径添加到 CLI 路径。

```
$ export PATH = $ {PWD}/../bin: $ PATH
$ export FABRIC_CFG_PATH = $ PWD/../config/
```

设置允许以 Org1 的形式操作 peer CLI 的环境变量。

```
$ export CORE_PEER_TLS_ENABLED = true
$ export CORE_PEER_LOCALMSPID = "Org1MSP"
$ export CORE _ PEER _ TLS _ ROOTCERT _ FILE = $ {PWD}/organizations/peerOrganizations/org1.
example. com/peers/peer0. org1. example. com/tls/ca. crt
$ export CORE _ PEER _ MSPCONFIGPATH = $ {PWD}/organizations/peerOrganizations/org1. example.
com/users/Admin@ org1. example. com/msp
$ export CORE_PEER_ADDRESS = localhost:7051
```

在上面的命令中,CORE _ PEER _ TLS _ ROOTCERT _ FILE 与 CORE _ PEER _ MSPCONFIGPATH 两个环境变量指向 Org1 中的 organizations(组织)文件夹中的 Org1 加密材料,代表当前 CLI 的身份。指定身份之后,就可以使用相关的命令对已经部署在通道中的链码进行调用及查询。

4. 实现交易

为了能够进行对比,首先通过 chaincode query 命令查询分类账中的数据。

```
$ peer chaincode query − C mychannel − n basic − c '{"Args":["GetAllAssets"]}'
```

查询后可以看到终端屏幕中没有任何的输出信息,表示当前的分类账中没有相关的数据。可以先对账本赋予一些初始资产,使用以下命令实现对分类账的资产初始化。

```
$ peer chaincode invoke − o localhost:7050 −− ordererTLSHostnameOverride orderer. example.
com −− tls −− cafile
$ {PWD}/organizations/ordererOrganizations/example. com/orderers/orderer. example. com/msp/
tlscacerts/tlsca. example. com − cert. pem − C mychannel − n basic −− peerAddresses localhost:
7051 −− tlsRootCertFiles
$ {PWD}/organizations/peerOrganizations/org1. example. com/peers/peer0. org1. example. com/
tls/ca. crt −− peerAddresses localhost:9051 −− tlsRootCertFiles
$ {PWD}/organizations/peerOrganizations/org2. example. com/peers/peer0. org2. example. com/
tls/ca. crt − c '{"function":"InitLedger","Args":[]}'
```

初始化命令执行后会输出以下表示执行成功的提示信息(返回状态码为 200)。

```
[ chaincodeCmd ] chaincodeInvokeOrQuery − > INFO 001 Chaincode invoke successful. result:
status:200
```

为了验证初始化数据是否成功,接下来再次执行一次查询分类账的命令。

```
$ peer chaincode query − C mychannel − n basic − c '{"Args":["GetAllAssets"]}'
```

命令执行成功后,将会看到以下响应输出信息。

```
[{"ID":"asset1","color":"blue","size":5,"owner":"Tomoko","appraisedValue":300},{"ID":
"asset2","color":"red","size":5,"owner":"Brad","appraisedValue":400},{"ID":"asset3",
"color":"green","size":10,"owner":"Jin Soo","appraisedValue":500},{"ID":"asset4","color":
```

```
"yellow","size":10,"owner":"Max","appraisedValue":600},{"ID":"asset5","color":"black",
"size":15,"owner":"Adriana","appraisedValue":700},{"ID":"asset6","color":"white","size":
15,"owner":"Michel","appraisedValue":800}]
```

当一个 Hyperledger Fabric 网络成员希望在账本上转移或更改一些资产时，必须使用链码调用命令 chaincode invoke 调用 asset-transfer(basic)链码改变通道账本中的资产所有者。更改分类账执行的命令如下：

```
$ peer chaincode invoke -o localhost:7050 --ordererTLSHostnameOverride orderer.example.
com --tls --cafile
${PWD}/organizations/ordererOrganizations/example.com/orderers/orderer.example.com/msp/
tlscacerts/tlsca.example.com-cert.pem -C mychannel -n basic --peerAddresses localhost:
7051 --tlsRootCertFiles
${PWD}/organizations/peerOrganizations/org1.example.com/peers/peer0.org1.example.com/tls/ca.
crt --peerAddresses localhost:9051 --tlsRootCertFiles
${PWD}/organizations/peerOrganizations/org2.example.com/peers/peer0.org2.example.com/
tls/ca.crt -c '{"function":"TransferAsset","Args":["asset6","Christopher"]}'
```

命令如果执行成功，将看到以下表示执行成功的输出信息。

```
Chaincode invoke successful. result: status:200
```

为了验证分类账中的信息是否被真正修改，可以再次使用查询命令调用链码中的函数查询指定的信息。

```
$ peer chaincode query -C mychannel -n basic -c '{"Args":["ReadAsset","asset6"]}'
```

通过查询分类账的命令的响应输出结果，发现账本中的信息已经被成功修改，如图 1-5 所示。

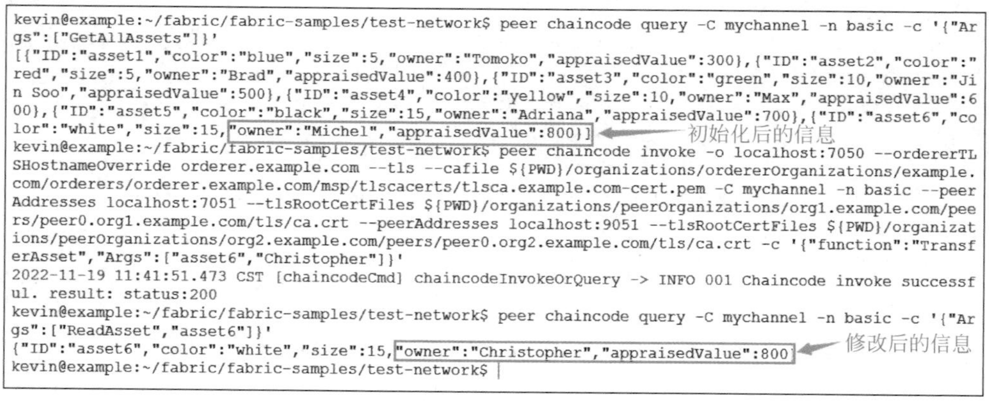

图 1-5 查询分类账信息（1）

区块链最大的特点是分布式，也就是账本信息同步。在已经创建并处于正常运行状态中的 Hyperledger Fabric 网络中，存储分类账信息的有两个节点，分别为 peer0.org1.example.com 与 peer0.org2.example.com。为了验证信息是否同步，可以将指定的相关环境变量切换为 Org2 的身份来查询另一个节点中的信息是否已经实现同步。

```
$ export CORE_PEER_TLS_ENABLED = true
$ export CORE_PEER_LOCALMSPID = "Org2MSP"
$ export CORE_ PEER _ TLS _ ROOTCERT _ FILE = $ { PWD}/organizations/peerOrganizations/org2.
example.com/peers/peer0.org2.example.com/tls/ca.crt
$ export CORE_PEER_MSPCONFIGPATH = $ {PWD}/organizations/peerOrganizations/org2.example.
com/users/Admin@org2.example.com/msp
$ export CORE_PEER_ADDRESS = localhost:9051
```

使用以下命令查询分类账信息。

```
$ peer chaincode query – C mychannel – n basic – c '{"Args":["ReadAsset","asset6"]}'
```

该查询分类账命令成功执行后,可以看到如图 1-6 所示的响应信息,证明修改之后的分类账信息已经被同步至 peer0. org2. example. com 节点。

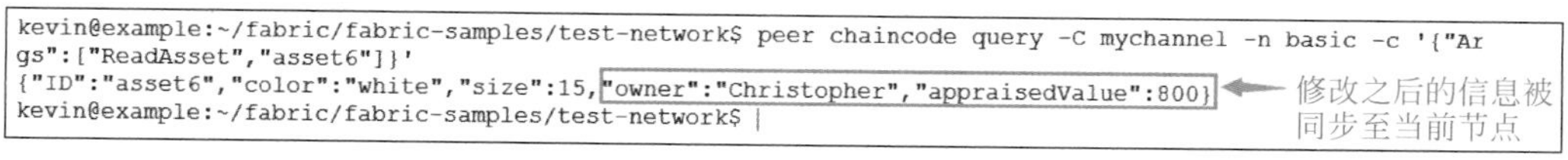

```
kevin@example:~/fabric/fabric-samples/test-network$ peer chaincode query -C mychannel -n basic -c '{"Ar
gs":["ReadAsset","asset6"]}'
{"ID":"asset6","color":"white","size":15,"owner":"Christopher","appraisedValue":800}  ◀── 修改之后的信息被
kevin@example:~/fabric/fabric-samples/test-network$ |                                     同步至当前节点
```

图 1-6　查询分类账信息(2)

使用完测试网络后,可以使用 network. sh 脚本的 down 命令关闭网络。

```
$ ./network.sh down
```

down 命令执行后将按照 network. sh 脚本中的顺序停止并删除创建的节点、链码容器和组织的加密材料,然后从 Docker Registry 移除链码镜像。该命令还会删除之前已经创建的通道项目和 Docker 卷。如果开发人员需要再次进行测试,可以再次使用 network. sh 脚本的相关命令实现。执行过程及相关的输出信息如下:

```
Stopping network
...(略)
Deleted: sha256:42887add5aba6520d49a147896d7cf327271c3259872a2bca7b3c0df819eba84
```

第2章 Hyperledger Fabric架构体系详解

2.1 Hyperledger Fabric 技术架构体系

Hyperledger Fabric 平台设计的核心宗旨是满足企业级业务需求的多样性,所以整个平台被设计为由一个或多个不同的模块组成,主要用于在不同的企业级应用中通过多种方式进行配置,以便满足不同行业不同场景下的应用需求。

(1) 排序服务:可插拔的排序服务对交易顺序建立共识,然后向各组织中的相关节点广播区块。

(2) 成员服务:可插拔的成员服务提供者负责将网络中的实体与加密身份相关联。

(3) P2P:可选的 gossip(一种分布式数据同步协议)服务通过排序服务将区块发送到其他的节点中。

(4) 链码服务:链码(其他区块链平台中称为智能合约)被隔离运行在一个安全的容器环境(如 Docker)中。链码可以使用标准的编程语言进行编写(如 Golang、Java、JavaScript 等)。

(5) 账本服务:在具体使用中可以通过配置用来支持多种不同的 DBMS(database management system,数据等管理系统)。

Hyperledger Fabric 整体技术架构体系如图 2-1 所示。

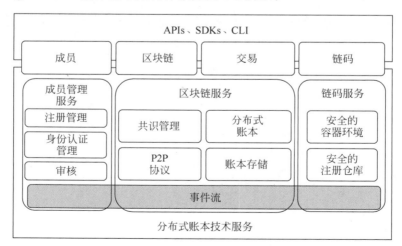

图 2-1 Hyperledger Fabric 整体技术架构体系

从图 2-1 中可以看到,对于应用开发而言,Hyperledger Fabric 将各个功能模块主要分成了五个部分,即 MEMBER SHIP、BLOCKCHAIN、TRANSACTIONS、CHAINCODE 和 Event Stream。对于超级账本本身的技术架构体系而言,其主要分为四个核心服务,我们可以将它们称为 Hyperledger Fabric 的四大核心组件。

1) membership services(成员服务)

超级账本平台与其他公有链平台最大的区别之一就是“许可”。在 Hyperledger Fabric 网络中,所有交易的参与者都必须拥有一个明确的已知身份。为了保证其安全性,由公钥基础设施(public key infrastructure,PKI)生成用于方便管理各节点的组织、相关网络组件,以及与终端用户或客户端应用程序相关联的加密证书。交易及验证的各个过程都由 MSP 负责进行签名、验证及身份认证。

2) Blockchain Services(区块链服务)

区块链服务组件是整个 Hyperledger Fabric 的底层核心组件,为区块链主体功能的实现提供了底层支撑,其包含的功能较多,主要分为两部分。第一部分主要是为交易服务提供的共识机制。第二部分主要是为账本服务提供的相关存储、分发及网络中各节点之间通信的实现机制。

(1) BLOCKCHAIN(区块):一个完整的区块链由多个区块组成,每一个区块之间使用哈希值进行连接。这个服务主要实现了区块的生成、存储及分发等相关功能。

(2) TRANSACTIONS(交易):交易通过调用智能合约实现对数据的操作。在 Hyperledger Fabric 中对智能合约的操作主要有以下两种类型。

① 部署交易:部署是请求在 Peer 上启动链码容器;智能合约是由开发人员根据具体的需求或应用场景通过合适的编程语言对数据进行操作的一个组件。开发完成之后安装在指定的 Peer 节点中。若一个部署交易执行成功,则表明链码已被成功安装到区块链网络中。

② 调用交易:当指定的智能合约被成功安装在 Peer 节点并且在通道上定义之后,该智能合约就可以被客户端应用进行调用。客户端应用是通过向智能合约的背书策略(endorse policy)所指定的 Peer 节点发送交易提案的方式来调用智能合约的。这个交易的提案会作为智能合约的输入,智能合约会使用它来生成一个背书交易响应,并由执行智能合约的 Peer 节点直接返回给客户端应用。

3) Chaincode Services(链码服务)

区块链网络的核心是智能合约,在 Hyperledger Fabric 中智能合约被称为 Chaincode (链码)。开发人员可以通过智能合约定义业务对象的不同状态,并管理对象在不同状态之间变化的过程。智能合约是一个可以对账本数据进行操作(提供了相应的 API)的由开发人员根据不同的业务需求或应用场景实现的可开发组件,主要在区块链网络的不同组织之间共享关键的业务流程及相关数据。

注意:智能合约(Smart Contracts)与链码(Chaincode)的相关内容见 6.1 节。

---

4) event stream(事件流)

事件流为各组件之间实现异步通信提供技术支持。

2.2 Hyperledger Fabric 网络及其架构体系

2.2.1 Hyperledger Fabric 网络

1. Hyperledger Fabric 中的部分重要概念

联盟(Consortium):联盟在 Hyperledger Fabric 中通过特定的协议定义了网络中的部分组织,在同一个联盟之内,成员能够共享彼此之间的交易需求,认可彼此之间的成员身份,根据相同的策略认可相关交易。Hyperledger Fabric 网络中可以由多个联盟组成,但在实际应用中只使用一个联盟。

组织(Organization):组成联盟的基本单位,一个联盟由若干个组织组成。为了方便管理不同的实体,可以将其进行逻辑划分,由多个不同的实体组成一个组织。

通道(Channel):通道将一个完整的 Hyperledger Fabric 网络分割成为不同的子网,能够实现两个或两个以上特定网络成员之间的专用通信,隔离不同的账本数据,实现私有交易。网络中的每一笔交易都在专用的通道中执行,并且加入该通道中的每一个组织(包含组织中所拥有的 Peer 节点)都必须经过身份认证及相关授权之后才可以在该通道中进行交易。Hyerledger Fabric 支持多通道的设计,从而提高账本的隔离安全性;但多通道的缺点也显而易见,那就是一个 Hyperledger Fabric 网络中,通道的数量越多,其维护的困难度也越高。

节点(Node):在 Hyperledger Fabric 网络中与某一指定节点处于同一对等群中的一个节点,是组成 Org 组织的基本单位。在 Hyperledger Fabric 网络中,实际的节点有两种:Orderer 与 Peer。Orderer 节点主要实现排序服务并打包产生区块;Peer 节点主要负责对交易进行背书、存储账本副本等。

证书授权中心(Fabric CA):在 Hyperledger Fabric 中是默认的认证授权管理组件,它可以向 Fabric 网络成员的 Org 组织及其用户颁发基于 PKI 的证书。CA 为每个成员颁发一个根证书(RootCert),并会为每个授权用户颁发一个注册证书(ECert)。

私有数据(Private Data):存储在每个授权 Peer 节点的专用数据库中的机密数据,在逻辑上与通道中的账本数据分开。通过私有数据集合定义,对该数据的访问仅限于通道中指定的一个或多个组织。未经授权的组织将在通道账本上有一份私有数据的哈希值作为交易数据的证据。此外,为了进一步保护隐私,通过排序服务进行的交易的数据是私有数据的哈希值,而不是私有数据本身。

2. Peer 节点的角色

在 Hyperledger Fabric 网络中,Organization 中的成员主要是由 Peer 节点组成。Peer 节点不仅可以存储账本,还可以将智能合约打包成为链码进行部署。在 Fabric 网络中所有的 Peer 节点都是相同的,基于该网络的配置,Peer 节点根据不同的作用被划分为不同的角色。

(1) 提交节点(Committing Peer):通道中的每个 Peer 节点都是一个提交节点。提交节点会接收由 Orderer 节点生成的区块,接收到的区块经过验证之后会以附加的方式提交到 Peer 节点的账本副本中。

(2) 背书节点(Endorsing Peer):每一个安装了链码的 Peer 节点都被称为背书节点。但是要想将一个 Peer 节点定义成为一个真正意义上的背书节点,则必须保证该节点上的智能合约能够被应用/客户端(App/Client)调用,来生成一个被添加了签名的交易提案响应消息。

(3) 领导/主节点(Leading Peer):当某一个 Org 组织在通道中拥有多个 Peer 节点时,多个 Peer 节点所属的 Org 组织必须有一个领导/主节点,该主节点主要负责与排序节点进行通信,将从排序节点接收到的区块分发到节点所属组织内的其他提交节点。在 Hyperledger Fabric 中,Peer 领导/主节点的产生有两种方式。

① 静态指定方式:通过配置文件直接指定组织内的领导/主节点(可以在配置文件中指定多个领导/主节点)。

② 动态选举方式:在网络启动时 Org 组织内的所有 Peer 节点参与并通过选举的方式动态产生领导/主节点。在 Hyperledger Fabric 网络运行过程中,如果其中一个领导/主节点出了问题,那么 Org 组织内其余的 Peer 节点将会重新选举一个新的领导/主节点,以保证 Org 组织中至少有一个领导/主节点与 Orderer 节点进行通信。

(4) 锚节点(Anchor Peer):锚节点的主要作用是跨组织通信。如果一个 Org 组织中的 Peer 节点需要同另一个 Org 组织中的 Peer 节点进行通信,可以使用对方组织通道配置中所定义的锚节点。在一个 Org 组织中可以指定 0 个或者多个锚节点,并且一个锚节点能够帮助很多不同的跨组织间的通信。比如,假设在一个应用通道中定义有 OrgA、OrgB、OrgC 三个组织,有一个为组织 OrgC 定义的锚节点 peer0.orgC。当 peer1.orgA(来自组织 OrgA)联系 peer0.orgC 的时候,它会告诉 peer0.orgC 关于 peer0.orgA 的信息。然后当 peer1.orgB 联系 peer0.orgC 时,后者会告诉前者关于 peer0.orgA 的信息。之后,组织 OrgA 和 OrgB 就可以开始直接地交换各自的成员信息而不需要 peer0.orgC 的参与。

注意:在 Hyperledger Fabric 网络中,一个 Peer 节点的角色可以是四种角色的任意组合,也可以同时是提交节点、背书节点、主节点和锚节点四种。但每一个 Peer 节点首先必须是提交节点,然后才可以担任其他角色。

2.2.2 Hyperledger Fabric 网络拓扑结构

Hyperledger Fabric 网络结构相较于其他区块链平台的网络结构而言,要复杂很多,除了相关的网络节点,Hyperledger Fabric 网络中还有其他重要角色,正如 Hyperledger Fabric 官方文档给出的网络拓扑结构图(图 2-2)。

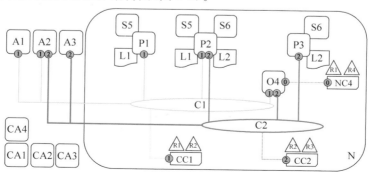

图 2-2 Hyperledger Fabric 网络拓扑结构

在图 2-2 所示的网络拓扑结构中,对于相关组件的解释如下。
- A:表示应用/客户端(Application/Client);
- S:表示智能合约(Smart Contract,Hyperledger Fabric 中称为 Chaincode);
- L:表示账本及其副本(Ledger);
- P:表示 Peer 节点;
- O:表示 Orderer 节点;
- R:表示组织(Organization);
- N:表示 Hyperledger Fabric 网络(Network);
- NC:表示网络配置(Network Configuration);
- C:表示应用通道(Channel);
- CC:表示应用通道配置(Channel Configuration);
- CA:表示证书颁发机构(Certificate Authorities);
- 相关数字表示同类主体的编号。

在图 2-2 所示的 Hyperledger Fabric 网络中,该网络由 R1、R2、R3、R4 四个组织组成。其中 R4 为 Orderer 组织,该组织中只有一个 O4 节点;R1、R2、R3 为 Peer 组织,R1 与 R2 两个组织通过 CC1 配置指定了组织成员及应用通道信息,指定 P1 与 P2 两个 Peer 节点属于 C1 通道;R2 与 R3 两个组织通过 CC2 配置指定了组织成员 P2 与 P3 两个 Peer 节点属于 C2 通道。P1 与 P2 两个 Peer 节点在同一个应用通道 C1 中,通过部署的 S5 智能合约共同维护账本 L1。P2 与 P3 两个 Peer 节点在同一个应用通道 C2 中,通过部署的 S6 智能合约共同维护账本 L2。其中 P2 节点由于加入了 C1 应用通道也加入了 C2 应用通道,所以既通过部署的 S5 智能合约维护账本 L1,也通过部署的 S6 智能合约维护账本 L2,在 Hyperledger Fabric 网络中实现了通过不同的应用通道来隔离不同的账本数据。

R1、R2、R3 三个组织都有对应的一个证书颁发机构 CA1、CA2、CA3,证书颁发机构为其组织的节点、管理员、组织定义和应用程序生成了必要的证书。

应用/客户端 A1、A2、A3 可以通过 R1、R2、R3 组织所属的应用通道调用智能合约 S5、S6,通过 S5、S6 中的业务逻辑实现对 L1、L2 账本的维护。

2.2.3 测试网络的拓扑结构

在 Hyperledger Fabric 网络中,每个节点和用户都必须属于一个网络成员的特定组织。Hyperledger Fabric 网络成员中的所有组织被称为联盟(Consortium),网络中的每个 Peer 节点都必须属于该联盟的成员,如图 2-3 所示。

在 1.3 节中,我们创建了一个测试网络用于测试 Hyperledger Fabric 环境,该测试网络中有两个联盟成员组织,分别是 Org1 与 Org2,每个 Org 组织中各自拥有一个 Peer(对等)节点。Org1 组织中包含了一个名为 peer0.org1.example.com 的 Peer 节点,Org2 组织中包含了一个名为 peer0.org2.example.com 的 Peer 节点。并且该测试网络中还包括一个维护网络排序服务的 Orderer 组织,该组织中包含一个名为 orderer.example.com 的节点,Orderer 节点从应用/客户端接收到经过认可的交易后,会对交易顺序达成共识,然后将交易打包成为一个新的区块,然后区块会被分配至 Peer 节点的账本(Ledger)中。

Org 组织中的 Peer 节点是 Hyperledger Fabric 网络的基本组件。Peer 节点的核心作

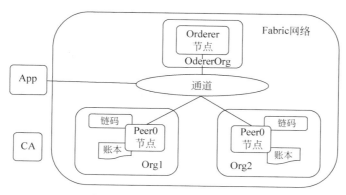

图 2-3　Hyperledger Fabric 联盟

用是存储区块链账本并在进行交易之前对其进行验证。同时由开发人员编写的智能合约（称为 Chaincode。包含对区块链账本数据操作的业务逻辑）也会被部署在 Peer 节点中。

2.3　Fabric 交易流程实现

区块链系统无论是公有链还是联盟链，产生区块的前提就是发起请求之后进行交易。Hyperledger Fabric 中的交易机制因为涉及许可、认证、权限和通道的数据隔离等的特点，所以与其他公有链的交易机制在本质上有很大的区别，下面详细解释 Hyperledger Fabric 中的交易实现流程。

在交易之前，首先确定 Hyperledger Fabric 的网络环境，该环境中已经创建了一个通道，并在该通道相应的 Peer 节点（PeerA 与 PeerB）上完成了智能合约（实际上为打包之后的链码）的安装及实例化的工作，并在实例化链码时指定了链码的背书策略，背书策略中指定了每一笔交易都必须有 PeerA 与 PeerB 两个节点的签名。

1）发起交易

客户端构建交易提案并根据背书策略提交至相应的 Peer 节点，具体过程如图 2-4 所示。

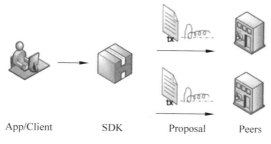

App/Client　　　SDK　　　Proposal　　　Peers

图 2-4　提交交易提案

在图 2-4 中，客户端利用所支持的 SDK（Go、Java、Node、Python）提供的 API 构建一个交易提案请求；该交易提案请求实际是一个带有输入参数的调用链码方法的请求，交易提案请求实际请求的作用是读取或者更新账本。图 2-4 中所使用的 SDK 的作用是将一个完整的交易提案打包成合适的格式,交易提案主要包括以下内容。

（1）channelID：通道信息。

（2）chaincodeID：要调用的链码信息。

（3）timestamp：时间戳。

（4）sign：利用客户端的密钥对交易生成的签名。

（5）txPayload：提交的事务本身包含的内容,包含两项。

① operation：要调用的链码的函数及相应的参数。

② metadata：调用的相关属性。

2）验证并执行模拟交易

背书节点接收到交易提案请求之后,首先会对该交易提案请求进行验证,其主要的验证内容如下。

（1）交易提案的格式是否完整。

（2）验证该交易提案之前有没有被提交过（重放攻击保护）。

（3）验证签名是否有效（使用 MSP 组件实现）。

（4）验证发起者是否有权限在当前通道上执行该操作（也就是说,每个背书节点必须确保发起者满足通道要求的权限策略）。

验证工作完成之后,背书节点将交易提案中指定的输入参数作为调用链码函数的参数。然后根据当前状态数据库模拟执行链码,生成交易结果。交易结果中包含响应值、读集和写集（表示要创建或更新的数据的键值对）。这些值及背书节点的签名会一起作为"交易提案响应"返回至 SDK,SDK 会为应用程序解析该响应。

📘注意：由于调用链码执行的是模拟交易,所以并不会对已存储在账本中的数据进行实际的更新操作。

验证并执行模拟交易的过程如图 2-5 所示。

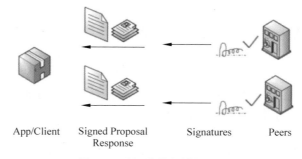

| App/Client | Signed Proposal Response | Signatures | Peers |

图 2-5　验证并执行模拟交易

3）检查提案响应

应用程序接收到背书节点的交易提案响应之后,对交易提案响应中背书节点的签名进行验证,并对这些提案响应进行比较,以确定其是否相同。根据调用交易的类型应用程序接下来的动作可以分为以下两种情况。

（1）如果交易提案的请求只是实现查询账本数据,应用程序将检查查询的响应信息,并不会将交易提交给排序服务（Orderer 节点）。

（2）如果交易提案的请求是实现对账本数据的增、删、改操作（更新账本数据），则应用程序会检查是否已满足指定的背书策略（是否同时拥有 PeerA 和 PeerB 两个节点的背书），满足之后应用程序会重新构建一个合法的交易请求并向排序服务（Orderer 节点）提交交易以继续下一步的操作。

检查提案响应的过程如图 2-6 所示。

4）封装背书结果

应用程序根据背书策略指定的背书节点的签名及通道 ID 将交易请求提交至排序服务（Orderer 节点），提交的交易中会包含读写集。排序服务接收到交易请求之后，并不需要检查交易中的整个内容，它只是负责从网络中的所有通道接收交易，并将接收到的交易按照提交的时间顺序及交易所在的通道对它们进行排序，然后将排好序的交易按照通道将其打包成为区块。该过程如图 2-7 所示。

图 2-6　交易提案响应的过程　　　　　图 2-7　提交至排序服务

5）验证和提交交易

交易区块产生之后，将会被根据区块所属通道广播给同一通道内所有 Org 组织的 Leader（领导）节点。Leader 节点会对区块内的交易进行验证，以确保其满足背书策略，并确保自交易执行生成读集以来，读集中变量的账本状态没有任何变化。块中的交易会被标记为有效或无效。对于每个有效的交易，写集会将交易数据提交到当前的状态数据库中（默认为 LevelDB），如图 2-8 所示。

6）更新账本

Leader 节点处理写成之后，将新区块广播至本组织内的其他 Peer 节点，每个 Peer 节点都会将接收到的新区块追加至本地链中。系统会发出一个事件，通知 App/Client 本次交易（调用）已被不可更改地附加到区块链上，同时还会通知交易验证结果是有效还是无效。过程如图 2-9 所示。

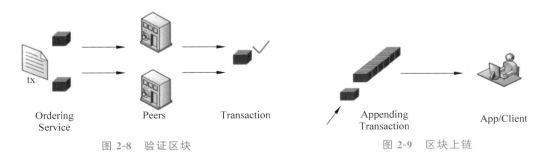

图 2-8　验证区块　　　　　图 2-9　区块上链

第 3 章　创建Hyperledger Fabric应用网络

3.1　Hyperledger Fabric 相关核心配置文件

在 Hyperledger Fabric 中,配置文件的后缀格式(文件扩展名)为.yaml,配置信息可以通过相关的配置文件进行灵活组合,提高可扩展性及灵活性。为了能够顺利地根据不同的需求搭建不同的环境,适应不同的应用场景,作为开发人员有必要理解相关的核心配置信息。

3.1.1　configtx.yaml

configtx.yaml 配置文件主要实现了对 Hyperledger Fabric 的网络环境、初始(创世)区块、应用通道和锚节点更新的相关配置信息的配置。该配置文件在 fabric-samples 中的路径为 fabric-samples/test-network/configtx/configtx.yaml。该配置文件中的 6 项配置内容限定了 Hyperledger Fabric 中所包含的大部分信息。

> 提示：该文件的源代码在 Fabric 项目中的路径为 $GOPATH/src/github.com/hyperledger/fabric/sampleconfig/configtx.yaml。

1. Organizations 配置信息

该配置信息主要用来定义 Fabric 网络中的组织结构,包含组织名称、组织唯一标识符、MSP 目录所在路径、组织的策略及该组织中锚节点的相关信息。

```
Organizations:
  - &OrdererOrg          # OrdererOrg 组织
    Name: OrdererOrg       # OrdererOrg 组织名称
    ID: OrdererMSP         # OrdererOrg 组织唯一标识符
    MSPDir: ../organizations/ordererOrganizations/example.com/msp
    Policies:              # OrdererOrg 策略
      Readers:
        Type: Signature
        Rule: "OR('OrdererMSP.member')"
      Writers:
        Type: Signature
        Rule: "OR('OrdererMSP.member')"
      Admins:
```

```
        Type: Signature
        Rule: "OR('OrdererMSP.admin')"
      OrdererEndpoints:
        - orderer.example.com:7050
  - &Org1                        # Org1 组织
    Name: Org1MSP                # Org1 组织名称
    ID: Org1MSP                  # Org1 组织唯一标识符
    MSPDir: ../organizations/peerOrganizations/org1.example.com/msp
    Policies:                    # Org1 组织的策略
      Readers:
        Type: Signature
        Rule: "OR('Org1MSP.admin', 'Org1MSP.peer', 'Org1MSP.client')"
      Writers:
        Type: Signature
        Rule: "OR('Org1MSP.admin', 'Org1MSP.client')"
      Admins:
        Type: Signature
        Rule: "OR('Org1MSP.admin')"
      Endorsement:
        Type: Signature
        Rule: "OR('Org1MSP.peer')"
  - &Org2                        # Org2 组织
    # 除名称外,Org2 组织的结构及含义与 Org1 组织完全相同。在此略
```

2. Capabilities 配置信息

该段配置主要用于应用通道相关配置,并指定通道、节点及应用程序所支持的版本服务,如果不满足该配置则无法对提交的交易进行正确处理。

```
Capabilities:
  Channel: &ChannelCapabilities
    V2_0: true
  Orderer: &OrdererCapabilities
    V2_0: true
  Application: &ApplicationCapabilities
    V2_0: true
```

3. Application 配置信息

Application 配置项用于应用通道配置,主要指定交易配置、初始(创世)区块应用相关参数的配置信息。其包含三个子项。

(1) Organizations:通道中可以被包含的组织信息。

(2) Policies:配置 ACL(access control list,访问控制列表)策略。

(3) Capabilities:指定应用的版本服务能力。

相关配置信息如下所示。

```
Application: &ApplicationDefaults
  Organizations:
  Policies:
```

```
    Readers:
      Type: ImplicitMeta
      Rule: "ANY Readers"
    Writers:
      Type: ImplicitMeta
      Rule: "ANY Writers"
    Admins:
      Type: ImplicitMeta
      Rule: "MAJORITY Admins"
    LifecycleEndorsement:
      Type: ImplicitMeta
      Rule: "MAJORITY Endorsement"
    Endorsement:
      Type: ImplicitMeta
      Rule: "MAJORITY Endorsement"
  Capabilities:
    <<: * ApplicationCapabilities
```

4. Orderer 配置信息

Orderer 配置项用于排序服务,此项配置主要指定系统通道中的相关公共配置信息,如确定采用哪种共识算法来实现排序服务、指定排序节点的相关信息,以及排序产生的区块信息等。相关配置信息如下所示。

```
Orderer: &OrdererDefaults
  OrdererType: etcdraft            # 指定使用 Raft 共识算法
  Addresses:                       # 指定 Orderer 节点地址列表
    - orderer.example.com:7050
  EtcdRaft:                        # Raft 共识算法的相关配置信息
    Consenters:
      - Host: orderer.example.com
        Port: 7050
        ClientTLSCert: ../organizations/ordererOrganizations/example.com/orderers/orderer.
example.com/tls/server.crt
        ServerTLSCert: ../organizations/ordererOrganizations/example.com/orderers/orderer.
example.com/tls/server.crt
  BatchTimeout: 2s                 # 指定超时时间
  BatchSize:                       # 指定区块中的消息数
    MaxMessageCount: 10            # 允许的最大消息数
    AbsoluteMaxBytes: 99 MB        # 消息所允许的最大字节数
    PreferredMaxBytes: 512 KB      # 推荐的最大字节数
  Organizations:                   # Orderer 组织列表
  # 指定本层级的策略配置信息,其规范路径为/Channel/Orderer/< PolicyName >
  Policies:
    Readers:
      Type: ImplicitMeta
      Rule: "ANY Readers"
    Writers:
      Type: ImplicitMeta
      Rule: "ANY Writers"
```

```
    Admins:
      Type: ImplicitMeta
      Rule: "MAJORITY Admins"
    # 指定区块中必须包含哪些签名,以便于对等节点对其进行验证
    BlockValidation:
      Type: ImplicitMeta
      Rule: "ANY Writers"
```

5. Channel 配置信息

Channel 配置项用于通道配置,主要用来定义应用通道的公共配置信息,指定通道的相关策略及实现功能。相关配置信息如下所示。

```
Channel: &ChannelDefaults
  Policies:        # 指定通道的相关策略,其规范路径为 Channel/< PolicyName >

    Readers:       # 指定可以调用 Deliver API 的许可规则
      Type: ImplicitMeta
      Rule: "ANY Readers"
    Writers:       # 指定可以调用 Broadcast API 的许可规则
      Type: ImplicitMeta
      Rule: "ANY Writers"
    Admins:        # 指定默认情况下可以修改此配置信息的许可规则
      Type: ImplicitMeta
      Rule: "MAJORITY Admins"
  # 指定通道的功能,直接引用之前 Capabilities 配置项中的 ChannelCapabilities 信息
  Capabilities:
    <<: * ChannelCapabilities
```

6. Profiles 配置信息

Profiles 配置项是一个组合配置项,主要用于在启动 Hyperledger Fabric 网络之前,通过使用相关的二进制工具根据不同的选项生成不同的配置文件,如生成初始(创世)区块的配置信息,应用通道的配置信息,以及锚节点更新的配置信息,还可以根据具体需求进行灵活地组合配置。相关配置信息如下所示。

```
TwoOrgsOrdererGenesis:       # 指定初始区块配置信息
  <<: * ChannelDefaults
  Orderer:                   # 指定 Orderer 组织的信息
    <<: * OrdererDefaults
    Organizations:
      - *OrdererOrg
    Capabilities:
      <<: *OrdererCapabilities
  Consortiums:               # 指定联盟信息,包含两个组织:Org1 与 Org2
    SampleConsortium:
      Organizations:
        - *Org1
        - *Org2
TwoOrgsChannel:              # 指定通道配置及锚节点配置信息
```

```
Consortium: SampleConsortium
<<: * ChannelDefaults
Application:
  <<: * ApplicationDefaults
  Organizations:
    - * Org1
    - * Org2
  Capabilities:
    <<: * ApplicationCapabilities
```

3.1.2　core.yaml 节点配置

core.yaml 配置文件是 Peer 节点的示例配置文件,具体路径在 fabric-samples/config/目录下。该 core.yaml 示例配置文件中总共指定了六大部分的配置内容,六项配置分别为:Peer 部分、VM 部分、Chaincode 部分、Ledger 部分、Operations 部分和 Metrics 部分。

1. Peer 部分

Peer 部分是 Peer 节点服务的核心配置内容,包括 Peer 节点的基础服务部分、Gossip 部分、Event、传输层安全性(transport layer security,TLS)协议、BCCSP 等相关配置信息。

- Peer 基础服务部分主要指定了 Peer 节点的监听地址及端口号信息,客户端与 Peer 节点的连接信息等。
- Gossip 部分主要指定了节点角色(Leader 节点)的方式,区块/消息的大小及间隔时间等信息。
- Events 部分主要指定了事件监听地址、端口号、缓冲数、超时等信息。
- TLS 部分主要指定了证书及密钥的相关信息。
- BCCSP 部分主要指定了区块链的加密实现方式,默认为 SW(software),即软件基础的加密方式。

详细配置信息可参考如下:

```
peer:
  id: jdoe                          # 指定节点 ID
  networkId: dev                    # 指定网络 ID
  # 侦听本地网络接口上的地址.默认监听所有网络接口
  listenAddress: 0.0.0.0:7051
  # 侦听入站链码连接的端点.如果被注释,则选择侦听地址端口 7052 的对等端点地址
  # chaincodeListenAddress: 0.0.0.0:7052
  # 此 peer 的链码端点用于连接到 peer.如果没有指定,则选择 chaincodeListenAddress 地址
  # 如果没有指定 chaincodeListenAddress,则从其中选择 address
  # chaincodeAddress: 0.0.0.0:7052
  address: 0.0.0.0:7051             # 节点对外的服务地址
  addressAutoDetect: false         # 是否自动探测对外服务地址
  keepalive:                        # Peer 服务与 Client 的设置
    # 如果服务器在指定的时间之内没有接收到客户端的任何活动,则会 ping 客户端以查看其是
    # 否处于活动状态
    interval: 7200s
    timeout: 20s                    # 发送 ping 后等待客户端响应的持续时间
```

```
                    # 指定客户机 ping 的最小间隔,如果客户端频繁发送 ping,Peer 服务器会自动断开
      minInterval: 60s
      client:                              # 客户端与 Peer 节点的通信设置
         # 指定 ping Peer 节点的间隔时间,必须大于或等于 minInterval 的值
         interval: 60s
         timeout: 20s                      # 在断开 Peer 节点连接之前等待的响应时间

      deliveryClient:                      # 客户端与 Orderer 节点的通信设置
         # 指定 ping orderer 节点的间隔时间,必须大于或等于 minInterval 的值
         interval: 60s
         timeout: 20s                      # 在断开 Orderer 节点连接之前等待的响应时间
   gossip:                                 # Gossip 相关配置
      bootstrap: 127.0.0.1:7051            # 启动后的初始节点
      useLeaderElection: false             # 是否指定使用选举方式产生 Leader
      orgLeader: true                      # 是否指定当前节点为 Leader
      membershipTrackerInterval: 5s        # 轮询间隔
      endpoint:
      maxBlockCountToStore: 10             # 保存在内存中的最大区块
      # 消息连续推送之间的最大时间(超过则触发,转发给其他节点)
      maxPropagationBurstLatency: 10ms
      maxPropagationBurstSize: 10          # 消息的最大存储数量,直到推送被触发

      propagateIterations: 1               # 将消息推送到远程 Peer 节点的次数
      propagatePeerNum: 3                  # 选择推送消息到 Peer 节点的数量
      pullInterval: 4s                     # 拉取消息的时间间隔
      pullPeerNum: 3                       # 从指定数量的 Peer 节点拉取
      requestStateInfoInterval: 4s         # 确定从 Peer 节点提取状态信息消息的频率
      publishStateInfoInterval: 4s         # 确定将状态信息消息推送到 Peer 节点的频率
      stateInfoRetentionInterval:          # 状态信息的最长保存时间
      publishCertPeriod: 10s               # 启动后包括证书的等待时间
      skipBlockVerification: false         # 是否应该跳过区块消息的验证
      dialTimeout: 3s                      # 拨号的超时时间
      connTimeout: 2s                      # 连接的超时时间
      recvBuffSize: 20                     # 接收到消息的缓存区大小
      sendBuffSize: 200                    # 发送消息的缓冲区大小
      digestWaitTime: 1s                   # 处理摘要数据的等待时间
      requestWaitTime: 1500ms              # 处理 nonce 之前等待的时间
      responseWaitTime: 2s                 # 终止拉取数据处理的等待时间
      aliveTimeInterval: 5s                # 心跳检查间隔时间
      aliveExpirationTimeout: 25s          # 心跳消息的超时时间
      reconnectInterval: 25s               # 重新连接的间隔时间
      maxConnectionAttempts: 120           # 连接到对等节点的最大尝试次数
      msgExpirationFactor: 20              # 活动消息的过期因子
      externalEndpoint:                    # 组织外的端点
      election:                            # Leader 选举配置
         startupGracePeriod: 15s           # 最长等待时间
         membershipSampleInterval: 1s      # 检查稳定性的间隔时间
         leaderAliveThreshold: 10s         # 进行选举的间隔时间
         leaderElectionDuration: 5s        # 声明自己为 Leader 的等待时间
      pvtData:                             # 私有数据配置
```

```
            # 尝试从 peer 节点中提取给定块对应的私有数据的最大持续时间
            pullRetryThreshold: 60s
            # 当前分类账在提交时的高度之间的最大差异
            transientstoreMaxBlockRetention: 1000
            pushAckTimeout: 3s              # 等待每个对等方确认的最大时间
            # 防止 peer 试图获取私有数据来自即将在接下来的 N 个块中被清除的对等节点
            btlPullMargin: 10
            reconcileBatchSize: 10          # 将一次迭代中协调的丢失私有数据的最大批量大小
            reconcileSleepInterval: 1m      # 从迭代结束到下一次迭代开始的睡眠时间
            reconciliationEnabled: true     # 指示是否启用了专用数据协调
            # 是否在提交期间跳过从其他 Peer 提取无效事务的私有数据,并仅通过调解器提取
            skipPullingInvalidTransactionsDuringCommit: false
            # 指定对等方自己的隐式集合的分发策略
            implicitCollectionDisseminationPolicy:
                # 在背书期间,对等方必须成功向其传播用于其自身隐式收集的私人数据的合格对等
        # 方的最小数量.默认值为 0
                requiredPeerCount: 0
                # 定义了在背书过程中,对等体将尝试向其传播用于其自身隐式收集的私有数据的合
        # 格对等体的最大数量.默认值为 1
                maxPeerCount: 1
        state:                              # Gossip 交易状态配置
            enabled: false                  # 是否启用状态传输.默认值为 false
            # 检查对等方是否落后于通过来自另一对等方的状态传输请求块的间隔
            checkInterval: 10s
            responseTimeout: 3s             # 传输状态等待响应的时间
            batchSize: 10                   # 通过状态传输从另一个对等方请求的块数

            blockBufferSize: 20             # 重新排序缓冲区的大小
            maxRetries: 3                   # 单状态传输请求的最大重试次数
    tls:            # TLS 设置
        enabled:     false                  # 是否开启服务器端 TLS
        # 是否需要客户端证书(没有配置使用证书的客户端不能连接到对等点)
        clientAuthRequired: false
        cert:                               # TLS 服务器的 X.509 证书
            file: tls/server.crt
        key:                # TLS 服务器(需启用 clientAuthEnabled 的客户端)的签名私钥
            file: tls/server.key
        rootcert:                           # 可信任的根 CA 证书
            file: tls/ca.crt
        clientRootCAs:                      # 用于验证客户端证书的根证书
            files:
                - tls/ca.crt
        # 建立客户端连接时用于 TLS 的私钥.如果没有设置将使用 peer.tls.key
        clientKey:
            file:
        # 建立客户端连接时用于 TLS 的证书.如果没有设置将使用 peer.tls.cert
        clientCert:
            file:
    authentication:                         # 与身份验证相关的配置
```

```
        timewindow: 15m                    # 当前服务器时间与客户端请求消息中指定的客户端时间差异
    # 文件存储路径
    fileSystemPath: /var/hyperledger/production
    BCCSP:                                 # 区块链加密实现
      Default: SW                          # 设置 SW 为默认加密程序
      SW:                                  # SW 加密配置(如果默认为 SW)
          Hash: SHA2                       # 默认的哈希算法和安全级别
          Security: 256
          FileKeyStore:                    # 密钥存储位置
              KeyStore:                    # 如果为空,默认为 'mspConfigPath/keystore'
      PKCS11:        # PKCS11 加密配置(如果默认为 PKCS11)
          Library:                         # PKCS11 模块库位置
          Label:                           # 令牌
          Pin:
          Hash:
          Security:
    mspConfigPath: msp                     # MSP 配置路径,peer 根据此路径找到 MSP 本地配置
    localMspId: SampleOrg                  # 本地 MSP 的标识符
    client:                                # CLI 客户端配置选项
      connTimeout: 3s                      # 连接超时
    deliveryclient:                        # 订购服务相关的配置
      blockGossipEnabled: true             # 能够通过 Gossip 使此对等方传播从订购方获取
      reconnectTotalTimeThreshold: 3600s   # 尝试重新连接的总时间
      connTimeout: 3s                      # 连接超时
      reConnectBackoffThreshold: 3600s     # 最大延迟时间
      addressOverrides:
      #    - from:
      #        to:
      #        caCertsFile:
      #    - from:
      #        to:
      #        caCertsFile:
    localMspType: bccsp                    # 本地 MSP 类型.默认为 bccsp
    profile:                               # 在非生产环境中与 Go 测评工具一起使用(生产环境中禁用)
      enabled:           false
      listenAddress: 0.0.0.0:6060
    handlers:                              # 定义处理程序可以过滤和自定义处理程序在对等点内传递的对象
      authFilters:
          -
            name: DefaultAuth
          -
            name: ExpirationCheck
      decorators:
          -
            name: DefaultDecorator
      endorsers:
        escc:
        name: DefaultEndorsement
        library:
```

```
     validators:
         vscc:
         name: DefaultValidation
         library:
 #  并行执行事务验证的 goroutines 的数量(注意重写此值可能会对性能产生负面影响)
 validatorPoolSize:
 #  客户端使用发现服务查询关于对等点的信息
 #  例如——哪些同行加入了某个频道,最新消息是什么通道配置
 #  最重要的是——给定一个链码和通道,什么可能的对等点集满足背书政策
 discovery:
     enabled: true
     authCacheEnabled: true
     authCacheMaxSize: 1000
     authCachePurgeRetentionRatio: 0.75
     orgMembersAllowedAccess: false
 limits: #  内部资源的限制
     #  限制每个对等端点上并发运行的服务请求的数量
     #  目前,此选项仅适用于背书服务和交付服务
     #  当属性缺失或值为 0 时,将禁用服务的并发限制
     concurrency:
         #  将并发请求限制到处理链码部署、查询和调用的 endorser 服务,包括用户链码和系统链码
         endorserService: 2500
         deliverService: 2500  #  限制注册为传递块和事务服务的并发事件侦听器
 #  由于所有节点都应保持一致,建议将 MaxRecvMsgSize 和 MaxSendMsgSize 的默认值保持为 100MB
 #  GRPC 服务器和客户端可以接收的最大消息大小(以字节为单位)
 maxRecvMsgSize: 104857600
 maxSendMsgSize: 104857600  #  GRPC 服务器和客户端可以发送的最大消息大小(字节)
```

2. VM 部分

配置链码运行的环境,目前主要支持 Docker 容器,详细配置信息可参考如下:

```
vm:
    endpoint: unix:///var/run/docker.sock   #  vm 管理系统的端点
    docker:                                  #  设置 Docker
      tls:
          enabled: false
          ca:
              file: docker/ca.crt
          cert:
              file: docker/tls.crt
          key:
              file: docker/tls.key
      attachStdout: false                    #  启用/禁用链码容器中的标准 out/err
      #  创建 Docker 容器的参数
      #  使用用于集群的 ipam 和 dns - server 可以有效地创建容器,设置容器的网络模式
      #  支持标准值是:"host"(默认)"bridge""ipvlan""none"
      #  DNS:供容器使用的 DNS 服务器列表
      #  注: 'Privileged'、'Binds'、'Links' 和 'PortBindings' 属性不支持 Docker 主机配置,设置后将
      #  不使用
```

```
    hostConfig:
        NetworkMode: host
        Dns:
        # - 192.168.0.1
        LogConfig:
            Type: json-file
            Config:
                max-size: "50m"
                max-file: "5"
        Memory: 2147483648
```

3. Chaincode 部分

与链码(Chaincode)相关的配置,主要指定链码的路径、名称、构建环境,链码容器启动超时,系统链码启用信息,链码容器的日志设置信息等,详细配置信息参考如下:

```
chaincode:
  id:
    path:
    name:
  # 通用构建环境,适用于大多数链码类型
  builder: $(DOCKER_NS)/fabric-ccenv:$(TWO_DIGIT_VERSION)
  pull: false                      # 在用户链码实例化过程中启用/禁用基本 Docker 镜像的拉取
  golang:                          # golang 的 baseos(基础镜像)
    runtime: $(DOCKER_NS)/fabric-baseos:$(TWO_DIGIT_VERSION)
    dynamicLink: false    # 是否动态链接 golang 链码
  java:
    # 用于 Java 链代码运行时的镜像
    runtime: $(DOCKER_NS)/fabric-javaenv:$(TWO_DIGIT_VERSION)
  node:
    # 用于 Node 链代码运行时的镜像
    runtime: $(DOCKER_NS)/fabric-nodeenv:$(TWO_DIGIT_VERSION)
  externalBuilders: []
  # - path: /path/to/directory
  #     name: descriptive-builder-name
  #     propagateEnvironment:
  #             - ENVVAR_NAME_TO_PROPAGATE_FROM_PEER
  #             - GOPROXY
  installTimeout: 300s    # 安装超时时间
  startuptimeout: 300s    # 启动超时时间
  executetimeout: 30s     # 调用和 Init 调用的超时持续时间
  mode: net               # 指定模式(dev、net 两种)
  keepalive: 0            # Peer 和链码之间的心跳超时,值小于或等于 0 会关闭
  system:                 # 系统链码白名单
    _lifecycle: enable
    cscc: enable
    lscc: enable
    qscc: enable
  logging:                # 指定链码容器中的日志信息
    level:    info        # 指定链码容器中默认的日志级别
```

```
shim:        warning
# 指定日志格式
format: '%{color}%{time:2006-01-02 15:04:05.000 MST}[%{module}] %{shortfunc}
-> %{level:.4s} %{id:03x}%{color:reset} %{message}'
```

4. Ledger 部分

分类账本的配置信息,主要指定以下内容。

- blockchain:区块链配置信息,默认无指定。
- state:指定状态数据库,默认使用 goleveldb 作为状态记录数据库,如果不使用 goleveldb,则可以指定使用 CouchDB 数据库,并配置 CouchDB 数据库的相关信息。
- history:是否开启历史记录功能。
- pvtdataStore:私有数据存储配置信息。

详细配置信息参考如下:

```
ledger:
  blockchain:
  state:
    stateDatabase: goleveldb              # 指定默认的状态数据库
    totalQueryLimit: 100000               # 每个查询返回的记录数的限制
    couchDBConfig:                        # 配置 CouchDB 信息
      couchDBAddress: 127.0.0.1:5984      # 指定监听地址
      username:
      password:
      maxRetries: 3                       # 重新尝试 CouchDB 错误的次数
      maxRetriesOnStartup: 10             # 对等启动期间对 CouchDB 错误的重试次数
      requestTimeout: 35s                 # 对等启动期间对 CouchDB 错误的重试时间
      internalQueryLimit: 1000            # 限制每个查询返回的记录数量
      maxBatchUpdateSize: 1000            # 限制每个 CouchDB 批量更新的记录数量
      # 值为 1 时将在每次提交区块后对其进行索引;增加值可以提高 Peer 和 CouchDB 的写效
      # 率,但是可能会降低查询响应时间
      warmIndexesAfterNBlocks: 1
      createGlobalChangesDB: false        # 是否创建全局的系统数据库(需要额外资源)

      cacheSize: 64                       # 缓存的最大字节(单位为 MB,且必须为 32 的倍数)
  history:
    enableHistoryDatabase: true          # 是否开启历史数据库
  pvtdataStore:
    # 将不合格的缺失数据项转换为合格缺失数据项的最大 db 批处理大小
    collElgProcMaxDbBatchSize: 5000
    # 写入之间的最小持续时间(ms)
    collElgProcDbBatchesInterval: 1000
    # 每个取消优先级的 DataReconcilerInterval(单位:min)后重试取消优先级的丢失数据
    deprioritizedDataReconcilerInterval: 60m
```

5. Operations 部分

Operations 主要支持在 Peer 或者 Orderer 运行过程中,提供基于 RESTful 接口的运维服务,包括健康检查、日志 level 管理、指标 metrics 等。相关配置分别在 Peer 的 core.yaml

和 Orderer 的 orderer. yaml 的一级配置项 Operations 中。其在 Fabric 源代码中的结构如下:

```
type Options struct {
    Logger            Logger
    ListenAddress string
    Metrics           MetricsOptions
    TLS               TLS
    Version           string
}
```

在配置文件中主要包含以下两项配置信息。
- listenAddress(监听地址)配置项定义了 RESTful 服务的地址和端口。
- tls 配置项中定义了是否启用 TLS 及相关证书。

```
operations:
  listenAddress: 127.0.0.1:9443   # 指定 RESTful 服务的监听地址及端口号
  tls:                            # TLS 配置项
    enabled: false                # 是否启用 TLS
    cert:                         # PEM 编码服务器证书所在路径
        file:
    key:                          # PEM 编码服务器密钥所在路径
        file:
    # 是否需要 TLS 层的客户端证书身份验证才能访问所有资源
    clientAuthRequired: false
    clientRootCAs:                # PEM 编码服务 CA 证书所在路径
        files: []
```

6. Metrics 部分

Metrics 是一个系统性能度量框架,主要用来实现对服务的监控、统计;指定是否启动 Metrics 服务器,当启动 Metrics 服务器后,根据配置信息关联指定的类型、报告度量的频率和服务器相关的信息。详细配置信息参考如下:

```
metrics:
  provider: disabled   # 指定 statsd(推送)、prometheus(拉取) 或 disabled
  statsd:              # statsd 配置
    network: udp       # 网络类型(tcp 或 udp)
    address: 127.0.0.1:8125   # statsd 服务地址
    writeInterval: 10s   # 被推送到 statsd 的时间间隔
    prefix:            # 指定的前缀
```

3.1.3 orderer. yaml

orderer. yaml 配置文件是 Orderer 节点的示例配置文件,具体路径与 core. yaml 在同一个目录中。该 orderer. yaml 示例配置文件中主要由 General、FileLedger、Kafka、Debug、Operations、Metrics 和 Consensus 7 项配置信息组成。下面依次对各项信息进行详细说明。

1. General 配置

General 部分是 orderer.yaml 配置文件的基础配置信息部分,主要指定配置如下。

- LedgerType 指定分类账本类型。
- ListenAddress 与 ListenPort 指定节点监听地址及端口号。
- TLS 部分指定是否启用 TLS 验证、TLS 证书、签名私钥、信任的根 CA 证书信息。
- keepalive 指定与客户端的连接信息。
- LogLevel 与 LogFormat 指定日志级别与日志输出格式。
- GenesisMethod、GenesisProfile、GenesisFile 指定生成 GenesisBlock(初始区块或创世区块)相关的信息。
- LocalMSPDir 与 LocalMSPID 指定 MSP 目录所在路径及 MSP 的 ID。
- BCCSP 部分主要指定区块链的加密实现方式,默认为 SW(SoftWare),即软件基础的加密方式。

详细配置信息可参考如下:

```
General:
  ListenAddress: 127.0.0.1      # 监听地址
  ListenPort: 7050              # 监听端口号
  TLS:                          # GRPC 服务器的 TLS 设置
    Enabled: false              # 默认不开启
    PrivateKey: tls/server.key  # 用于签名的私钥文件
    Certificate: tls/server.crt # 证书文件
    RootCAs:                    # 可信任的根 CA 证书
        - tls/ca.crt
    ClientAuthRequired: false
    ClientRootCAs:
  Keepalive:                    # GRPC 服务器的激活设置
    ServerMinInterval: 60s      # 客户机 ping 之间的最小允许时间
    ServerInterval: 7200s       # 连接到客户机的 ping 之间的时间
    ServerTimeout: 20s          # 服务器等待响应的超时时间
  # GRPC 服务器和客户端可以接收的最大消息大小(以字节为单位)
  MaxRecvMsgSize: 104857600
  MaxSendMsgSize: 104857600     # GRPC 服务器和客户端可以发送的最大消息大小(字节)
  Cluster:                      # 设置订购服务节点的集群
    SendBufferSize: 10          # 缓冲区中的最大消息数
    ClientCertificate:          # 建立 TLS 连接的客户端 TLS 证书的文件位置
    ClientPrivateKey:           # 客户端 TLS 证书的私钥的文件位置
    ListenPort:                 # 定义集群监听连接的端口
    ListenAddress:              # 定义监听集群内通信的 IP 地址
    ServerCertificate:          # 定义集群内的服务器 TLS 证书的文件位置
    ServerPrivateKey:           # 定义 TLS 私钥的文件位置
  BootstrapMethod: file # 指定获取引导块系统通道的方法(支持 file、none 两种)
  # 在初始化订购程序系统通道时使用的引导块的文件
  # 引导文件可以是 genesis 块,也可以是一些共识方法(如 Raft)的后期引导的配置块
  # 如果未指定,则默认为文件"genesisblock"
  BootstrapFile:
  LocalMSPDir: msp              # 本地 MSP 目录
```

```
      LocalMSPID: SampleOrg      # 指定本地 MSP 标识
      Profile:                    # 是否为 Go"pprof" 评测启用 HTTP 服务
        Enabled: false
        Address: 0.0.0.0:6060
      BCCSP:                      # 区块链加密实现
        Default: SW               # 默认使用 SW
        SW:
            Hash: SHA2
            Security: 256
            FileKeyStore:
               KeyStore:
        PKCS11:                   # 设置 PKCS#11 加密提供程序(默认为 PKCS11 时)
            Library:
            Label:
            Pin:
            Hash:
            Security:
            FileKeyStore:
               KeyStore:
      Authentication:            # 身份验证包含验证客户端消息相关的配置参数
        TimeWindow: 15m          # 当前服务器时间与客户端请求消息中指定的客户端时间之间的可接受差异
```

2. FileLedger 配置

FileLedger 适用于文件或 JSON 分类账的配置,具体由以下两项组成。

```
FileLedger:
    # 指定分类账存储的所在目录
    Location: /var/hyperledger/production/orderer
    # 在临时空间中生成分类账目录时使用的前缀
    Prefix: hyperledger - fabric - ordererledger
```

3. Kafka 配置

如果 Orderer 服务使用 Kafka 实现排序服务,则进行相关的配置信息指定。

- Retry 指定了连接到 Kafka 的重试请求信息。
- Verbose 指定了是否启用日志记录。
- TLS 指定了 Orderer 连接到 Kafka 的 TLS 相关设置,包括是否启动 TLS,指定 TLS 密钥、证书及可信任的 CA 根证书。
- Version 指定了 Kafka 的版本信息。

具体配置信息及含义如下:

```
# 创建 Kafka Topic 时使用的设置(仅适用于 Kafka 版本为 v0.10.1.0 或更高)
Topic:
    ReplicationFactor: 3        # 指定代理数量
Verbose: false                  # 是否为与 Kafka 集群的交互启用日志记录
TLS:                            # Orderer 连接至 Kafka 集群的设置
    Enabled: false              # 是否使用 TLS 连接至 Kafka 集群
    PrivateKey:                 # Orderer 使用 PEM 编码的私钥进行身份验证
    # File: path/to/RootCAs
```

```
Certificate:        # Orderer 将使用 PEM 编码的签名公钥证书进行身份验证
    # File: path/to/Certificate
RootCAs:            # PEM 编码的可信根证书(用于验证 Kafka 集群的证书)
    # File: path/to/RootCAs
SASLPlain:          # 对 Kafka 代理使用 SASL/PLAIN 进行身份验证
    Enabled: false  # 是否使用 SASL/PLAIN 与 Kafka 代理进行身份验证
    User:
    Password:
# 用于与 Kafka 集群代理通信的 Kafka 协议版本(如果未指定,则默认为 0.10.2.0)
Version:
```

在 Hyperledger Fabric 2.x 版本中,已经使用 etcdRaft 共识算法来实现排序服务,所以对于 Kafka 相关的配置信息可以直接忽略。

4. Debug 配置

Debug 部分配置信息相对简单,主要指定广播服务与交付服务的请求保存目录,具体如下:

```
Debug:
    BroadcastTraceDir: # 对广播服务的每个请求写入此目录中的文件
    DeliverTraceDir:   # 对交付服务的每个请求写入此目录中的文件
```

5. Operations 与 Metrics 配置

Operations 与 Metrics 两项的配置与 core. yaml 配置文件中的 Operations section、Metrics section 两项的配置大体相同,如下所示。

```
Operations:
    ListenAddress: 127.0.0.1:8443   # 监听地址及端口号
    TLS:
        Enabled: false              # 是否启用 TLS
        Certificate:                # PEM 编码的 TLS 证书位置
        PrivateKey:                 # PEM 编码的密钥位置
        ClientAuthRequired: false   # 是否需要 TLS 层的客户端证书身份验证才能访问所有资源
        ClientRootCAs: [ ]          # PEM 编码服务 CA 证书所在路径
Metrics:
    Provider: disabled              # 指定 statsd(推送)、prometheus(拉取) 或 disabled
    Statsd:                         # statsd 配置
        Network: udp                # 网络类型(tcp 或 udp)
        # the statsd server address
        Address: 127.0.0.1:8125     # statsd 服务地址
        WriteInterval: 30s          # 被推送到 statsd 的时间间隔
        Prefix:                     # 指定的前缀
```

6. Consensus 配置

Consensus 项的配置是共识插件的配置选项,但对 Orderer 来说是不透明的,完全取决于共识的具体实现,如下所示。

```
Consensus:
    # 指定存储 etcd/raft 日志的位置
    WALDir: /var/hyperledger/production/orderer/etcdraft/wal
```

```
# 指定存储 etcd/raft 快照的位置
SnapDir: /var/hyperledger/production/orderer/etcdraft/snapshot
```

3.2 创建 Fabric 网络

在 fabric-samples/test-network 目录中,自动化脚本 network.sh 可以自动创建网络环境运行时所需的所有内容,但在一些特定情况之下(如在不同的应用场景中)开发人员需要根据不同的具体需求创建不同的 Hyperledger Fabric 网络,在这种情况之下,就需要根据不同的需求自定义一些相关的信息。

在 Hyperledger Fabric 网络中,联盟由多个不同的组织组成,而联盟中有哪些组织,该组织又包含哪些相关的信息,可以由开发人员通过指定的配置文件进行设置。这些信息将会直接应用在创建的 Hyperledger Fabric 网络运行环境中。

Hyperledger Fabric 网络必须有指定的成员参与才能正常完成交易,所以创建网络成员是开发的第一步。如果要创建 Hyperledger Fabric 网络环境中所需的组织结构及身份证书信息,则由组织中的成员提供节点服务,而相应的证书代表实体(节点)的身份,其可以在网络中各个实体间进行通信并在交易时进行签名与验证。在 Hyperledger Fabric 2.2.9 版本中,节点成员的生成依赖 Orderer 及 Peer 相关的配置文件,配置文件所在目录的路径为 fabric-samples/test-network/organizations/cryptogen。进入该目录后使用 ll 命令可以看到如下所示的配置文件。

```
- rwxr - xr - x 1 kevin kevin  927 Jul 21 13:43 crypto - config - orderer.yaml *
- rwxr - xr - x 1 kevin kevin 2886 Nov 19  2022 crypto - config - org1.yaml *
- rwxr - xr - x 1 kevin kevin 2898 Nov 19  2022 crypto - config - org2.yaml *
```

3.2.1 组织成员的配置文件信息

Hyperledger Fabric 网络中主要由以下两种组织组成。

- Orderer 组织负责定义并管理 Hyperledger Fabric 网络中所有的 Orderer 节点。
- Peer 组织负责定义并管理 Hyperledger Fabric 网络中所有的 Peer 节点。

1) Orderer 组织信息

排序服务相关的节点信息使用 crypto-config-orderer.yaml 配置文件进行设置,在该配置文件中,主要指定整个网络中 Orderer 组织的详细信息。

其中 OrdererOrgs 指定 Orderer 节点所属的组织信息,主要内容如下。

(1) Name:指定 Orderer 组织名称。

(2) Domain:指定 Orderer 组织的域名。

(3) Specs.Hostname:由此属性值+Domain 属性值构成 Orderer 组织的完整域名。

该文件中的详细配置内容如下所示。

```
OrdererOrgs:
  - Name: Orderer        # Orderer 组织的名称
    Domain: example.com  # 域名
```

```
EnableNodeOUs: true
Specs:
# 指定 Orderer 节点的名称
# 该名称由 Hostname + Domain 的值组成一个 Orderer 节点的完整域名
# 如:orderer.example.com
- Hostname: orderer
  SANS:
    - localhost
```

说明:crypto-config-orderer.yaml 配置文件中指定了一个名为 OrdererOrgs 的组织,该组织中包含了一个名为 orderer.example.com 的排序节点。

2) Peer 组织信息

Peer 组织信息使用 crypto-config-org1.yaml 配置文件进行设置。该配置文件主要指定 Fabric 网络中 Org1 组织的详细信息。

PeerOrgs 指定 Peer 节点所属的组织信息,与 OrdererOrgs 中的配置略有不同,其主要内容如下。

(1) Name:指定 Peer 组织的名称。

(2) Domain:指定 Peer 组织的域名。

(3) EnableNodeOUs:与 OrdererOrgs 中的配置意义相同,指定是否生成 config.yaml 文件。

(4) Template.Count:指定当前 Peer 组织中所包含的节点成员数量。

(5) Users.Count:指定当前 Org 组织中的用户数量(不包含 Admin 管理员用户)。

该文件中的详细配置内容如下所示。

```
PeerOrgs:
  - Name: Org1                          # 指定 Peer 组织的名称
    Domain: org1.example.com            # 指定域名
    # 是否在该 peer 组织下的 msp 目录中生成一个名称为 config.yaml 的文件
    EnableNodeOUs: true
    Template:
    Count: 1                            # 当前 Peer 组织中所包含的 Node 数量
      SANS:
        - localhost
      # Start: 5
      # Hostname: {{.Prefix}}{{.Index}} # default
    Users:
      Count: 1                          # 当前 Org 组织中所包含的用户数量
```

在实际应用中,可以将多个不同的节点分组由多个不同的 PeerOrg 进行管理。所以除 crypto-config-org1.yaml 外,还有一个名为 crypto-config-org2.yaml 的配置文件,用来配置另外一个 PeerOrg 组织,该配置文件中的内容除了组织名称及域名外,其他各项配置与 crypto-config-org1.yaml 文件中的配置完全相同。文件内容如下:

```
PeerOrgs:
  - Name: Org2                          # 指定当前组织的名称
    Domain: org2.example.com            # 指定域名
```

```
EnableNodeOUs: true
Template:
     Count: 1
     SANS:
          - localhost
     # Start: 5
     # Hostname: {{.Prefix}}{{.Index}} # default
Users:
     Count: 1
```

说明：PeerOrgs 通过上面的 crypto-config-org1. yaml 与 crypto-config-org2. yaml 两个配置文件，指定了两个 PeerOrgs 组织，组织名称分别 Org1 与 Org2，并且通过 Template 下的 Count 属性进行设置，使组织中包含一个 Peer 节点，然后通过 Users 下的 Count 属性指定在当前的 Org 组织中创建一个用户。

为了区分各 Peer 组织的节点，配置文件中以域名的方式进行区别，Peer 节点的域名名称组成结构为"prefix（前缀）＋Index（指数）＋Domain（域）属性的值"，其中 Prefix 的固定值为 peer，Index 为一个起始值为 0 的递增数字。比如，Org1 组织中的 Domain 属性值为 org1. example. com，Template. Count 属性值为 1，则该组织中所包含的 Peer 节点的完整域名为 peer0. org1. example. com；Org2 组织中的 Domain 属性值为 org2. example. com，Template. Count 属性值为 1，则该组织中所包含的 Peer 节点的完整域名为 peer0. org2. example. com。

3.2.2　创建组织

理解了 Hyperledger Fabric 运行网络环境中所需组织的信息之后，就可以根据配置文件中的相关信息来创建组织。Hyperledger Fabric 提供了一个二进制工具 cryptogen，该工具根据指定的配置文件实现标准化自动生成。二进制工具所在目录的路径为 fabric-samples/bin，进入该目录之后，可以看到不同的多个二进制文件，如下所示。

```
kevin@example:~/fabric/fabric - samples/bin $ ll
...(略)
- rwxr - xr - x  1 kevin kevin 24298000 Apr 24   2021 configtxgen *
- rwxr - xr - x  1 kevin kevin 26777240 Apr 24   2021 configtxlator *
- rwxr - xr - x  1 kevin kevin 16766376 Apr 24   2021 cryptogen *
- rwxr - xr - x  1 kevin kevin 25338592 Apr 24   2021 discover *
- rwxr - xr - x  1 kevin kevin 22956616 Oct  1   2020 fabric - ca - client *
- rwxr - xr - x  1 kevin kevin 30289504 Oct  1   2020 fabric - ca - server *
- rwxr - xr - x  1 kevin kevin 15153328 Apr 24   2021 idemixgen *
- rwxr - xr - x  1 kevin kevin 37892552 Apr 24   2021 orderer *
- rwxr - xr - x  1 kevin kevin 45249040 Apr 24   2021 peer *
```

使用 cryptogen 二进制工具可以完成创建 Fabric 网络所需的组织结构及相关身份证书的功能，也可以使用该工具的其他命令完成相应的功能，如查看版本、显示模板等。通过--help 选项可以查看该工具支持的各项命令，输出的内容如下所示。

```
kevin@example:~/fabric/fabric - samples/bin $ ./cryptogen -- help
usage: cryptogen [< flags >] < command > [< args > ...]
```

```
Utility for generating Hyperledger Fabric key material
Flags:
  -- help  Show context - sensitive help (also try -- help - long and -- help - man).
Commands:
  help [< command >...]:  Show help.
  generate [< flags >]: Generate key material
  showtemplate: Show the default configuration template
  version: Show version information
  extend [< flags >]: Extend existing network
```

对 cryptogen 工具的常用子命令及选项的作用解释如下。

1）子命令

- generate：生成 Hyperledger Fabric 网络运行时所需的组织结构及身份证书信息。
- showtemplate：显示默认使用的配置模板信息。
- version：显示版本信息。
- extend：扩展现有网络。

2）相关选项

- --config：指定要使用的配置模板文件。
- --output：指定生成内容的输出目录。

明确 cryptogen 二进制工具的相关命令及选项之后，接下来就可使用该工具进入实际操作，生成组织结构及相应的身份证书等。进入 fabric-samples/test-network 目录。

```
$ cd ~/fabric/fabric - samples/test - network/
```

使用 crypto-config-orderer. yaml 配置文件，创建 Orderer 组织及身份证书。

```
$ ../bin/cryptogen generate -- config = ./organizations/cryptogen/crypto - config -
orderer. yaml
  -- output = organizations
```

使用 crypto-config-org1. yaml 配置文件，创建 Org1 组织及身份证书。

```
$ ../bin/cryptogen generate
-- config = ./organizations/cryptogen/crypto - config - org1. yaml
-- output = organizations
```

命令执行完成后，会在终端中输出创建的 Org1 的组织信息。

```
org1. example. com
```

使用 crypto-config-org2. yaml 配置文件创建 Org2 组织及身份证书。

```
$ ../bin/cryptogen generate
-- config = ./organizations/cryptogen/crypto - config - org2. yaml
-- output = organizations
```

命令执行完成后，会在终端中输出创建的 Org2 的组织信息。

```
org2.example.com
```

使用 cryptogen 工具生成各组织及身份证书之后，组织中所包含的各节点及相关的证书和密钥（即 MSP 材料）将被输出到当前路径下的一个名为 organizations 的目录中，在该目录中会根据配置文件中指定的结构产生两个子目录，目录名称分别为 ordererOrganizations 及 peerOrganizations。两个目录的作用如下。

（1）ordererOrganizations 子目录下包括构成 Orderer 组织（1 个 Orderer 节点）的身份信息。

（2）peerOrganizations 子目录下为 Hyperledger Fabric 网络中所有的 Peer 节点所属组织（2 个 Org 组织，每个 Org 组织包含 1 个 Peer 节点）的相关身份信息。其中最关键的是 MSP 目录，其代表了实体的身份信息。

可以使用 ll 命令查看生成的两个目录，如下所示。

```
kevin@example:~/fabric/fabric-samples/test-network $ ll organizations/
...(略)
drwxr-xr-x 3 kevin kevin 4096 Jul 21 12:30 ordererOrganizations/
drwxr-xr-x 4 kevin kevin 4096 Jul 21 12:30 peerOrganizations/
```

在 Linux 操作系统中，为了比较直观地查看目录结构，可以使用 tree 命令进行查看。如果在操作系统中没有 tree 工具，可以通过以下命令进行安装。

```
$ sudo apt install tree
```

tree 工具安装完成之后，可以使用该工具查看指定的 ordererOrganizations 目录结构。

```
$ tree organizations/ordererOrganizations/
```

在生成的 ordererOrganizations 目录结构中最关键的是各节点下的 MSP 目录内容，其存储了生成的代表 MSP 实体身份的各种证书及私钥文件，一般包括以下内容。

- admincerts：管理员的身份证书文件。
- cacerts：信任的根证书文件。
- keystore：节点的签名私钥文件。
- signcerts：节点的签名身份证书文件。
- tlscacerts：TLS 连接用的证书。
- config.yaml（可选）：记录 NodeOUs 信息，包括 ClientOUIdentifier、PeerOUIdentifier、AdminOUIdentifier、OrdererOUIdentifier 及相应的 CA 证书位置。

这些身份文件随后可以分发到对应的 Orderer 节点和 Peer 节点上，并放到对应的 MSP 路径下，用于在交易时进行签名及验证使用。

继续使用 tree 命令查看 peerOrganizations/org1.example.com/目录中的结构。

```
$ tree peerOrganizations/org1.example.com/
```

生成的 Org1 组织的结构与 Orderer 组织的结构类似，但在 Users 目录下多了一个 User1@org1.example.com 目录，此用户就是在配置文件中使用 Users.Count 指定的用户数量自动生成的。Prefix（前缀）默认使用固定值：User，再加一个从 1 开始递增的数字作为用户名。比如,Users. Count 的值为 2,则代表除 Admin 用户外,还会额外生成两个用户,用户名分别为 User1@org1. example. com 与 User2@org1. example. com。

提示:org2. example. com 组织的目录结构与 org1. example. com 组织的目录结构大体相同,所以不再赘述。

3.2.3 初始区块及通道配置

生成组织结构与身份证书、密钥之后,需要在 Hyperledger Fabric 区块链网络启动时,创建一个 GenesisBlock(初始区块或创世区块)及 Channel(通道),初始区块及通道所包含的内容需要通过配置定义来指定相关的信息,如指定 Orderer 服务的相关配置、当前网络中所包含的联盟信息、联盟中所包含的组织信息及各组织中所包含的节点信息,这些信息的配置被定义在一个名为 configtx. yaml 文件中。对于该配置文件,可以查看 3.1.1 小节中关于 configtx. yaml 配置文件的描述。

为了方便后期生成锚节点更新配置文件,需要在 configtx. yaml 文件中分别添加 Org1 与 Org2 两个组织的锚节点信息。使用 vi 命令打开 configtx/configtx. yaml 文件,分别在两个组织中添加相应的锚节点信息,如下所示。

```
- &Org1
    ...(略)
    AnchorPeers:              # 指定 Org1 组织中的锚节点信息
      - Host: peer0.org1.example.com
        Port: 7051
- &Org2
    ...(略)
    AnchorPeers:              # 指定 Org2 组织中的锚节点信息
      - Host: peer0.org2.example.com
        Port: 9051
```

1. 创建初始区块配置文件

创建服务启动初始区块及 Channel(通道)会使用到另一个工具 configtxgen,该工具常用选项可以使用--help 进行查看,具体作用如下。

- -asOrg:用于指定有权设置的写集中的值的 Org 组织名称,一般在生成锚节点更新配置文件时使用。
- -channelID:指定通道的唯一标识 ID。
- -inspectBlock:根据指定的路径输出区块中包含的配置信息。
- -inspectChannelCreateTx:根据指定的路径输出事务中包含的配置信息。
- -outputBlock:如果使用此选项,则将生成的初始区块文件保存在指定的路径中。
- -outputCreateChannelTx:如果使用此选项,则将生成的通道配置交易文件保存在指定的路径中。
- -outputAnchorPeersUpdate:如果使用此选项,则将生成的锚节点更新配置文件保存在指定的路径中。

- -profile：configtx.yaml 中的 Profiles 配置项，用于指定生成初始区块还是通道交易配置文件。
- -version：显示版本信息。

熟悉了配置文件中的相关信息后，就可以使用 configtxgen 工具创建 Orderer 服务启动初始区块的相关配置信息；确认当前在 fabric-samples/test-network 目录下。

指定使用 configtx.yaml 文件中定义的 TwoOrgsOrdererGenesis 模板，生成 Orderer 服务系统通道的初始区块配置文件，并将生成的配置文件保存在 system-genesis-block 目录下。具体命令如下：

```
$ ../bin/configtxgen - profile TwoOrgsOrdererGenesis - channelID system - channel
- outputBlock ./system - genesis - block/genesis.block
```

命令执行后会产生一个以下错误信息。

```
[common.tools.configtxgen] main - > INFO 001 Loading configuration
[common.tools.configtxgen.localconfig] Load - > PANI 002 Error reading configuration:
Unsupported Config Type ""
[common.tools.configtxgen] func1 - > ERRO 003 Could not find configtx.yaml. Please make sure
that FABRIC_CFG_PATH or - configPath is set to a path which contains configtx.yaml
```

因为在执行命令后，需要根据指定的 configtx.yaml 配置文件中的信息生成初始（创世）区块的内容，所以必须指定该配置文件的所在路径，一般有两种方式指定。

（1）使用 FABRIC-CFG_PATH 环境变量来指定。

（2）使用 -configPath 选项来指定。

通常情况下可以直接使用第一种设置 FABRIC-CFG_PATH 环境变量的方式来指定，命令如下：

```
$ export FABRIC_CFG_PATH = $ PWD/configtx/
```

设定好 FABRIC_CFG_PATH 环境变量之后，重新执行生成初始区块的命令后输出如下所示的信息。

```
main - > INFO 001 Loading configuration
completeInitialization - > INFO 002 orderer type: etcdraft
completeInitialization - > INFO 003 Orderer.EtcdRaft.Options unset, setting to tick _
interval:"500ms" election_tick:10 heartbeat_tick:1 max_inflight_blocks:5 snapshot_interval_
size:16777216
Load - > INFO 004 Loaded configuration: /home/kevin/fabric/fabric - samples/test - network/
configtx/configtx.yaml
doOutputBlock - > INFO 005 Generating genesis block
doOutputBlock - > INFO 006 Writing genesis block
```

如果使用第二种方式指定 configtx.yaml 配置文件所在路径，可以使用以下命令。

```
$ ../bin/configtxgen - configPath ./configtx/ - profile TwoOrgsOrdererGenesis - channelID
system - channel - outputBlock ./system - genesis - block/genesis.block
```

2. 创建应用通道交易配置文件

channel（通道，又称为应用通道）是为了在 Hyperledger Fabric 网络中更好地保护数据隐私，进行数据隔离而设计的一种机制；其根据不同的实际情况将多个指定的组织结合在一起，形成一个只有已加入的组织成员才可以访问的"子网"，从而达到对数据隔离性及隐私性的保护。

Hyperledger Fabric 网络启动后会根据生成的配置文件中的信息创建通道，该配置文件中指定了初始加入的通道的组织信息及通道的相关成员访问权限信息。

因为后面的命令需要多次使用同一个通道名称，所以先通过环境变量指定一个通道名称，后期需要使用该通道名称时只需要使用对应的环境变量名称即可。指定通道名称的环境变量命令如下：

```
$ export CHANNEL_NAME = mychannel
```

生成新建通道的配置交易文件（TwoOrgsChannel 模板中指定了 Org1 和 Org2 两个组织都属于应用通道中的成员）。命令如下：

```
$ ../bin/configtxgen - profile TwoOrgsChannel - outputCreateChannelTx ./channel
- artifacts/mychannel.tx - channelID $ CHANNEL_NAME
```

命令执行成功后会在终端中输出以下所示的信息。

```
main -> INFO 001 Loading configuration
Load -> INFO 002 Loaded configuration: /home/kevin/fabric/fabric - samples/test - network/
configtx/configtx.yaml
doOutputChannelCreateTx -> INFO 003 Generating new channel configtx
doOutputChannelCreateTx -> INFO 004 Writing new channel tx
```

应用通道交易配置文件生成后，会根据执行的命令被存储在当前目录下的一个名为 channel-artifacts 的目录中，文件名称为 mychannel.tx，如下所示。

```
kevin@example:~/fabric/fabric - samples/test - network $ tree .
├── channel - artifacts
    └── mychannel.tx
```

3. 创建锚节点更新配置文件

锚节点（anchor peer）是一个比较特殊的节点，因为在 Hyperledger Fabric 网络环境中，存在着跨组织通信的问题，所以每一个组织中的 Peer 节点需要知道同一通道中其他组织的至少一个 Peer 节点的地址，作为同一通道中其他组织的入口点，以便于进行跨组织通信。锚节点在 configtx.yaml 配置文件中由 AnchorPeers 部分指定。

> 注意：锚节点更新配置文件是在通道创建之后用来更新组织中的 Anchor Peer 信息的。

同样基于 configtx.yaml 配置文件中的 TwoOrgsChannel 模板，为每个组织（如 Org1、Org2）分别生成锚节点更新配置，需注意指定对应的组织名称。命令如下：

```
# 创建 Org1 锚节点更新配置文件
$ ../bin/configtxgen - profile TwoOrgsChannel - outputAnchorPeersUpdate ./channel -
artifacts/Org1MSPanchors.tx - channelID $ CHANNEL_NAME - asOrg Org1MSP
# 创建 Org2 锚节点更新配置文件
$ ../bin/configtxgen - profile TwoOrgsChannel - outputAnchorPeersUpdate ./channel -
artifacts/Org2MSPanchors.tx - channelID $ CHANNEL_NAME - asOrg Org2MSP
```

上述所有命令执行完成后，会在当前的 channel-artifacts 目录下创建 3 个文件，分别是 mychannel.tx、Org1MSPanchors.tx 和 Org2MSPanchors.tx。

3.2.4　网络配置

启动网络，就是启动提供区块链网络服务的各个 Node(节点)。由于要启动多个网络节点，Hyperledger Fabric 采用了容器技术，因此需要一个简化的方式来集中化管理这些节点容器，一般使用 docker-compose 工具来实现一步到位的节点容器管理，而且只需要编写相应的配置文件即可。

Hyperledger Fabric 同样提供了一个 docker-compose 工具的示例配置文件，该配置文件在 fabric-samples/test-network/docker 目录下，文件名称为 docker-compose-test-net.yaml，读者可以打开这个配置文件在控制台中通过 cat 命令查看详细的完整内容。

```
kevin@example:~/fabric/fabric - samples/test - network $ cat docker/docker - compose - test
- net.yaml
```

从该配置文件中的信息来看，总计需要创建 4 个 Docker 容器，分别为 orderer.example.com、peer0.org1.example.com、peer0.org2.example.com 及 cli。各容器分别使用相关的选项设置特定的信息，相关选项解释如下。
- container_name：指定容器的名称。
- image：指定创建容器所需的 Docker 镜像及 TAG。
- environment：设置该容器中相应的环境变量。
- working_dir：进入该容器之后的默认工作目录。
- command：指定执行的命令。
- volumes：设置数据卷。
- ports：指定容器的监听端口号。
- networks：网络名称。
- depends_on：当前容器所依赖的其他容器。

Orderer 容器设置的相关核心信息主要有以下两部分。

(1) environment：该部分主要关注以下核心配置信息。
- FABRIC_LOGGING_SPEC：指定容器中的日志级别。
- ORDERER_GENERAL_LISTENADDRESS：监听地址。
- ORDERER_GENERAL_LISTENPORT：监听端口号。
- ORDERER_GENERAL_GENESISMETHOD：使用 GenesisFile 指定的文件作为初始区块。

- ORDERER_GENERAL_GENESISFILE：指定了在 Orderer 容器中初始区块的所在路径，由 Volumes 中的../channel-artifacts/genesis. block：/var/hyperledger/orderer/orderer. genesis. block 指定主机到 Docker 容器中的映射。
- ORDERER_GENERAL_LOCALMSPID：指定当前 Orderer 容器的唯一 MSPID。
- ORDERER_GENERAL_LOCALMSPDIR：指定当前 Orderer 容器的 MSP 所在路径。
- ORDERER_OPERATIONS_LISTENADDRESS：Operations 服务监听地址及端口号。
- ORDERER_GENERAL_TLS_ENABLED：是否开启 TLS 验证。
- ORDERER_GENERAL_TLS_PRIVATEKEY：指定私钥所在路径。
- ORDERER_GENERAL_TLS_CERTIFICATE：指定证书所在路径。
- ORDERER_GENERAL_TLS_ROOTCAS：指定受信任的 CA 根证书所在路径。

（2）volumes：将本地系统中的初始区块配置文件、MSP、TLS 目录映射至 Docker 容器中的指定路径下。

Peer 容器设置的相关核心信息如下。

（1）environment：该部分主要关注以下核心配置信息。

- FABRIC_LOGGING_SPEC：指定日志级别。
- CORE_PEER_TLS_ENABLED：是否开启 TLS 验证。
- CORE_PEER_PROFILE_ENABLED：使用 Profile。
- CORE_PEER_TLS_CERT_FILE：指定 TLS 证书所在路径。
- CORE_PEER_TLS_KEY_FILE：指定私钥所在路径。
- CORE_PEER_TLS_ROOTCERT_FILE：指定根证书所在路径。
- CORE_PEER_ID：指定容器的唯一标识 ID。
- CORE_PEER_ADDRESS：容器地址及端口号。
- CORE_PEER_LISTENADDRESS：监听地址及端口号。
- CORE_PEER_CHAINCODEADDRESS：链码地址。
- CORE_PEER_CHAINCODELISTENADDRESS：链码监听地址及端口号。
- CORE_PEER_GOSSIP_BOOTSTRAP：Gossip 的引导节点。
- CORE_PEER_GOSSIP_EXTERNALENDPOINT：向组织外的节点发布的访问端节点。如果未设置该参数，节点将不为其他组织所知。
- CORE_PEER_LOCALMSPID：指定当前 Peer 容器的唯一 MSPID。
- CORE_OPERATIONS_LISTENADDRESS：Operations 服务监听地址及端口号。

（2）volumes：将本地系统中的 MSP、TLS 目录映射至 Docker 容器中的指定路径下。

3.2.5 启动网络

所有 Hyperledger Fabric 网络环境所需的文件创建生成且配置完成之后（组织结构及身份证书、密钥、初始区块文件和通道交易配置文件），就可以启动指定的 Fabric 网络。

下面使用已经安装的 docker-compose 工具，通过其命令来方便地启动 Hyperledger Fabric 网络中指定的所有节点。

```
$ sudo docker – compose – f docker/docker – compose – test – net. yaml up – d
```

命令选项说明如下。

- -f：指定启动容器时所使用的docker-compose配置文件的所在目录及文件名称。
- -d：指定是否显示网络启动过程中的实时日志信息，如果需要查看详细的网络启动日志，则可以不指定此选项。

命令执行后，在终端中输出以下信息。

```
Creating network "fabric_test" with the default driver
Creating volume "docker_orderer. example. com" with default driver
Creating volume "docker_peer0. org1. example. com" with default driver
Creating volume "docker_peer0. org2. example. com" with default driver
Creating orderer. example. com     ... done
Creating peer0. org1. example. com ... done
Creating peer0. org2. example. com ... done
Creating cli                       ... done
```

然后可以使用docker ps命令查看已经启动并处于运行状态的Docker容器，如图3-1所示。

```
kevin@example:~/fabric/fabric-samples/test-network$ docker ps
CONTAINER ID   IMAGE                             COMMAND            CREATED        STATUS         P
ORTS                                                                                            NAMES
749239ca89b1   hyperledger/fabric-tools:latest   "/bin/bash"        4 minutes ago  Up 4 minutes
                                                                                                cli
68f9175728cb   hyperledger/fabric-peer:latest    "peer node start"  4 minutes ago  Up 4 minutes   0
.0.0.0:9051->9051/tcp, :::9051->9051/tcp, 7051/tcp, 0.0.0.0:9445->9445/tcp, :::9445->9445/tcp   peer0.o
rg2.example.com
95a1ad73527f   hyperledger/fabric-orderer:latest "orderer"          4 minutes ago  Up 4 minutes
.0.0.0:7050->7050/tcp, :::7050->7050/tcp, 0.0.0.0:9443->9443/tcp, :::9443->9443/tcp             orderer
.example.com
499cc1d327b9   hyperledger/fabric-peer:latest    "peer node start"  4 minutes ago  Up 4 minutes   0
.0.0.0:7051->7051/tcp, :::7051->7051/tcp, 0.0.0.0:9444->9444/tcp, :::9444->9444/tcp             peer0.o
rg1.example.com
kevin@example:~/fabric/fabric-samples/test-network$
```

图 3-1　容器状态信息

3.2.6　创建通道

在创建及使用应用通道之前，先回顾一下Channel（通道）的概念及其作用。

概念：将一个大的网络分割成为不同的私有子网，所谓的子网在Hyperledger Fabric网络中被称为通道（或应用通道）。

作用：通道提供一种通信机制，能够将Peer节点和Orderer节点连接在一起，形成一个具有保密性的通信链路（虚拟），其他通道中的节点无法访问本通道中的数据，从而实现对分布式账本数据的隔离。

要加入通道的每个节点都必须拥有自己的通过成员服务提供者（MSP）获得的身份标识，MSP内容可参见第5章。

以下为创建通道的步骤。

1）设置环境

各个Peer节点成功启动后，默认情况下没有加入网络中的任何应用通道，也不会与Orderer

服务节点建立连接,需要通过客户端对其进行操作,让它加入网络和指定的应用通道中。

指定 peer 二进制工具所在的目录路径(环境)及 core.yaml 所在路径。

```
$ export PATH = $ {PWD}/../bin: $ PATH
$ export FABRIC_CFG_PATH = $ {PWD}/../config/
```

2) 创建 orgRole.sh 脚本

在 Hyperledger Fabric 网络中创建了一个 Orderer 节点和两个 Org 组织,每个 Org 组织中都包含一个 Peer 节点,由于在具体操作过程中需要多次切换 Org 组织的不同节点角色,因此需要创建一个脚本文件用来快速切换,使用 vi 工具在当前目录下创建名为 orgRole.sh 的文件。

```
$ vi orgRole.sh
```

然后在 orgRole.sh 文件中切换为编辑模式,添加以下内容。

```
#!/bin/bash
# Copyright IBM Corp All Rights Reserved
# SPDX - License - Identifier: Apache - 2.0
export CORE_PEER_TLS_ENABLED = true
export ORDERER _ CA = $ {PWD}/organizations/ordererOrganizations/example. com/orderers/
orderer. example.com/msp/tlscacerts/tlsca.example.com - cert.pem
export PEER0 _ ORG1 _ CA = $ {PWD}/organizations/peerOrganizations/org1. example. com/peers/
peer0.org1.example.com/tls/ca.crt
export PEER0 _ ORG2 _ CA = $ {PWD}/organizations/peerOrganizations/org2. example. com/peers/
peer0.org2.example.com/tls/ca.crt
export
setOrdererGlobals() {   # Set OrdererOrg. Admin globals
  export CORE_PEER_LOCALMSPID = "OrdererMSP"
  export CORE_PEER_TLS_ROOTCERT_FILE = $ {PWD}/organizations/ordererOrganizations/example.
com/orderers/orderer.example.com/msp/tlscacerts/tlsca.example.com - cert.pem
  export CORE_PEER_MSPCONFIGPATH = $ {PWD}/organizations/ordererOrganizations/example.com/
users/Admin@example.com/msp
}
setGlobals() {         # Set environment variables for the peer org
  local USING_ORG = ""
  if [ - z " $ OVERRIDE_ORG" ]; then
    USING_ORG = $ 1
  else
    USING_ORG = " $ {OVERRIDE_ORG}"
  fi
  echo "Using organization $ {USING_ORG}"
  if [ $ USING_ORG - eq 1 ]; then
    export CORE_PEER_LOCALMSPID = "Org1MSP"
    export CORE_PEER_TLS_ROOTCERT_FILE = $ PEER0_ORG1_CA
    export CORE_PEER_MSPCONFIGPATH = $ {PWD}/organizations/peerOrganizations/org1.example.
com/users/Admin@org1.example.com/msp
    export CORE_PEER_ADDRESS = localhost:7051
    echo "Using pee0.org $ {USING_ORG}"
```

```
    elif [ $ USING_ORG - eq 2 ]; then
       export CORE_PEER_LOCALMSPID = "Org2MSP"
       export CORE_PEER_TLS_ROOTCERT_FILE = $ PEER0_ORG2_CA
       export CORE_PEER_MSPCONFIGPATH = $ {PWD}/organizations/peerOrganizations/org2.example.
  com/users/Admin@org2.example.com/msp
       export CORE_PEER_ADDRESS = localhost:9051
       echo "Using pee0.org $ {USING_ORG}"
    else
       echo " ================== ERROR !!! ORG Unknown ================== "
    fi
    if [ " $ VERBOSE" == "true" ]; then
       env | grep CORE
    fi
  }
  ORG = $ 1
  setGlobals $ ORG
```

保存退出,然后为脚本添加可执行权限。

```
$ chmod + x orgRole.sh
```

切换身份为 peer0.org1。

```
$ source orgRole.sh 1    # 使用 org1 身份
```

注意:orgRole.sh 脚本在执行前必须加 source 命令,否则使用 export 指定的环境无法生效。

3)创建应用通道
(1)检查环境变量是否正确设置。

```
$ echo $ CHANNEL_NAME
```

(2)如果没有该环境变量,则先设置通道名称的环境变量(如果有输出值且与创建通道交易配置文件时指定的通道名称相同,则无须重新设定)。

```
$ export CHANNEL_NAME = mychannel
```

注意:设置的通道名称必须与创建通道交易配置文件时指定的通道名称相同。

(3)使用以下命令创建通道。

```
$ peer channel create - o localhost:7050 - c $ CHANNEL_NAME -- ordererTLSHostnameOverride
orderer.example.com - f ./channel - artifacts/mychannel.tx -- outputBlock ./channel -
artifacts/mychannel.block -- tls -- cafile $ {PWD}/organizations/ordererOrganizations/
example.com/orderers/orderer.example.com/msp/tlscacerts/tlsca.example.com - cert.pem
```

参数说明如下。

① -o：指定 Orderer 节点的地址。

② -c：指定要创建的应用通道的名称(必须与在创建应用通道交易配置文件时的通道名称一致)。

③ -f：指定创建应用通道时所使用的应用通道交易配置文件。

④ --outputBlock：指定生成的区块文件存储路径及文件名称。

⑤ --tls：开启 TLS 验证。

⑥ --cafile：指定 TLS_CA 证书的所在路径。

执行该命令后,会自动在当前目录中生成一个与应用通道名称同名的区块文件 mychannel.block,网络节点只有拥有该文件才可以加入已创建的应用通道中,如下所示。

```
kevin@example:~/fabric/fabric-samples/test-network $ ll channel-artifacts/
-rw-r--r-- 1 kevin kevin 22757 Jul 21 12:50 mychannel.block
-rw-r----- 1 kevin kevin   447 Jul 21 12:41 mychannel.tx
-rw-r----- 1 kevin kevin   312 Jul 21 12:48 Org1MSPanchors.tx
-rw-r----- 1 kevin kevin   312 Jul 21 12:48 Org2MSPanchors.tx
```

3.2.7　加入通道

将 Org1 组织中的 Peer 节点加入通道中：

```
$ peer channel join -b ./channel-artifacts/mychannel.block
```

命令及选项说明如下。

(1) join：channel 的子命令。将当前 Peer 节点加入应用通道中。

(2) -b：指定当前节点要加入哪个应用通道中。

命令执行后会在终端中输出以下信息。

```
InitCmdFactory -> INFO 001 Endorser and orderer connections initialized
executeJoin -> INFO 002 Successfully submitted proposal to join channel
```

更新 Org1 组织的锚节点。

```
$ peer channel update -o localhost:7050 --ordererTLSHostnameOverride orderer.example.com -c
mychannel -f ./channel-artifacts/Org1MSPanchors.tx --tls --cafile $PWD/organizations/
ordererOrganizations/example.com/orderers/orderer.example.com/msp/tlscacerts/tlsca.example.com-
cert.pem
```

命令执行后会在终端中输出以下信息。

```
InitCmdFactory -> INFO 001 Endorser and orderer connections initialized
update -> INFO 002 Successfully submitted channel update
```

接下来切换身份为 peer0.org2。

```
$ source orgRole.sh 2    # 使用 Org2
```

将 Org2 组织中的 Peer 节点加入通道中。

```
$ peer channel join - b ./channel-artifacts/mychannel.block
```

命令执行成功后,会在终端输出以下信息。

```
InitCmdFactory -> INFO 001 Endorser and orderer connections initialized
executeJoin -> INFO 002 Successfully submitted proposal to join channel
```

更新 Org2 组织的锚节点。

```
$ peer channel update - o localhost:7050 -- ordererTLSHostnameOverride orderer.example.com - c
mychannel - f ./channel-artifacts/Org2MSPanchors.tx -- tls -- cafile $PWD/organizations/
ordererOrganizations/example.com/orderers/orderer.example.com/msp/tlscacerts/tlsca.example.com-
cert.pem
```

3.3　交　易　实　现

手动配置 Hyperledger Fabric 网络并启动完成之后,可以进入 Chaincode(链码)环节对 Hyeprledger Fabric 网络中的智能合约进行部署并实现交易的测试环节。

从 Hyperledger Fabric v2.x 开始,链码部署的方式与之前的版本有了很大的区别,不再是简单的安装并实例化,而是使用一个 lifecycle 命令对链码的生命周期(lifecyde)进行统一管理(链码的生命周期详见第 6 章的相关内容)。

3.3.1　部署智能合约

1)解决身份信赖

使用 3.2.6 小节中编写的 orgRole.sh 脚本文件,切换身份为 peer0.org1。

```
$ source orgRole.sh 1   # 切换为 Org1 身份
```

使用以下的 pushd 命令切换到智能合约所在目录并且将该目录置于目录栈的栈顶。

```
$ pushd ../asset-transfer-basic/chaincode-go/
```

设置 go mod 并下载依赖。

```
$ go env - w GO111MODULE = on
$ go env - w GOPROXY = https://goproxy.io,direct
## 或执行:$ go env - w GOPROXY = https://proxy.golang.com.cn,direct
$ go mod tidy
$ go mod vendor
```

将智能合约所需的所有依赖库全部下载并保存至当前目录下一个名为 vendor 的文件夹之后,使用 popd 命令返回之前的所在目录(出栈顶)。

```
$ popd
```

注意：如果不指定 GOPROXY 或没有下载依赖，在安装链码时会出现以下错误信息。

```
github.com/golang/protobuf@v1.3.2: Get "golang/protobuf/@v/v1.3.2.mod": dial tcp 34.64.4.17:
443: connect: connection refused: exit status 1
```

针对此错误问题可以使用官方推荐的 go mod 方式解决。根据不同的 Golang 版本，设置的内容略有区别，设置方式及内容如下。

（1）如果系统中安装使用的 Golang 版本是 1.13 及以上(推荐)，则使用以下方式设置。

```
$ go env - w GO111MODULE = on
$ go env - w GOPROXY = https://goproxy.io,direct
# 设置不走 proxy 的私有仓库,使用多个用逗号相隔(可选)
$ go env - w GOPRIVATE = * . corp. example.com
# 设置不走 proxy 的私有组织(可选)
$ go env - w GOPRIVATE = example.com/org_name
```

（2）如果系统中安装使用的 Golang 版本是 1.12 及以下，则使用以下方式设置。

```
# 启用 Go Modules 功能
export GO111MODULE = on
# 配置 GOPROXY 环境变量
export GOPROXY = https://goproxy.io
```

可以将上面的命令所设置的环境变量直接写到. profile 或. bash_profile 文件中长期生效。

2）打包智能合约
首先确认打包智能合约所需使用的 peer 二进制工具及 core. yaml 所在目录是否已经设置正确，如果没有设置，则使用以下命令设置。

```
# 设置环境变量
$ export PATH = ${PWD}/../bin: $ PATH
$ export FABRIC_CFG_PATH = ${PWD}/../config/
```

使用 peer lifecycle chaincode package 命令将指定的智能合约打包成为链码包。

```
$ peer lifecycle chaincode package basic.tar.gz -- path ../asset - transfer - basic/chaincode
- go/ -- lang golang -- label basic_1.0
```

命令选项说明。
- --path：指定智能合约所在路径。
- --lang：指定智能合约的开发语言。
- -label：label 选项用于指定一个链码标签，该标签将在链码安装后对其进行标识。建议标签包含链码名称和版本号。

执行该命令后,会将指定的链码源文件生成一个指定文件名称的压缩包(basic. tar. gz),以方便后期直接在 Hyperledger Fabric 网络节点中对其进行部署。生成的包文件如下所示。

```
kevin@example:~/fabric/fabric-samples/test-network $ ll
drwxr-xr-x    4 kevin kevin       4096 Nov 19    2022 addOrg3/
-rw-------    1 kevin kevin 2850261 Jul 21 10:46 basic. tar. gz
drwxrwxr-x    2 kevin kevin       4096 Jul 21 10:44 channel-artifacts/
drwxr-xr-x    2 kevin kevin       4096 Dec 13    2022 configtx/
```

3) 安装链码

上一步创建了链码包,接下来就可以在已经启动的 Hyperledger Fabric 网络中的 Peer 节点上进行安装链码的操作。当前使用的是 peer0. org1 身份,所以当前使用的 peer 命令只针对 Org1 组织中的 peer0. org1. example. com 节点生效。安装链码使用以下命令实现。

```
$ peer lifecyclechaincode install basic.tar.gz
```

该命令使用链码生命周期管理中的 install 命令对指定的 basic. tar. gz 链码包进行安装,安装完成之后会在终端中输出以下提示信息。

```
submitInstallProposal  - > INFO 001 Installed remotely: response: < status: 200 payload:
"\nJbasic_ 1. 0: e1304736875ce631cdb982cab0e5997fba892ed540b94bf6142f297c4382544f \ 022 \
tbasic_1.0" >
submitInstallProposal  - >  INFO  002  Chaincode  code  package  identifier:  basic _
1.0:e1304736875ce631cdb982cab0e5997fba892ed540b94bf6142f297c4382544f
```

因为要将交易的背书策略指定为需要 Org1 和 Org2 的背书,所以需要在两个 Org 组织所属的 Peer 节点中安装链码。切换当前的身份为 peer0. org2(peer0. org2. example. com 节点)。

```
$ source orgRole.sh 2 # 切换为 Org2 身份
```

然后再次使用链码的 install 安装命令将链码安装在 peer0. org2. example. com 节点中。

```
$ peer lifecycle chaincode install basic.tar.gz
```

4) 链码安装信息查询

在新版本的 Hyperledger Fabric 中(从 v2. x 开始),如果 Org 组织已经在其 Peer 节点上安装了链码,那么需要在其组织批准的链码定义中包含 packageID。该 packageID 用于将安装在 Peer 节点中的链码与已经获得批准的链码定义相关联,并允许组织使用链码来认可事务。通过使用 peer lifecycle chaincode queryinstalled 查询命令,可以找到链码的 packageID。命令如下:

```
$ peer lifecycle chaincode queryinstalled
```

命令成功执行后,将会返回链码包 ID 及链码标签,该链码包 ID 是链码标签和链码二进制文件的哈希值的组合。每个 Peer 节点针对安装的同一个链码包(可以理解为在不同的 Peer 节点中安装了相同的智能合约)将生成相同的链码包 ID,命令执行后输出以下信息。

```
Installed chaincodes on peer:
Package ID: basic_1.0:e1304736875ce631cdb982cab0e5997fba892ed540b94bf6142f297c4382544f,
Label: basic_1.0
```

当前链码完成安装之后产生的 packageID,后期会在多处命令中使用;为了后期使用方便,可以将 packageID 定义成为一个环境变量,命令如下:

```
$ export CC_PACKAGE_ID = basic_1.0:e1304736875ce631cdb982cab0e5997fba892ed540b94bf6142f297c4382544f
```

5)链码审批

链码安装完成之后,并不能被直接调用,必须经过通道内的组织对链码的定义进行批准。该定义包括针对链码管理的重要参数,如链码的名称、版本及链码的背书策略。因此链码在安装完成之后,必须经过通道内大多数成员对链码定义的批准才可以被正常使用。

(1)由于当前使用的身份是 peer0.org2 节点,可以先使用 Org2 组织对已安装的链码的定义进行批准。使用命令批准链码定义如下:

```
$ peer lifecycle chaincode approveformyorg - o localhost:7050 -- ordererTLSHostnameOverride
orderer.example.com -- tls -- cafile ${PWD}/organizations/ordererOrganizations/example.
com/orderers/orderer.example.com/msp/tlscacerts/tlsca.example.com - cert.pem -- channelID
mychannel -- name basic -- version 1.0 -- package-id $ CC_PACKAGE_ID -- sequence 1
```

说明:Chaincode 在 Org 级别得到批准,因此该命令仅需要针对一个 Peer 节点即可。该节点将会使用 gossip 将批准分配给组织中的其他 Peer 节点。

命令选项说明如下。

① -o:指定 Orderer 节点地址及端口号。

② --ordererTLSHostnameOverride:验证与 Orderer 节点的 TLS 连接时要使用的主机名。

③ --tls:是否开启 TLS 验证。

④ --cafile:指定 TLS 证书所在路径。

⑤ --channelID:指定通道 ID。

⑥ --name:指定链码名称。

⑦ --version:指定链码版本。

⑧ --package-id:标志在链码定义中包含的 packageID。

⑨ --sequence:参数是一个整数,用于跟踪已定义的次数或更新链码的次数。由于链码是第一次部署到通道,因此序列号为 1。当后继有需要升级链码时,该序列号需要进行递增。

注意:如果需要明确指定背书策略,则可以使用--signature-policy 选项,该选项通过 Hyperledger Fabric 的 peer 二进制文件在批准并提交链码定义时,从 CLI 中创建背书策略。

命令示例如下：

```
$ peer lifecycle chaincode approveformyorg -- channelID mychannel -- signature - policy "AND
('Org1.member', 'Org2.member')" -- name mycc -- version 1.0 -- package - id $ CC_PACKAGE_ID --
sequence 1 -- tls -- cafile /opt/gopath/src/github.com/hyperledger/fabric/peer/crypto/
ordererOrganizations/example.com/orderers/orderer.example.com/msp/tlscacerts/tlsca.
example.com - cert.pem -- waitForEvent
```

如果读者需要了解更多的选项含义，则可以通过帮助选项--help来获取。

命令执行后在终端输出以下信息。

```
[chaincodeCmd] ClientWait -> INFO 001 txid [a8dc2b7fafb94b4b1d7a1858ffa255cf0a84c3581b97ea
8afd66fcdda0c4562f] committed with status (VALID) at localhost:9051
```

（2）检查链码定义是否批准成功，可以使用 checkcommitridness 命令来检查通道成员是否批准了相同的链码定义。

```
$ peer lifecycle chaincode checkcommitreadiness -- channelID mychannel -- name basic
-- version 1.0 -- sequence 1 -- output json
```

当前的 Org2 组织批准了链码定义之后，可以将链码定义提交给当前组织所在的应用通道。提交事务成功后，链码定义中指定的参数将在通道上体现。命令执行后的结果将生成一个 JSON 串映射，显示通道成员是否批准了 checkcommitridness 命令中指定的参数，如下所示。

```
{"approvals": {"Org1MSP": false, "Org2MSP": true}}
```

（3）Org2 组织批准之后，切换身份为 peer0.org1，再次使用 Org1 组织的身份进行定义批准：

```
$ source orgRole.sh 1    # 切换为 Org1 身份
```

链码定义批准：

```
$ peer lifecycle chaincode approveformyorg - o localhost:7050 -- ordererTLSHostnameOverride
orderer.example.com -- tls -- cafile $ {PWD}/organizations/ordererOrganizations/example.
com/orderers/orderer.example.com/msp/tlscacerts/tlsca.example.com - cert.pem -- channelID
mychannel -- name basic -- version 1.0 -- package - id $ CC_PACKAGE_ID -- sequence 1
```

检查链码定义是否批准成功（peer0.org1）。

```
$ peer lifecycle chaincode checkcommitreadiness -- channelID mychannel -- name basic
-- version 1.0 -- sequence 1 -- output json
```

命令执行后输出以下结果。

```
{"approvals": {"Org1MSP": true, "Org2MSP": true}}
```

从上面的输出结果中可以看出，事务提交成功，并且两个组织都已经批准了对已安装链码的定义。

6）提交链码定义至通道

若应用通道中两个合法的组织成员都批准了相同的链码定义,接下来就可以将链码定义提交给应用通道。使用 peer lifecycle chaincode commit 命令将链码定义提交至应用通道。提交命令需要由组织管理员提交。详细命令如下:

```
$ peer lifecycle chaincode commit - o localhost:7050 -- ordererTLSHostnameOverride orderer.
example. com -- tls -- cafile $ { PWD}/organizations/ordererOrganizations/example. com/
orderers/orderer. example. com/msp/tlscacerts/tlsca. example. com - cert. pem -- channelID
mychannel -- name basic -- peerAddresses localhost: 7051 -- tlsRootCertFiles $ { PWD}/
organizations/peerOrganizations/org1. example. com/peers/peer0. org1. example. com/tls/ca. crt
-- peerAddresses localhost: 9051 -- tlsRootCertFiles $ { PWD }/organizations/
peerOrganizations/org2. example. com/peers/peer0. org2. example. com/tls/ca. crt -- version 1. 0
-- sequence 1
```

命令选项说明如下。

（1）-o：指定 Orderer 节点地址及端口号。

（2）--ordererTLSHostnameOverride：验证与 Orderer 节点的 TLS 连接时要使用的主机名。

（3）--tls：是否开启 TLS 验证。

（4）--cafile：指定 TLS 证书所在路径。

（5）--channelID：指定通道 ID。

（6）--name：指定链码名称。

（7）--peerAddresses：指定需要连接到的 Peer 节点地址及端口号。

（8）--tlsRootCertFiles：TLS 根 CA 证书文件。

（9）--version：指定链码版本。

（10）--sequence：指定序列号。

在上面的命令中,使用--peerAddresses 选项来确认需要连接的目标节点 peer0. org1. example. com 和 peer0. org2. example. com。命令执行后,事务被提交给加入通道的 Peer 节点,以查询组织批准的链码定义。为了满足部署链码的策略,该命令需要指定足够数量的组织中所包含的 Peer 节点。

通道中的成员对链码定义的认可将被提交给指定的 Orderer 服务节点,以添加到区块中并分配给通道。然后,通道上的 Peer 节点将验证是否有足够的组织批准了链码定义。执行后输出的结果如下:

```
[chaincodeCmd] ClientWait -> INFO 001 txid [f3401f513fb08afdc3ad08b293736c52004aa79d21179
2588bacf91873c6b63b] committed with status (VALID) at localhost:7051
[chaincodeCmd] ClientWait -> INFO 002 txid [f3401f513fb08afdc3ad08b293736c52004aa79d21179
2588bacf91873c6b63b] committed with status (VALID) at localhost:9051
```

提示：提交命令将在返回响应之前等待 Peer 节点的验证。

7）检查链码定义信息

链码定义被提交至应用通道之后，可以使用 querycommitted 命令来确认链码定义是否已经被提交到通道中。

```
$ peer lifecycle chaincode querycommitted -- channelID mychannel -- name basic
```

如果链码已被成功提交给通道，该 querycommitted 命令将返回指定链码定义的顺序和版本及指定组织的批准结果。输出的信息如下：

```
Committed chaincode definition for chaincode 'basic' on channel 'mychannel':
Version: 1.0, Sequence: 1, Endorsement Plugin: escc, Validation Plugin: vscc, Approvals:
[Org1MSP: true, Org2MSP: true]
```

至此，经过上面各步骤的处理，链码已经成功被部署至 Hyperledger Fabric 网络中的 Peer 节点中，接下来就可以对该链码进行调用以实现交易。

3.3.2 实现交易

链码定义被成功提交至应用通道之后，就可以被客户端应用程序调用，用来实现查询或调用。

检查 FABRIC_CFG_PATH 变量的路径是否正确，如果没有对应值或对应值不正确应先设置正确的环境变量。

```
$ echo $ FABRIC_CFG_PATH
$ echo $ PATH
```

如果未设置，则使用以下命令设置。

```
# 设置 PATH 与 FABRIC_CFG_PATH 两个环境变量
$ export PATH = $ PWD/../bin: $ PATH
$ export FABRIC_CFG_PATH = $ PWD/../config/
```

FABRIC_CFG_PATH 变量的路径确保正确之后的步骤如下。

1）初始化分类账

由于链码刚刚部署完成，所以此时账本中并没有任何数据。使用资产初始化分类账，以便于在分类账上创建初始资产集，使用 invoke 命令实现。

```
$ peer chaincode invoke - o localhost:7050 -- ordererTLSHostnameOverride orderer.example.
com -- tls -- cafile $ {PWD}/organizations/ordererOrganizations/example.com/orderers/
orderer.example.com/msp/tlscacerts/tlsca.example.com - cert.pem - C mychannel - n basic
-- peerAddresses localhost:7051 -- tlsRootCertFiles $ {PWD}/organizations/peerOrganizations/
org1.example.com/peers/peer0.org1.example.com/tls/ca.crt -- peerAddresses localhost:9051
-- tlsRootCertFiles $ {PWD}/organizations/peerOrganizations/org2.example.com/peers/peer0.
org2.example.com/tls/ca.crt - c '{"function":"InitLedger","Args":[]}'
```

注意：

（1）invoke 命令需要以足够数量的对等方（Peer）为目标，以便满足链码的认可（背书）策略。

（2）invoke 命令中必须指定的两个选项：-C 与 -c 的区别。

命令选项说明如下。

（1）-o、--ordererTLSHostnameOverride、--tls、--cafile、--n、--peerAddresses、--tlsRootCertFiles 在之前的命令已经使用并进行过说明,读者可以在"提交链码定义至通道"部分中进行查看。

（2）--C：指定通道 ID。

（3）-c：指定调用链码的函数名称及调用该函数所需的参数。

如果输出以下信息,则表示命令执行成功。

```
INFO 001Chaincode invoke successful. result: status:200
```

账本经过初始化之后,通过相关的 API 创建了一系列的初始资产；现在可以使用链码的 query 命令查询分类账中的相应数据。

```
$ peer chaincode query – C mychannel – n basic – c '{"Args":["GetAllAssets"]}'
```

数据从分类账中查询成功后,响应结果会以 JSON 字符串的格式返回给客户端,并直接输出至终端屏幕中。

```
[{"ID":"asset1","color":"blue","size":5,
    "owner":"Tomoko","appraisedValue":300 },
  { "ID":"asset2","color":"red","size":5,
    "owner":"Brad","appraisedValue":400 },
  {"ID":"asset3","color":"green","size":10,
      "owner":"Jin Soo","appraisedValue":500 },
  {"ID":"asset4","color":"yellow","size":10,
    "owner":"Max","appraisedValue":600 },
  { "ID":"asset5","color":"black","size":15,
      "owner":"Adriana","appraisedValue":700 },
  { "ID":"asset6","color":"white","size":15,
    "owner":"Michel","appraisedValue":800 }
]
```

2）更新分类账

如果要发起交易,则需要开启 TLS 验证并指定对应的证书路径,且在调用相应链码函数时须根据不同的实际情况指定相应的所需参数。

通过使用 invoke 命令调用链码中指定的函数来实现交易,将 ID 为 asset6 的 owner 值修改为指定的 Christopher。命令如下：

```
$ peer chaincode invoke – o localhost:7050 –– ordererTLSHostnameOverride orderer. example.
com –– tls –– cafile ${PWD}/organizations/ordererOrganizations/example. com/orderers/
orderer. example. com/msp/tlscacerts/tlsca. example. com – cert. pem – C mychannel – n basic
–– peerAddresses localhost:7051 –– tlsRootCertFiles ${PWD}/organizations/peerOrganizations/
org1. example. com/peers/peer0. org1. example. com/tls/ca. crt –– peerAddresses localhost:9051
–– tlsRootCertFiles ${PWD}/organizations/peerOrganizations/org2. example. com/peers/peer0.
org2. example. com/tls/ca. crt – c '{ " function":" TransferAsset"," Args": [ " asset6",
"Christopher"]}'
```

返回的输出结果如下,则说明链码被调用成功且交易请求被成功处理。

```
INFO 001 Chaincode invoke successful. result: status:200
```

3）查询分类账

交易执行完毕，为了验证交易是否被正确执行，可以使用查询命令 query，调用链码根据指定的 ID 查询相应信息，然后根据输出的查询结果验证上一步的交易是否真正执行成功（是否将数据存储在区块中）。

```
$ peer chaincode query - C mychannel - n basic - c '{"Args":["ReadAsset","asset6"]}'
```

从终端的输出结果中可以发现，存储在账本中 ID 为 asset6 所对应的 owner 的值已经被修改成为 Christopher，如下所示。

```
{ "ID":"asset6", "color":"white", "size":15,
  "owner":"Christopher", "appraisedValue":800 }
```

为了验证不同的 Peer 节点作为命令行界面（command-line interface，CLI）对于分类账本是否有影响，现在在终端中将当前的 Org1 身份切换为 Org2 的身份。

```
$ source orgRole.sh 2    # 切换为 Org2 身份
```

直接使用 query 命令查询分类账中的指定数据。

```
$ peer chaincode query - C mychannel - n basic - c '{"Args":["ReadAsset","asset6"]}'
```

从查询返回的结果可以看出与使用 Org1 身份的查询结果完全相同。

```
{ "ID":"asset6", "color":"white", "size":15,
  "owner":"Christopher", "appraisedValue":800 }
```

3.3.3　关闭网络并清除环境

1）关闭网络并删除 Docker 容器
命令如下：

```
$ docker - compose - f docker/docker - compose - test - net.yaml  down -- volumes -- remove
- orphans
```

命令执行后依次将各个 Docker 容器关闭并删除，终端输出以下反馈信息。

```
Stopping cli                      ... done
Stopping peer0.org2.example.com   ... done
Stopping peer0.org1.example.com   ... done
Stopping orderer.example.com      ... done
Removing cli                      ... done
Removing peer0.org2.example.com   ... done
Removing peer0.org1.example.com   ... done
Removing orderer.example.com      ... done
```

```
Removing network fabric_test
Removing volume docker_orderer.example.com
Removing volume docker_peer0.org1.example.com
Removing volume docker_peer0.org2.example.com
```

2）删除生成的 Docker 镜像

命令如下：

```
$ docker rmi - f $ (docker images | awk '( $ 1 ～ /dev - peer. * /) {print $ 3}')
```

命令执行后终端输出以下信息。

```
Untagged: dev - peer0.org2.example.com - basic_1.0 - e1304736875ce631cdb982cab0e5997fba892ed
540b94bf6142f297c4382544f - c1ddab394c5fd8c73b1c451c487d1bf67b0c1b4f9b935f686ace5655fce2a
287:latest
Deleted: sha256:da6ff17a0ac55211f55735094f11ee0b04aa2d2cc81fce3c300289a84219e58a
...(略)
Deleted: sha256:91c5a34c3667e9135e82049d07fc170d66acbeca50fd76bd7e0d78ec65c31742
```

3）删除相关文件

删除配置文件、初始区块配置文件、Orderer 组织结构及 Org 组织结构。

```
$ rm - rf channel - artifacts/
$ rm system - genesis - block/genesis.block
$ rm - rf organizations/ordererOrganizations/
$ rm - rf organizations/peerOrganizations/
```

删除链码包文件及组织角色切换文件。

```
$ rm basic.tar.gz
$ rm orgRole.sh
```

读者可以根据具体情况将关闭网络、清理环境、删除文件的一系列步骤编写为一个可执行的脚本文件，以便提高效率。

第二部分

核心篇

第4章 Fabric中的排序服务实现

4.1 Fabric 中的共识实现

4.1.1 概述

在区块链网络中,不同的参与者发起的交易必须按照产生的顺序写入账本。如何在分布式场景下,使交易的所有节点对同一个提案或值达成一致性,是区块链技术中必须考虑并加以解决的一个问题。要实现这一目标,必须正确地建立交易顺序,并且必须建立一种对错误或恶意插入分类账的不良交易的处理方法。

通常,共识算法就是保证分布式系统一致性实现的一种解决方式,是计算机科学中用于在分布式过程或系统之间实现单个数据值一致性的过程。共识算法旨在实现涉及网络中多个不可靠节点的可靠性,所以解决该问题(称为共识问题)在分布式计算和多代理系统中非常重要。

4.1.2 共识算法

1. 共识属性

共识算法必须满足两个属性,以保证节点之间的一致性,这两个属性分别是安全性和活跃性。

(1) 安全性:表示每个节点保证相同的输入序列,并产生相同的输出结果。当节点收到相同的一系列交易时,每个节点上将发生相同的状态更改。该算法必须与单个节点系统的执行结果相同。

(2) 活跃性:在通信正常的情况下,每个非故障节点最终都能够接收提交的每个交易。

2. 共识算法类型

共识算法可以以不同的方式实现,一般有以下两种类型。

(1) 基于彩票的算法(lottery-based algorithms),包括消耗时间证明(proof of elapsed time,PoET)算法和工作量证明(proof of work,PoW)算法。基于彩票的算法的优势在于它们可以扩展到一个大数字,由网络中任意一个节点生成一个区块,并将其传递给网络中的其他节点加以验证。另外,这些算法可能导致分叉:当两个"赢家"同时各自广播一个新产生的区块时,就会产生分支,每一个分支都必须被解析,这导致需要使用很长的时间来确认终结。

(2) 基于投票的方法(voting-based methods),包括冗余的拜占庭容错(redundant byzantine fault tolerance,RBFT)和 Paxos(基于消息传递的一致性算法)。每一种算法都针

对不同的网络需求容错模型。基于投票的方法的优势在于它们提供了低延迟的终结性。当大多数节点对事务或区块进行验证时就会有共识和终结性发生。因为基于投票的方法通常需要对网络上的每个节点传输消息,所以网络上存在的节点越多,达成共识的时间越长。这导致了可伸缩性之间的权衡和速度,不能满足高并发、快速交易(低延迟)的需求场景。

表 4-1 介绍了两种共识算法类型的比较。

表 4-1 共识算法比较

维 度	基于彩票的算法	基于投票的方法
速度	较好	较好
可扩展性	较好	中等
确定性	中等	较好

因为区块链中的业务需求会有所不同,所以 Hyperledger 社区研究几种不同的一致性共识机制并实施以确保模块化能实现。Hyperledger 团队开发人员为了提高资源使用效率及时间效率,在 Hyperledger 项目开发前做出评估,将区块链业务指定在部分信任的网络环境中运行,所以,Hyperledger 网络环境中不支持匿名访问者的工作量证明(PoW)共识算法。

目前,Hyperledger 中各框架项目所使用的共识算法如下。

(1) Hyperledger Fabric 中使用了基于 ZooKeeper(分布式服务框架)的 Apache Kafka(分布式消息系统),但在 v2.x 版本中已被移除。从 v1.4 版本开始新增了简单高效的分布式一致性算法 Raft。

(2) Hyperledger Indy 中使用了基于投票的方法的 RBFT。

(3) Hyperledger Iroha 中使用了一种基于投票的方法(Sumeragi)来达成共识故障容错。

(4) Hyperledger Sawtooth 中使用了基于彩票的 PoET 算法以拖延为代价实现共识。

4.1.3 Hyperledger Fabric 中的共识实现

不同的 Hyperledger 框架可以选择不同的方式实现共识。Hyperledger 区块链框架业务通过执行两个框架达成单独的共识过程。

(1) Ordering of Transactions(交易排序)。

(2) Validating Transactions(交易验证)。

为了确保任意的 Hyperledger 框架可以应用于任意的 Hyperledger 共识模块,通过逻辑来分离这两个共识实现过程。Hyperledger Fabric 网络中的共识被分解为三个阶段:背书阶段、排序阶段和验证阶段。

(1) 背书阶段:签名必须由参与者的背书策略确定。

客户端/应用程序将交易请求打包成交易提案(proposal)后,根据背书策略(endorse policy)发送给指定的背书节点(endorse peer)。背书节点接收到交易提案后调用链码(chaincode)来执行,但此执行过程是模拟执行,并不会将数据记录到账本中,执行完成后调用交易背书系统链码(endorsement system chaincode,ESCC)对执行结果进行签名,然后响应给客户端/应用程序。

（2）排序阶段：接受提交的被认可的交易并进行排序，确保交易顺序的一致性。

排序阶段通过排序服务提供的接口接收已经背书的交易，排序服务根据共识算法配置策略（根据指定的配置信息定义时间限制或指定允许的交易数量），确定交易的顺序和交易数量，然后将交易打包到区块中进行广播。大多数时候，为了提高系统效率，排序服务将多个交易分组到一个区块中，而不是将单个交易输出为一个区块。

（3）验证阶段：获取有序事务块并验证其结果的正确性，包括检查背书策略和重复提交攻击。

Peer节点接收到广播的区块后，进行保存之前的最终检查验证，验证通过后将该区块保存在区块链中。共识的建立依赖于智能合约层（Hyperledger Fabric中的Chaincode），为了校验交易的正确性，智能合约层定义了商业逻辑如何验证交易的有效性。智能合约层根据特定的策略与约定来确认每一笔交易都是有效的。无效的交易会被拒绝，并在块中剔除。潜在的校验失败主要分为以下两种。

① 语法错误：包含无效输入、未验证的签名、重复的交易等，这类交易应该被丢弃。

② 逻辑错误：此类错误更为复杂，例如，导致重复交易或版本控制的交易，应该需要定义策略决定是继续处理还是终止执行。如果策略需要，我们可能需要日志记录这些交易以进行审计。

具体验证过程如图 4-1 所示。

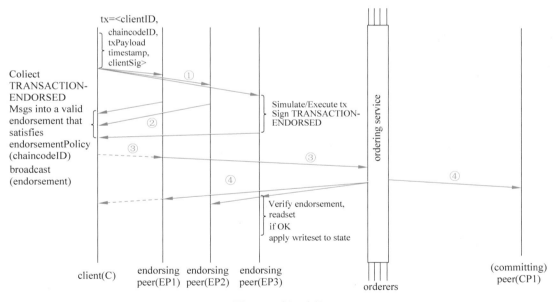

图 4-1 验证过程

Hyperledger Fabric 应用程序可以根据不同的交易背书、排序和验证模型要求，实现支持对三个阶段的可拔插共识服务，特别是排序服务 API 允许插入基于 BFT 的协议算法。Orderer 节点通过 gRPC 服务提供两个 API 接口：广播（broadcase）和交付（deliver）。

（1）broadcast(blob)：客户端调用此函数在通道中广播任意的消息（blob）（客户端向排序服务发送交易请求）。在 BFT 中，向排序服务发送一个请求时，又称为 request(blob)。

（2）deliver(seqno, prevhash, blob)：排序服务调用此函数给 Peer 节点发送消息

(blob),包含非负整数的序列号(seqno)和最近一次消息的哈希(prevhash)。换言之,它是共识服务的输出接口。deliver()在发布/订阅系统中称为 notify(),在 BFT 系统中称为 commit()。

📋 注意:共识服务客户端(即 Peer 节点)只通过 broadcast()和 deliver()事件和服务进行交互。

Hyperledger Fabric 框架项目的正式版本支持 3 种共识算法。

(1) Solo:单节点共识,整个 Fabric 网络只有一个单一的 Orderer 节点(Hyperledger Fabric 网络默认),主要用于测试模式,在 Hyperledger Fabric v2.0 中已被弃用。

(2) Kafka:分布式消息队列,整个 Hyperledger Fabric 网络的共识由 Kafka 集群实现(实际上 Kafka 实现了对 Hyperledger Fabric 网络中所有的交易请求进行排序服务),在 Hyperledger Fabric v2.0 中已被弃用。

(3) Raft:其核心是一种为了实现管理日志复制的分布式一致性算法,比 Paxos 更容易理解,而且更加高效及安全,在 Hyperledger Fabric 中是一种基于 etcd 的 Raft 协议实现的崩溃容错(crash fault tolerance,CFT)排序服务,相比基于 Kafka 实现的排序服务更加易于设置和管理。

目前,Hyperledger 项目团队正在开发其他排序共识插件,包括 BFT Smart、简化拜占庭容错算法(simplified byzantine fault tolerance,SBFT)、蜜獾拜占庭容错算法(honey badger of BFT)等。

4.2 Kafka 排序服务实现

Hyperledger Fabric v0.6 版本使用了解决基于拜占庭将军问题的实用拜占庭容错(practical byzantine fault tolerance,PBFT)共识算法,后面从 v1.0 版本开始使用 Apache Kafka(分布式消息系统)替代 PBFT 共识算法,到 v1.4 版本完成替换,用于提升对交易的排序服务及增强崩溃容错能力。

4.2.1 分布式消息系统 Kafka

Kafka 最初是由 Linkedin 公司开发的,于 2010 年贡献给了 Apache 基金会并成为顶级开源项目。Kafka 是一个经典的分布式、支持分区的(Partition)、多副本的(Replica),利用 ZooKeeper(分布式服务框架)协调的分布式消息系统,它的最突出的特性就是可以实时处理大量数据以满足各种需求场景,可以作为一个集群通过 Topic 对存储的流数据进行分类。生产者(Producer)负责消息的发布,消息的消费者(Consumer)则通过 Topic 进行订阅。

Kafka 相关核心概念如下。

(1) Broker:Kafka 集群包含一个或多个服务实例,这些服务实例被称为 Broker,是 Kafka 当中具体处理数据的单元。Kafka 支持 Broker 的水平扩展。可以简单理解为一个 Broker 就是一台 Kafka 服务器。

（2）Topic：每条发布到 Kafka 集群中的消息都有一个分类类别，这个类别被称为 Topic。生产者将消息发送至 Topic，而消费者负责订阅 Topic 中的消息并进行消费。

（3）Producer：消息的生产者，向 Broker 发送消息的客户端。

（4）Consumer：消息的消费者，从 Broker 读取消息的客户端。

（5）ConsumerGroup：每个 Consumer 属于一个特定的 Consumer Group，一条消息可以被多个不同的 Consumer Group 消费，但是一个 Consumer Group 中只能有一个 Consumer 能够消费该消息。

（6）Partition：Kafka 将 Topic 分成一个或多个 Partition，每个 Partition 在物理上对应一个文件夹，该文件下存储这个 Partition 的所有消息。

针对 Kafka 相关概念，从一个较高的层面上来理解，Producer 通过网络发送消息到 Kafka 集群，然后 Consumer 来进行消费，并且 Kafka 中的 Topic 分区被放在不同的 Broker 中，保证 Producer 和 Consumer 错开访问 Broker，避免访问单个 Broker 造成过度的 I/O（Input/Output，输入/输出）压力，从而实现负载均衡；其中，服务端（Brokers）和客户端（Producer、Consumer）之间的通信使用 TCP（transmission control protocol，传输控制协议）协议来进行交互，如图 4-2 所示。

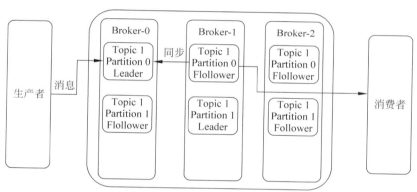

图 4-2　Kafka 中的生产者与消费者

在 Kafka 中，Topic 是可以进行分区的（Partitioned），这意味着一个 Topic 分布在不同 Kafka 代理上的多个"Buckets"中。对于需要存储的数据而言，这种分布式存储方式对于可扩展性非常重要，因为它允许客户端应用程序同时从多个 Kafka 代理读取数据，并且向多个 Kafka 代理写入数据。当一个新的事件发布到 Topic 时，它实际上会附加到 Topic 的一个分区。具有相同事件标识（如某个标识的 ID）的事件被写入同一个分区中，Kafka 保证给定的 Topic 分区的任何使用者都将始终按照与写入时完全相同的顺序读取该分区的事件，如图 4-3 所示。

4.2.2　数据协调服务 ZooKeeper

ZooKeeper 是一种高性能的分布式应用程序协调服务。一般在系统中能够实现命名、配置管理、同步和组服务，并且可以使用现成的工具来实现共识及领导人选举等，主要用来解决分布式系统中数据存在的一致性问题。ZooKeeper 能够被广泛应用的原因主要在于以下三点。

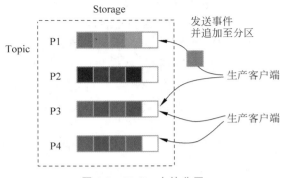

图 4-3　Kafka 中的分区

（1）ZooKeeper 的高性能意味着其可以用于大型分布式系统。

（2）在可靠性方面，其不会产生单一故障点，也就是说不会因为某一个节点产生故障而导致崩溃。

（3）严格访问控制（排序）意味着可以在客户端实现较为复杂的同步。

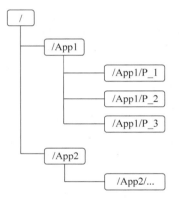

图 4-4　ZooKeeper 分层名称空间结构

为了能够实现分布式协调服务，ZooKeeper 允许分布式进程通过共享的分层名称空间来进行相互协调，该名称空间与标准文件系统的命名空间类似，名称是由斜线（/）分隔的路径元素序列。ZooKeeper 命名空间中的每个节点都由路径进行标识。分层名称空间结构如图 4-4 所示。

一个 ZooKeeper 集群由一个 Leader 节点及多个 Follower 节点组成。在该集群中，Leader 节点负责进行投票的发起和决议，更新系统状态；Follower 节点在选举 Leader 节点过程中参与投票，并主要用于接收客户请求，以及向客户端返回结果。在交互过程中，客户端首先通过 TCP 连接到某个 ZooKeeper 服务器，然后通过该连接向服务器发送请求、获取响应、获取监视事件和发送心跳消息。在此期间，如果连接服务器的 TCP 因故断开，则客户端将会连接到其他的服务器，如图 4-5 所示。

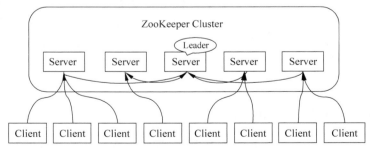

图 4-5　ZooKeeper 集群服务

在分布式系统的数据交互过程中，ZooKeeper 为了保证数据的一致性，主要实现以下几点。

（1）顺序一致性：来自客户端的更新将按发送顺序逐一应用。

（2）数据一致性：因为每个服务器都会保存一份相同的数据副本，所以客户端无论连接到哪个服务器（即使客户端因为故障切换到具有相同会话的其他服务器），看到的数据都是一致的。

（3）原子性：一次对数据更新要么成功要么失败。

（4）可靠性：一旦应用了更新，将会持续到客户端下一次的操作（覆盖更新）。

（5）及时性：能够确保系统针对所有的客户端视图在一定的时间范围内是最新的。

4.2.3　Hyperledger Fabric 结合 Kafka

由于 Kafka 可以使用 ZooKeeper 进行管理、协调代理，每个 Kafka 代理可以通过 ZooKeeper 协调其他的 Kafka 代理。这样可以实现 Broker 的负载均衡，同时当 Kafka 系统中新增了代理或者某个代理失效时，ZooKeeper 服务将通知生产者和消费者，生产者与消费者据此通知开始与其他代理进行协调工作，如图 4-6 所示。

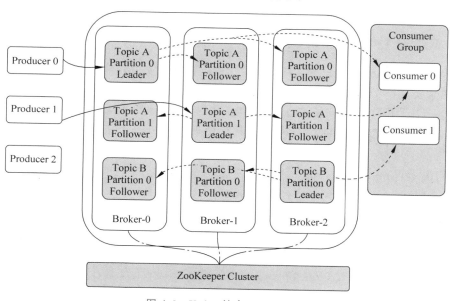

图 4-6　Kafka 结合 ZooKeeper

在 Hyperledger Fabric 网络中，多个不同的通道会映射至 Kafka 中对应的不同分区 Topic。当一个排序服务节点（orderer service node，OSN）通过 Broadcast RPC（remote procedure call，远程过程调用）接收到提交的交易提案时，它会进行检查以确认广播的客户端必须有写入通道的权限，该 OSN 会把自己接收到的交易提案发送至 Kafka 的集群，提交的交易在 Kafka 所对应的 Topic 中按照时间进行排序后，Kafka 会把排序后的交易推送给 OSN，然后 OSN 会将接收到的交易打包并生成本地区块，持久化地保存在它们的本地账本中，最后通过 Deliver RPC 将生成的区块发送给接收的客户端（Peer 节点），具体网络拓扑结构如图 4-7 所示。

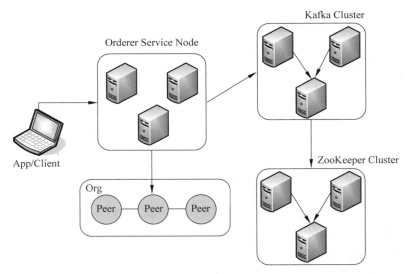

图 4-7 Fabric 结合 Kafka

4.2.4 Fabric 中的 Kafka 共识实现

由于 Hyperledger Fabric 从 v2.x 版本开始不再支持 Kafka,因此现在我们使用 Fabric v1.4 版本来实现一个基于 Kafka 提供排序服务的集群环境示例。在该网络环境中,我们使用 2 个 PeerOrg 组织,每个 PeerOrg 组织中各有两个 Peer 节点,四个 orderer 节点,共识则使用 Kafka 集群来实现排序服务,该服务共计由四个 Kafka 节点及三个 ZooKeeper 节点组成。

1. 配置 crypto-config. yaml

进入 fabric-samples/first-network 目录中。

```
$ cd hyfa/fabric-samples/first-network/
```

将 crypto-config. yaml 配置文件备份为 crypto-config_backup. yaml,然后编辑 crypto-config. yaml 文件,在 OrdererOrgs. Specs 中添加三个 Orderer 节点,共计四个 Orderer 节点。

```
$ sudo cp crypto-config. yaml crypto-config_backup. yaml
$ sudo vim crypto-config. yaml
```

编辑后 OrdererOrgs 的具体内容如下(PeerOrgs 中的内容不变):

```
OrdererOrgs:
  - Name: Orderer
    Domain: example.com
    Specs:
      - Hostname: orderer
      - Hostname: orderer1
      - Hostname: orderer2
      - Hostname: orderer3
```

2. 配置 configtx. yaml

将 configtx. yaml 配置文件备份为 configtx_backup. yaml,然后编辑 configtx. yaml 文件,找到 Orderer. OrdererType 属性,将其值由默认的 Solo 修改为 Kafka,在 Orderer. Addresses 下添加另外的三个 orderer 节点的信息,在 Orderer. Kafka. Brokers 中添加 Kafka 集群服务器的信息。

```
$ sudo cp configtx. yaml configtx_backup. yaml
$ sudo vim configtx. yaml
```

编辑后 Orderer 属性下的具体内容如下(其他部分不变):

```
Orderer: &OrdererDefaults
  OrdererType: kafka
  Addresses:
    - orderer. example. com:7050
    - orderer1. example. com:7050
    - orderer2. example. com:7050
    - orderer3. example. com:7050
  BatchTimeout: 2s
  BatchSize:
    MaxMessageCount: 10
    AbsoluteMaxBytes: 99 MB
    PreferredMaxBytes: 512 KB
  Kafka:
    Brokers:
      - kafka0:9092
      - kafka1:9092
      - kafka2:9092
      - kafka3:9092
Organizations:
```

3. 配置网络环境

1) 配置 docker-compose-base. yaml

将 base/docker-compose-base. yaml 配置文件备份为 base/docker-compose-base_backup. yaml,然后编辑 base/docker-compose-base. yaml,执行命令如下:

```
$ sudo cp base/docker - compose - base. yaml base/docker - compose - base_backup. yaml
$ sudo vim base/docker - compose - base. yaml
```

在文件中添加 ZooKeeper 节点信息、Kafka 节点信息并修改 Orderer 节点的信息,Peer 节点信息不变,详细配置信息如下:

```
zookeeper:                # ZooKeeper 容器
  image: hyperledger/fabric - zookeeper
  environment:
    - ZOO_SERVERS = server. 1 = zookeeper1:2888:3888 server. 2 = zookeeper2:2888:3888 server.
3 = zookeeper3:2888:3888
```

```
      ports:
        - '2181'
        - '2888'
        - '3888'
  kafka:  # Kafka 容器
    image: hyperledger/fabric - kafka
    environment:
      - KAFKA_LOG_RETENTION_MS = - 1
      - KAFKA_MESSAGE_MAX_BYTES = 103809024
      - KAFKA_REPLICA_FETCH_MAX_BYTES = 103809024
      - KAFKA_UNCLEAN_LEADER_ELECTION_ENABLE = false
      - KAFKA_MIN_INSYNC_REPLICAS = 2
      - KAFKA_DEFAULT_REPLICATION_FACTOR = 3
      - KAFKA_ZOOKEEPER_CONNECT = zookeeper1:2181,zookeeper2:2181,zookeeper3:2181
    ports:
      - '9092'
orderer.example.com:
    container_name: orderer.example.com
    image: hyperledger/fabric - orderer
    environment:
      - ORDERER_GENERAL_LOGLEVEL = debug
      - ORDERER_GENERAL_LISTENADDRESS = 0.0.0.0
      - ORDERER_GENERAL_GENESISMETHOD = file
      - ORDERER_GENERAL_GENESISFILE = /var/hyperledger/orderer/orderer.genesis.block
      - ORDERER_GENERAL_LOCALMSPID = OrdererMSP
      - ORDERER_GENERAL_LOCALMSPDIR = /var/hyperledger/orderer/msp
      - CONFIGTX_ORDERER_ORDERERTYPE = kafka
      - CONFIGTX_ORDERER_KAFKA_BROKERS = [kafka0:9092,kafka1:9092,kafka2:9092,kafka3:9092]
      - ORDERER_KAFKA_RETRY_SHORTINTERVAL = 1s
      - ORDERER_KAFKA_RETRY_SHORTTOTAL = 30s
      - ORDERER_KAFKA_VERBOSE = true
      - ORDERER_GENERAL_TLS_ENABLED = true
      - ORDERER_GENERAL_TLS_PRIVATEKEY = /var/hyperledger/orderer/tls/server.key
      - ORDERER_GENERAL_TLS_CERTIFICATE = /var/hyperledger/orderer/tls/server.crt
      - ORDERER_GENERAL_TLS_ROOTCAS = [/var/hyperledger/orderer/tls/ca.crt]
    working_dir: /opt/gopath/src/github.com/hyperledger/fabric
    command: orderer
    volumes:
      - ../channel - artifacts/genesis.block:/var/hyperledger/orderer/orderer.genesis.block
      - ../crypto - config/ordererOrganizations/example.com/orderers/orderer.example.com/
msp:/var/hyperledger/orderer/msp
      - ../crypto - config/ordererOrganizations/example.com/orderers/orderer.example.com/
tls/:/var/hyperledger/orderer/tls
    ports:
      - '7050'
# orderer1、orderer2、orderer3 容器的配置部分可以参考 orderer1 容器的信息
```

2）配置 docker-compose-cli.yaml

将 docker-compose-cli.yaml 配置文件备份为 docker-compose-cli_backup.yaml，然后

编辑 docker-compose-cli.yaml 配置文件,执行以下命令。

```
$ sudo cp docker - compose - cli.yaml docker - compose - cli_backup.yaml
$ sudo vim docker - compose - cli.yaml
```

在 docker-compose-cli.yaml 配置文件中添加三个 ZooKeeper 节点、四个 Kafka 节点及相应的 Orderer 节点的信息,部分配置内容参考如下:

```
# Copyright IBM Corp. All Rights Reserved.
# SPDX - License - Identifier: Apache - 2.0
version: '2'
volumes:
  orderer.example.com:
  orderer1.example.com:
  orderer2.example.com:
  orderer3.example.com:
  peer0.org1.example.com:
  peer1.org1.example.com:
  peer0.org2.example.com:
  peer1.org2.example.com:
networks:
  byfn:
services:
  zookeeper1:      # 配置 zookeeper1 容器
    container_name: zookeeper1
    extends:
        file:     base/docker - compose - base.yaml
        service: zookeeper
    environment:
      - ZOO_MY_ID = 1
    networks:
      - byfn
  # zookeeper2、zookeeper3 容器信息可参考 zookeeper1 的配置内容
  # 必须注意各容器 ZOO_MY_ID 变量的值
  kafka0:     # 配置 kafka0 容器
    container_name: kafka0
    extends:
        file:     base/docker - compose - base.yaml
        service: kafka
    environment:
      - KAFKA_BROKER_ID = 0
    depends_on:
      - zookeeper1
      - zookeeper2
      - zookeeper3
    networks:
      - byfn
  # kafka1、kafka2、kafka3 容器的信息可参考 kafka0 的配置信息
  orderer.example.com:    # 配置 orderer.example.com 容器
    extends:
```

```
        file:       base/docker - compose - base. yaml
        service: orderer. example. com
    container_name: orderer. example. com
    depends_on:             # 指定依赖的 Kafka 容器
        - kafka0
        - kafka1
        - kafka2
        - kafka3
    networks:
        - byfn
# orderer1、orderer2、orderer3 容器的信息可参考上面示例相关容器的配置(需注意容器名称的区别)
  peer0. org1. example. com:        # 配置 peer0. org1. example. com 容器
    container_name: peer0. org1. example. com
    extends:
        file:       base/docker - compose - base. yaml
        service: peer0. org1. example. com
    networks:
        - byfn
# 其他 3 个 peer 容器的信息可参考上面示例相关容器的配置(需注意容器名称的区别)
  cli:            # cli容器
    container_name: cli
    image: hyperledger/fabric - tools: $ IMAGE_TAG
    tty: true
    stdin_open: true
    environment:
        - GOPATH = /opt/gopath
        - CORE_VM_ENDPOINT = unix:///host/var/run/docker. sock
        - CORE_LOGGING_LEVEL = INFO
        - CORE_PEER_ID = cli
        - CORE_PEER_ADDRESS = peer0. org1. example. com:7051
        - CORE_PEER_LOCALMSPID = Org1MSP
        - CORE_PEER_TLS_ENABLED = true
        - CORE_PEER_ TLS _ CERT _ FILE = /opt/gopath/src/github. com/hyperledger/fabric/peer/
crypto/peerOrganizations/org1. example. com/peers/peer0. org1. example. com/tls/server. crt
        - CORE_PEER_ TLS _ KEY _ FILE = /opt/gopath/src/github. com/hyperledger/fabric/peer/
crypto/peerOrganizations/org1. example. com/peers/peer0. org1. example. com/tls/server. key
        - CORE_PEER_ TLS _ ROOTCERT _ FILE = /opt/gopath/src/github. com/hyperledger/fabric/
peer/crypto/peerOrganizations/org1. example. com/peers/peer0. org1. example. com/tls/ca. crt
        - CORE_ PEER _MSPCONFIGPATH = /opt/gopath/src/github. com/hyperledger/fabric/peer/
crypto/peerOrganizations/org1. example. com/users/Admin@org1. example. com/msp
    working_dir: /opt/gopath/src/github. com/hyperledger/fabric/peer
    command: /bin/bash
    volumes:
        - /var/run/:/host/var/run/
        - ./../chaincode/:/opt/gopath/src/github. com/chaincode
        - ./crypto - config:/opt/gopath/src/github. com/hyperledger/fabric/peer/crypto/
        - ./scripts:/opt/gopath/src/github. com/hyperledger/fabric/peer/scripts/
        - ./channel - artifacts:/opt/gopath/src/github. com/hyperledger/fabric/peer/
channel - artifacts
    depends_on:     # 指定依赖的 orderer、peer 容器
```

```
        – orderer. example. com
        – orderer1. example. com
        – orderer2. example. com
        – orderer3. example. com
        – peer0. org1. example. com
        – peer1. org1. example. com
        – peer0. org2. example. com
        – peer1. org2. example. com
    networks:
        – byfn
```

3）启动网络

配置文件中的相关信息配置完成之后，我们就可以使用此配置文件来确定配置的容器是否正确，当然在启动之前最好先关闭并清理网络环境，执行命令如下：

```
$ sudo . /byfn. sh down
```

使用 byfn. sh 生成组织结构及身份证书和所需的各项配置文件。

```
$ sudo . /byfn. sh generate
```

启动网络。

```
$ sudo docker-compose -f docker-compose-cli. yaml up
```

查看活动容器。

```
$ sudo docker ps
```

然后可以从终端窗口的输出信息中发现有三个 ZooKeeper 节点、四个 Kafka 节点、三个 orderer 节点及四个 Peer 节点都已经处于活动状态。

打开一个新的终端 2 窗口，进入 zookeeper1 容器。

```
# sudo docker exec – it zookeeper1 bash
```

在容器的命令行窗口中使用 ifconfig 命令查看容器的 IP 地址（inet addr 的值）之后退出。

进入 kafka0 容器并进入 kafka HOME 目录。

```
$ sudo docker exec – it kafka0 bash
# cd opt/kafka/
```

使用 ZooKeeper1 容器中查询的 IP 地址查看 Kafka 自动创建的 Topic。

```
# bin/kafka – topics. sh -- list -- zookeeper 172.18.0.5:2181
testchainid
```

返回终端 1 窗口，进入 cli 容器。

```
$ sudo docker exec - it cli bash
```

设置环境变量。

```
# export CHANNEL_NAME = mychannel
```

创建通道。

```
# peer channel create - o orderer. example. com: 7050 - c $ CHANNEL_ NAME - f ./channel -
artifacts/channel.tx -- tls -- cafile /opt/gopath/src/github.com/hyperledger/fabric/peer/
crypto/ordererOrganizations/example.com/orderers/orderer. example.com/msp/tlscacerts/tlsca.
example.com - cert.pem
```

如果执行成功,则终端中会输出以下信息。

```
InitCmdFactory -> INFO 00b Endorser and orderer connections initialized
readBlock -> INFO 00c Received block: 0
```

创建通道之后在终端 2 窗口的 Kafka 容器中再次查看 Topic 信息,发现 Kafka 又自动
创建了一个新的名为 mychannel 的 Topic,如下所示。

```
# bin/kafka - topics. sh -- list -- zookeeper 172.18.0.5:2181
mychannel
testchainid
```

返回终端 1 窗口的 cli 容器中,将当前代表的 peer0. org1. example. com 节点加入应用
通道中。

```
# peer channel join - b mychannel. block
```

终端输出以下信息。

```
InitCmdFactory -> INFO 001 Endorser and orderer connections initialized
executeJoin -> INFO 002 Successfully submitted proposal to join channel
```

4)测试 Kafka 排序服务

基于 Kafka 的排序服务环境启动成功之后,需要对其功能进行测试。为了方便观察,首
先确定当前在远程连接工具的终端 1 窗口中,然后使用一个 fabric-samples 中的示例链码
进行测试。

将 chaincode_example02 目录中的链码进行安装。

```
# peer chaincode install - n mycc - v 1.0 - p github.com/chaincode/chaincode_example02/go/
```

安装成功显示内容如下:

```
checkChaincodeCmdParams -> INFO 001 Using default escc
checkChaincodeCmdParams -> INFO 002 Using default vscc
install -> INFO 003 Installed remotely response:< status:200 payload:"OK" >
```

安装成功之后进行链码实例化操作。

```
# peer chaincode instantiate - o orderer.example.com:7050 -- tls -- cafile /opt/gopath/src/
github. com/hyperledger/fabric/peer/crypto/ordererOrganizations/example. com/orderers/orderer.
example.com/msp/tlscacerts/tlsca.example.com - cert.pem - C $ CHANNEL_NAME - n mycc - v 1.0
- c '{"Args":["init","a", "100", "b","200"]}' - P "OR ('Org1MSP.peer','Org2MSP.peer')"
```

实例化成功输出以下信息。

```
checkChaincodeCmdParams -> INFO 001 Using default escc
checkChaincodeCmdParams -> INFO 002 Using default vscc
```

查询链码。

```
# peer chaincode query - C $ CHANNEL_NAME - n mycc - c '{"Args":["query","a"]}'
```

如果查询成功,则会在终端显示返回的查询结果:100。

调用链码执行事务。

```
# peer chaincode invoke - o orderer.example.com:7050 -- tls -- cafile /opt/gopath/src/github.
com/hyperledger/fabric/peer/crypto/ordererOrganizations/example. com/orderers/orderer. example.
com/msp/tlscacerts/tlsca.example.com - cert.pem  - C $ CHANNEL_NAME - n mycc - c '{"Args":
["invoke","a","b","10"]}'
```

返回调用结果,在终端中显示以下信息。

```
INFO 001 Chaincode invoke successful. result: status:200
```

再次执行查询,以确定转账是否成功。

```
# peer chaincode query - C $ CHANNEL_NAME - n mycc - c '{"Args":["query","a"]}'
```

如果命令执行成功,则返回查询结果:90。

Orderer 节点以集群的方式运行,在集群环境下,客户端将交易发送到任何一个 Orderer 节点都可以。调用链码执行事务,发送至指定的 Orderer2 节点,如下所示。

```
# peer chaincode invoke - o orderer2.example.com:7050 -- tls -- cafile /opt/gopath/src/github.
com/hyperledger/fabric/peer/crypto/ordererOrganizations/example. com/orderers/orderer2. example.
com/msp/tlscacerts/tlsca.example.com - cert.pem  - C $ CHANNEL_NAME - n mycc - c '{"Args":
["invoke","a","b","10"]}'
```

返回调用结果,输出以下信息。

```
INFO 001 Chaincode invoke successful. result: status:200
```

再次执行链码查询。

```
# peer chaincode query - C $ CHANNEL_NAME - n mycc - c '{"Args":["query","a"]}'
```

如果命令执行成功,则返回查询结果:80。

4.3 Raft 排序服务实现

在 Hyperledger Fabric v1.x 版本中,使用 Kafka 共识算法的方式,Orderer 节点与 Orderer 节点之间不会互相建立连接,而是与 Kafka 直接进行连接。这种共识模式依赖于外部的 Kafka 集群系统和 ZooKeeper 集群系统。也就是说在 Hyperledger Fabric 网络中,必须由一个组织单独与 Kafka 集群进行连接,所以使用 Kafka 的这种方式并没有实现真正意义上的去中心化。而且要使用该系统需要进行额外的学习,增加相应的成本。

HyperledgerFabric 从 v1.4 版本新增了 Raft 共识算法开始,Orderer 节点与 Orderer 节点之间直接建立连接,不依赖其他的外部系统。在 Orderer 节点中,会创建 Raft 的协程来处理与其他 Orderer 节点的通信。如果有多个 Orderer 组织,则每个组织都可以贡献排序节点,共同组成排序服务,可以更好地实现去中心化的思想。

4.3.1 Raft 共识算法介绍

Raft 是一个分布式一致性算法,相对于 Paxos 算法而言,更为简单也更高效。为了增强理解,Raft 将共识算法中的关键要素进行分解,采用分而治之的思想将算法拆分为三个核心流程:领导者选举(Leader Election)、日志复制(Log Replication)及安全(Safety)。

在 Raft 共识算法中,一个节点根据不同的情况可以分为以下 3 种状态。

(1) Leader:领导者,通过选举产生,完成与客户端的所有交互。

(2) Candidate:候选者,请求其他节点向本节点投票,如果获得的票数超过一半,则转换为 Leader,否则转换为 Follower。

(3) Follower:追随者。所有的节点都是从 Follower 开始。如果 Follower 在指定的一段时间内没有接收到来自 leader 的消息,则自动转换成为 Candidate。

Raft 共识算法中的节点角色状态转换如图 4-8 所示。

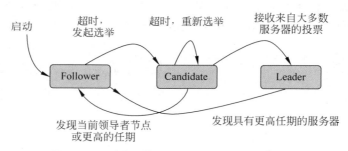

图 4-8 Raft 共识算法中的节点角色及状态转换

1. 领导者选举

Raft 共识算法使用一种心跳机制的方式来触发领导者选举。当服务器启动时,节点最初的状态都为 Follower。只要当前节点能够从 Leader 或 Candidate 那里接收到有效的 RPC,它就一直保持为 Follower 状态。Leader 会定期向所有的 Follower 发送心跳

（AppendEntries RPC,不携带日志条目）信息,用来向网络中所有的节点证明 Leader 节点当前处于正常工作状态。

如果一个 Follower 在一段称为选举超时的时间段内没有收到来自 Leader 节点的任何通信,那么该 Follower 节点就会认为没有 Leader 节点,需要开始进行选举,该节点自动转换为 Candidate 状态。然后它会为自己投票,并向集群中的其他每一台服务器并行发出 RequestVote RPC,请求其他节点向自己投票,如图 4-9 所示。

如果 Candidate 在一个有效的时间段内从整个集群中获得大多数服务器的选票（超时半数）,那么它将赢得选举,成为一个新的 Leader,然后,它向所有其他服务器发送心跳消息,证明本次 Leader 选举完成,如图 4-10 所示。

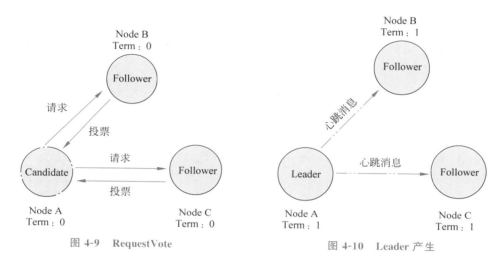

图 4-9　RequestVote　　　　　图 4-10　Leader 产生

在选举过程中,有一种特殊情况:如果许多 Follower 节点同时成为 Candidate 节点,则选票可能会被分散,从而导致某一个 Candidate 节点没有获得预期中的多数选票($n/2+1$)。当这种情况发生时,每个 Candidate 节点都会超时,并通过增加任期（Term）和发起另一轮请求投票 RPC 来开始新一轮的选举。然而在这种情况下,如果没有其他的额外措施,则分散投票的情况可能会无限期一直重复,导致一直无法选举出新的 Leader 节点。

针对这种情况,Raft 共识算法引用了一种使用随机的选举超时方式,以确保分散选票的情况不会产生（如果产生,则能够在很快的时间内迅速解决此问题）。令每个节点都存储一个 Term 号,此 Term 号会随时间（任期）而递增。首先为了防止分散投票,选举超时是在一个固定的时间间隔（如 150~300ms）中随机选择的。再者,如果一个 Candidate 节点或者 Leader 节点发现自己的 Term 过期,它就必须要转换状态变成 Follower;如果处于 Candidate 状态的某个节点收到一个过时的请求（拥有过时的 Term 号）,则它会拒绝该请求并继续处于 Candidate 状态。

2. 日志复制

选举完成之后,整个集群中就完全由 Leader 节点负责完成与客户端的交互。具体实现过程如下。

（1）Leader 接收到客户端消息之后,会将该请求作为条目添加至节点的日志中形成一个新的 Entry 条目,但当前日志项并没有提交,所以不会更新节点中的值。

（2）当前的 Leader 节点通过 AppendEntries RPC 并行将该日志条目复制至集群中的其他 Follower 节点。此时，Leader 节点处于等待状态，直到大多数节点写入日志条目。

（3）Follower 节点复制完成之后，返回确认消息至 Leader 节点。

（4）Leader 节点收到复制的确认信息之后，提交该日志条目后，然后通知 Follower 节点该条目已提交。

日志复制流程如图 4-11 所示。

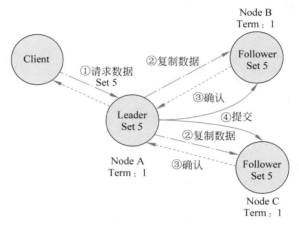

图 4-11　日志复制流程

在分布式一致性算法中，Leader 与 Follower 的日志都是一致的，但是如果 Leader 节点在发生故障之前没有向其他节点复制完成日志的相关条目，当选举完成产生新的 Leader 节点后，可能会存在如图 4-12 所示的问题。

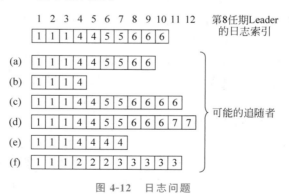

图 4-12　日志问题

从图 4-12 中可以看出，任何情况（a）～（f）都可能出现在 Follower 节点的日志中。图 4-12 中的每个框表示一个日志条目；框中的数字表示它的 Term。Follower 节点中可能出现如下三种特殊情况。

（1）可能缺少某些条目（a）～（b）。

（2）可能有额外的未提交条目（c）～（d）。

（3）上面两种都有的情况（e）～（f）。

在这种特殊情况之下，为了使 Follower 节点的日志与 Leader 节点的日志保持一致性，Leader 节点必须找到与 Follower 节点日志中一致的最新日志条目。为了实现这一点，在 Raft 算法中，Leader 节点会为每一个 Follower 维护一个 NextIndex，该 NextIndex 的值是 Leader 节点将通过 AppendEntries RPC 发送给 Follower 节点的下一个日志条目的索引。

当某个节点首次通过选举成为 Leader 节点时，它会将所有 NextIndex 值初始化为其日志中最后一个值之后的索引（如图 4-12 中的 11）。如果 Follower 节点的日志与 Leader 节点的日志不一致，则 AppendEntries 一致性检查将在下一个 AppendEntries RPC 中失败。在被 Follower 节点拒绝后，Leader 节点将减少 NextIndex 并重试 AppendEntries RPC。最终，NextIndex 将达到 Leader 节点和 Follower 节点中日志匹配的点。之后 Follower 节点删除本地该点之后日志中的所有条目，Leader 节点会将该点之后的所有本地日志条目发送给 Follower 节点，确保实现分布式情况下的一致性。

3. 安全

Leader 节点选举及日志复制包含了共识算法的所有过程，但并不能保证每一个节点都会按照相同的顺序执行相同的指令。比如，一个 Follower 节点可能在领导者已提交时发生故障，故障排除之后此 Follower 节点又被选举成为 Leader 节点，在这种情况下，新 Leader 节点可能会用新的 Entry Log 覆盖已经提交的日志条目，此时就非常容易产生将已提交的日志条目覆盖（丢失）的情况，如图 4-13 所示。

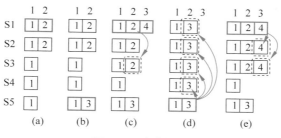

图 4-13 安全问题

图 4-13 描述了在同一个时间段的序列中，为什么 Leader 节点不能使用旧 Term 中的日志条目来确定 commitment。具体解释如下。

（1）在图 4-13(a)中，S1 是 Leader 节点，并复制索引 2 处的部分日志条目。

（2）在图 4-13(b)中，S1 发生了 crashes（崩溃）；S5 节点分别以 S3、S4 节点和自身的选票当选第三任期的 Leader 节点，并接受日志索引 2 的不同条目。

（3）在图 4-13(c)中，S5 发生 crashes；S1 重新启动，被选举为 Leader，并继续复制。此时，索引 2 中的日志条目已在大多数服务器上被复制，但尚未提交。

（4）如果此时 S1 节点如图 4-13(d)所示崩溃，则 S5 节点可以被选举为 Leader（分别由 S2、S3 和 S4 节点投票），并用自己 Term 3 中的条目覆盖其他节点中的日志条目。

（5）然而，如果 S1 节点在崩溃之前已经将当前索引中的日志条目复制至大多数服务器上，如图 4-13(e)所示，则 S5 节点不能赢得选举（其他节点会根据 Term 拒绝为其投票）。此时，S1 节点中之前的所有日志条目将被提交。

4.3.2 基于 Raft 的 Fabric 环境搭建

1. 创建联盟

1）设置 Orderer 组织

首先进入 fabric-samples/test-network 目录。

```
$ cd ~/fabric/fabric - samples/test - network
```

将 organizations/cryptogen/crypto-config-orderer. yaml 配置文件备份之后进行修改，指定 Orderer 节点数量。

```
$ cp ./organizations/cryptogen/crypto - config - orderer. yaml ./organizations/cryptogen/
crypto - config - orderer - back. yaml
$ vi ./organizations/cryptogen/crypto - config - orderer. yaml
```

文件修改之后的内容如下所示。

```
OrdererOrgs:
  - Name: Orderer
    Domain: example.com
    EnableNodeOUs: true
    Specs:
        - Hostname: orderer
        - Hostname: orderer1
        - Hostname: orderer2
        - Hostname: orderer3
        - Hostname: orderer4
```

修改完成之后，使用 cryptogen 二进制工具创建 Orderer 组织及身份证书。

```
$ ../bin/cryptogen generate -- output = organizations
-- config = ./organizations/cryptogen/crypto - config - orderer. yaml
```

如果系统中已经安装了 tree 工具，可以使用 tree 查看生成的 Orderer 组织结构。

```
$ tree organizations/ordererOrganizations/example.com/
```

2）设置 Peer 组织

使用 crypto-config-org1. yaml 配置文件创建 Org1 组织及身份证书。

```
$ ../bin/cryptogen generate -- output = organizations
-- config = ./organizations/cryptogen/crypto - config - org1. yaml
```

命令执行完成后，会在终端中输出创建 Org1 的组织信息。

```
org1.example.com
```

为了简化测试，我们只创建一个 Org1 组织即可。如果需要创建 Org2 组织，读者可以使用 organizations/cryptogen/目录下的 crypto-config-org2. yaml 配置文件进行创建。

2. 创建 Fabric 网络所需配置文件

1）编辑 configtx. yaml

因为我们创建了五个 Orderer 节点，所以需要在 configtx 目录下的 configtx. yaml 文件中指定相关的 Orderer 节点信息。进入 test-network 目录之后，对其进行备份，然后使用 vi 编辑器打开该文件对其进行编辑。

```
$ cd ~/fabric/fabric - samples/test - network
$ cp configtx/configtx. yaml configtx/configtx - back. yaml
$ vi configtx/configtx. yaml
```

针对 Orderer 部分编辑的文件内容如下所示。

```
# SPDX - License - Identifier: Apache - 2.0
---
# 未修改部分略. &Org2 部分需要删除,其他无修改部分略
Orderer: &OrdererDefaults
  OrdererType: etcdraft
  Addresses:
    - orderer. example. com:7050
    - orderer1. example. com:8050
    - orderer2. example. com:9050
    - orderer3. example. com:10050
    - orderer4. example. com:11050
  EtcdRaft:
    Consenters:
        - Host: orderer. example. com
          Port: 7050
      ClientTLSCert: ../organizations/ordererOrganizations/example. com/orderers/orderer.
example. com/tls/server. crt
        ServerTLSCert: ../organizations/ordererOrganizations/example. com/orderers/orderer.
example. com/tls/server. crt
        - Host: orderer1. example. com
          Port: 8050
      ClientTLSCert: ../organizations/ordererOrganizations/example. com/orderers/orderer1.
example. com/tls/server. crt
        ServerTLSCert: ../organizations/ordererOrganizations/example. com/orderers/orderer1.
example. com/tls/server. crt
        - Host: orderer2. example. com
          Port: 9050
      ClientTLSCert: ../organizations/ordererOrganizations/example. com/orderers/orderer2.
example. com/tls/server. crt
        ServerTLSCert: ../organizations/ordererOrganizations/example. com/orderers/orderer2.
example. com/tls/server. crt
        - Host: orderer3. example. com
          Port: 10050
      ClientTLSCert: ../organizations/ordererOrganizations/example. com/orderers/orderer3.
example. com/tls/server. crt
        ServerTLSCert: ../organizations/ordererOrganizations/example. com/orderers/orderer3.
example. com/tls/server. crt
```

```
        - Host: orderer4.example.com
          Port: 11050
      ClientTLSCert: ../organizations/ordererOrganizations/example.com/orderers/orderer4.
  example.com/tls/server.crt
        ServerTLSCert: ../organizations/ordererOrganizations/example.com/orderers/orderer4.
  example.com/tls/server.crt
  ...(略)
```

> 注意：需要将 configtx.yaml 文件中包含的 Profile 属性中指定的 Org2 信息部分删除。

2）创建初始区块配置文件

设置 FABRIC_CFG_PATH 环境变量，命令如下：

```
$ export FABRIC_CFG_PATH = ${PWD}/configtx/
```

指定使用 configtx.yaml 文件中定义的 TwoOrgsOrdererGenesis 模板，生成 Orderer 服务系统通道的初始区块文件，并将生成的配置文件指定保存在 system-genesis-block 目录下。具体命令如下：

```
$ ../bin/configtxgen - profile TwoOrgsOrdererGenesis - channelID system - channel -
outputBlock ./system - genesis - block/genesis.block
```

命令执行后在终端输出以下信息。

```
[common.tools.configtxgen.localconfig] Load -> INFO 004 Loaded configuration: /home/kevin/
fabric/fabric - samples/test - network/configtx/configtx.yaml
[common.tools.configtxgen] doOutputBlock -> INFO 005 Generating genesis block
[common.tools.configtxgen] doOutputBlock -> INFO 006 Writing genesis block
```

3）创建应用通道交易配置文件

首先设置应用通道环境变量。

```
$ export CHANNEL_NAME = mychannel
```

然后使用环境变量指定通道 ID，生成新建通道的配置交易文件。命令如下：

```
$ ../bin/configtxgen - profile TwoOrgsChannel - channelID $ CHANNEL_NAME
- outputCreateChannelTx ./channel - artifacts/mychannel.tx
```

命令执行后在终端输出如下所示的信息。

```
doOutputChannelCreateTx -> INFO 003 Generating new channel configtx
doOutputChannelCreateTx -> INFO 004 Writing new channel tx
```

4）创建锚节点更新配置文件

基于 configtx.yaml 配置文件中的 TwoOrgsChannel 模板，为 Org1 组织生成锚节点更新配置文件，在命令中注意指定对应的组织名称。命令如下：

```
$ ../bin/configtxgen − profile TwoOrgsChannel − channelID $ CHANNEL_NAME
− outputAnchorPeersUpdate ./channel − artifacts/Org1MSPanchors.tx − asOrg Org1MSP
```

命令执行后输出如下所示的信息。

```
doOutputAnchorPeersUpdate − > INFO 003 Generating anchor peer update
doOutputAnchorPeersUpdate − > INFO 004 Writing anchor peer update
```

3. 网络配置

因为我们在一台设备中实现多个节点的运行,所以需要在配置文件中指定各个节点的信息。首先将 test-network/docker 目录下一个名称为 docker-compose-test-net. yaml 的配置文件进行备份,然后使用 vi 编辑器打开进行编辑。

```
$ cd ~/fabric/fabric − samples/test − network/docker
$ cp docker − compose − test − net. yaml docker − compose − test − net − back. yaml
$ vi docker − compose − test − net. yaml
```

编辑完成之后的部分内容如下:

```
version: '2.1'
volumes:
  orderer.example.com:
  orderer1.example.com:
  orderer2.example.com:
  orderer3.example.com:
  orderer4.example.com:
  peer0.org1.example.com:
  peer0.org2.example.com:
networks:
  test:
    name: fabric_test
services:
  orderer.example.com:
    container_name: orderer.example.com    # orderer.example.com 容器
    image: hyperledger/fabric − orderer:latest
    environment:
      − FABRIC_LOGGING_SPEC = INFO
      − ORDERER_GENERAL_LISTENADDRESS = 0.0.0.0
      − ORDERER_GENERAL_LISTENPORT = 7050
      − ORDERER_GENERAL_GENESISMETHOD = file
      − ORDERER_GENERAL_GENESISFILE = /var/hyperledger/orderer/orderer.genesis.block
      − ORDERER_GENERAL_LOCALMSPID = OrdererMSP
      − ORDERER_GENERAL_LOCALMSPDIR = /var/hyperledger/orderer/msp
      − ORDERER_OPERATIONS_LISTENADDRESS = orderer.example.com:9443
      − ORDERER_GENERAL_TLS_ENABLED = true
      − ORDERER_GENERAL_TLS_PRIVATEKEY = /var/hyperledger/orderer/tls/server.key
      − ORDERER_GENERAL_TLS_CERTIFICATE = /var/hyperledger/orderer/tls/server.crt
      − ORDERER_GENERAL_TLS_ROOTCAS = [/var/hyperledger/orderer/tls/ca.crt]
      − ORDERER_KAFKA_TOPIC_REPLICATIONFACTOR = 1
```

```
                    - ORDERER_KAFKA_VERBOSE = true
                    - ORDERER_GENERAL_CLUSTER_CLIENTCERTIFICATE = /var/hyperledger/orderer/tls/server.crt
                    - ORDERER_GENERAL_CLUSTER_CLIENTPRIVATEKEY = /var/hyperledger/orderer/tls/server.key
                    - ORDERER_GENERAL_CLUSTER_ROOTCAS = [/var/hyperledger/orderer/tls/ca.crt]
            working_dir: /opt/gopath/src/github.com/hyperledger/fabric
            command: orderer
            volumes:
                - ../system - genesis - block/genesis.block:/var/hyperledger/orderer/orderer.
genesis.block
                - ../organizations/ordererOrganizations/example.com/orderers/orderer.example.com/
msp:/var/hyperledger/orderer/msp
                - ../organizations/ordererOrganizations/example.com/orderers/orderer.example.com/
tls/:/var/hyperledger/orderer/tls
                    - orderer.example.com:/var/hyperledger/production/orderer
            ports:
                - 7050:7050
                - 9443:9443
            networks:
                - test
# orderer2、orderer3 及 orderer4 容器的配置信息可参考 orderer1.example.com 容器的配置部分
# (需注意格式、容器名称及各容器端口号的区别)
peer0.org1.example.com:
        container_name: peer0.org1.example.com      # peer0.org1.example.com 容器
        image: hyperledger/fabric - peer:latest
        environment:
            - CORE_VM_ENDPOINT = unix:///host/var/run/docker.sock
            - CORE_VM_DOCKER_HOSTCONFIG_NETWORKMODE = fabric_test
            - FABRIC_LOGGING_SPEC = INFO
            - CORE_PEER_TLS_ENABLED = true
            - CORE_PEER_PROFILE_ENABLED = true
            - CORE_PEER_TLS_CERT_FILE = /etc/hyperledger/fabric/tls/server.crt
            - CORE_PEER_TLS_KEY_FILE = /etc/hyperledger/fabric/tls/server.key
            - CORE_PEER_TLS_ROOTCERT_FILE = /etc/hyperledger/fabric/tls/ca.crt
            - CORE_PEER_ID = peer0.org1.example.com
            - CORE_PEER_ADDRESS = peer0.org1.example.com:7051
            - CORE_PEER_LISTENADDRESS = 0.0.0.0:7051
            - CORE_PEER_CHAINCODEADDRESS = peer0.org1.example.com:7052
            - CORE_PEER_CHAINCODELISTENADDRESS = 0.0.0.0:7052
            - CORE_PEER_GOSSIP_BOOTSTRAP = peer0.org1.example.com:7051
            - CORE_PEER_GOSSIP_EXTERNALENDPOINT = peer0.org1.example.com:7051
            - CORE_PEER_LOCALMSPID = Org1MSP
            - CORE_OPERATIONS_LISTENADDRESS = peer0.org1.example.com:9344
        volumes:
            - /var/run/docker.sock:/host/var/run/docker.sock
            - ../organizations/peerOrganizations/org1.example.com/peers/peer0.org1.example.
com/msp:/etc/hyperledger/fabric/msp
            - ../organizations/peerOrganizations/org1.example.com/peers/peer0.org1.example.
com/tls:/etc/hyperledger/fabric/tls
            - peer0.org1.example.com:/var/hyperledger/production
        working_dir: /opt/gopath/src/github.com/hyperledger/fabric/peer
```

```
      command: peer node start
      ports:
          - 7051:7051
          - 9344:9344
      networks:
          - test
  cli:
      container_name: cli        # cli 容器
      image: hyperledger/fabric-tools:latest
      tty: true
      stdin_open: true
      environment:
          - GOPATH = /opt/gopath
          - CORE_VM_ENDPOINT = unix:///host/var/run/docker.sock
          - FABRIC_LOGGING_SPEC = INFO
          working_dir: /opt/gopath/src/github.com/hyperledger/fabric/peer
      command: /bin/bash
      volumes:
          - /var/run/:/host/var/run/
      - ../organizations:/opt/gopath/src/github.com/hyperledger/fabric/peer/organizations
      - ../scripts:/opt/gopath/src/github.com/hyperledger/fabric/peer/scripts/
      depends_on:
          - peer0.org1.example.com
      networks:
          - test
```

4．启动网络

使用编辑完成的 docker-compose-test-net.yaml 配置文件，启动 Hyperledger Fabric 网络中所需的所有节点。

```
$ cd ~/fabric/fabric-samples/test-network/
$ sudo docker-compose -f docker/docker-compose-test-net.yaml up -d
```

命令执行成功后，将会在终端输出的配置文件中指定各容器的创建信息，之后使用 ps 命令查看启动完成的各容器状态，如图 4-14 所示。

5．创建通道

1）设置环境变量

设置配置文件所在路径。

```
$ export PATH = ${PWD}/../bin: $PATH && export FABRIC_CFG_PATH = ${PWD}/../config/
```

设置通道名称。

```
$ export CHANNEL_NAME = mychannel    # 指定要创建的通道名称为 mychannel
```

设置 Org1 环境。

使用 vi 工具在当前目录下创建名为 orgRole.sh 的文件。

```
kevin@example:~/fabric/fabric-samples/test-network$ docker ps
CONTAINER ID   IMAGE                               COMMAND              CREATED        STATUS         PORT
S                                                                                                     NAMES
9290f2106d90   hyperledger/fabric-tools:latest     "/bin/bash"          6 minutes ago  Up 6 minutes
                                                                                                      cli
1b0d8c44205e   hyperledger/fabric-orderer:latest   "orderer"            6 minutes ago  Up 6 minutes   0.0.
0.0:9447->9447/tcp, :::9447->9447/tcp, 7050/tcp, 0.0.0.0:11050->11050/tcp, :::11050->11050/tcp  orderer4.
example.com
e66ad719dab7   hyperledger/fabric-peer:latest      "peer node start"    6 minutes ago  Up 6 minutes   peer0.org
0.0:7051->7051/tcp, :::7051->7051/tcp, 0.0.0.0:9344->9344/tcp, :::9344->9344/tcp                1.example.com
967db8258a61   hyperledger/fabric-orderer:latest   "orderer"            6 minutes ago  Up 6 minutes   0.0.
0.0:8050->8050/tcp, :::8050->8050/tcp, 7050/tcp, 0.0.0.0:9444->9444/tcp, :::9444->9444/tcp      orderer1.
example.com
5d76d7c13aeb   hyperledger/fabric-orderer:latest   "orderer"            6 minutes ago  Up 6 minutes   0.0.
0.0:7050->7050/tcp, :::7050->7050/tcp, 0.0.0.0:9443->9443/tcp, :::9443->9443/tcp                orderer.e
xample.com
952893c049cf   hyperledger/fabric-orderer:latest   "orderer"            6 minutes ago  Up 6 minutes   0.0.
0.0:9050->9050/tcp, :::9050->9050/tcp, 7050/tcp, 0.0.0.0:9445->9445/tcp, :::9445->9445/tcp      orderer2.
example.com
24c6811f1e1b   hyperledger/fabric-orderer:latest   "orderer"            6 minutes ago  Up 6 minutes   0.0.
0.0:9446->9446/tcp, :::9446->9446/tcp, 7050/tcp, 0.0.0.0:10050->10050/tcp, :::10050->10050/tcp  orderer3.
example.com
kevin@example:~/fabric/fabric-samples/test-network$ |
```

图 4-14　容器状态

```
$ vi orgRole.sh
```

然后在 orgRole.sh 文件中切换为编辑模式,添加的内容参考 3.2.6 小节中的创建 orgRole.sh 脚本。该脚本文件用于设置节点的操作身份。

编辑完成之后保存退出,执行以下命令为脚本添加可执行权限。

```
$ chmod + x orgRole.sh
```

2) 创建应用通道

切换身份为 peer0.org1。

```
$ source orgRole.sh 1    # 使用 Org1
```

使用 peer channel 命令创建通道。

```
$ peer channel create − o localhost:7050 − c $ CHANNEL_NAME −− ordererTLSHostnameOverride
orderer. example. com − f ./channel − artifacts/mychannel. tx −− outputBlock ./channel −
artifacts/mychannel. block −− tls −− cafile $ {PWD}/organizations/ordererOrganizations/
example. com/orderers/orderer. example. com/msp/tlscacerts/tlsca. example. com − cert. pem
```

命令成功执行后输出如下信息,证明创建过程没有产生错误。

```
InitCmdFactory −> INFO 00d Endorser and orderer connections initialized
readBlock −> INFO 00e Received block: 0
```

6. 加入通道

(1) 将 Org1 组织中的 peer0 节点加入通道中。

```
$ peer channel join − b ./channel − artifacts/mychannel. block
```

命令执行完成之后输出以下信息。

```
InitCmdFactory - > INFO 001 Endorser and orderer connections initialized
executeJoin - > INFO 002 Successfully submitted proposal to join channel
```

（2）更新 Org1 组织的锚节点。

```
$ peer channel update - o localhost:7050 -- ordererTLSHostnameOverride orderer. example. com
- c mychannel - f ./channel - artifacts/Org1MSPanchors.tx -- tls -- cafile
$ PWD/organizations/ordererOrganizations/example. com/orderers/orderer. example. com/msp/tlscacerts/
tlsca. example. com - cert. pem
```

命令执行后会在终端中输出以下成功信息。

```
InitCmdFactory - > INFO 001 Endorser and orderer connections initialized
update - > INFO 002 Successfully submitted channel update
```

7. 测试
1）部署智能合约
设置所需的环境变量。

```
$ export PATH = $ {PWD}/../bin: $ PATH && export FABRIC_CFG_PATH = $ {PWD}/../config/
```

切换身份为 peer0. org1，确认当前使用的 peer 命令只针对 Org1 组织中的 peer0. org1. example. com 节点生效。

```
$ source orgRole.sh 1    # 使用 Org1
```

创建智能合约包（将指定的智能合约进行打包）。

```
$ peer lifecycle chaincode package basic. tar. gz -- path ../asset - transfer - basic/chaincode
- go/ -- lang golang -- label basic_1.0
```

将已经打包的链码进行安装。

```
$ peer lifecycle chaincode install basic. tar. gz
```

执行成功输出以下信息。

```
submitInstallProposal - > INFO 001 Installed remotely: response:< status:200 payload:"\nJbasic_
1.0:e1304736875ce631cdb982cab0e5997fba892ed540b94bf6142f297c4382544f\022\tbasic_1.0" >
submitInstallProposal  -  >  INFO  002  Chaincode  code  package  identifier:  basic_
1.0:e1304736875ce631cdb982cab0e5997fba892ed540b94bf6142f297c4382544f
```

链码安装信息查询。

```
$ peer lifecycle chaincode queryinstalled
```

命令执行后反馈的信息如下：

```
Installed chaincodes on peer:
Package ID: basic_1. 0:e1304736875ce631cdb982cab0e5997fba892ed540b94bf6142f297c4382544f,
Label: basic_1.0
```

将 packageID 定义成为一个环境变量。

```
$ export CC_PACKAGE_ID = basic_1.0:e1304736875ce631cdb982cab0e5997fba892ed540b94bf6142f
297c4382544f
```

对已经安装完成的链码进行审批。

```
$ peer lifecycle chaincode approveformyorg - o localhost:7050 -- ordererTLSHostnameOverride
orderer.example.com -- tls -- cafile
${PWD}/organizations/ordererOrganizations/example.com/orderers/orderer.example.com/msp/
tlscacerts/tlsca.example.com-cert.pem -- channelID mychannel -- name basic -- version 1.0
-- package-id $ CC_PACKAGE_ID -- sequence 1
```

检查链码定义是否批准(审批)成功。

```
$ peer lifecycle chaincode checkcommitreadiness -- channelID mychannel -- name basic
-- version 1.0 -- sequence 1 -- output json
```

若命令执行成功,则反馈信息如下:

```
{"approvals": {"Org1MSP": true}}
```

审批通过之后,使用 lifecycle chaincode commit 命令将链码定义提交至指定的通道。

```
$ peer lifecycle chaincode commit - o localhost:7050 -- ordererTLSHostnameOverride orderer.
example.com -- tls -- cafile
${PWD}/organizations/ordererOrganizations/example.com/orderers/orderer.example.com/msp/
tlscacerts/tlsca.example.com - cert.pem -- channelID mychannel -- name basic --
peerAddresses localhost:7051 -- tlsRootCertFiles
${PWD}/organizations/peerOrganizations/org1.example.com/peers/peer0.org1.example.com/
tls/ca.crt -- version 1.0 -- sequence 1
```

提交完成之后,检查链码的定义信息。

```
$ peer lifecycle chaincode querycommitted -- channelID mychannel -- name basic
```

命令执行后返回指定链码定义的顺序和版本,以及指定组织的批准结果。输出的信息如下:

```
Committed chaincode definition for chaincode 'basic' on channel 'mychannel':
Version: 1.0, Sequence: 1, Endorsement Plugin: escc, Validation Plugin: vscc, Approvals:
[Org1MSP: true]
```

2) 交易测试

检查 FABRIC_CFG_PATH 变量的路径是否正确,如果没有或对应值不正确,请先设置正确的环境。

```
$ echo $ FABRIC_CFG_PATH
$ echo $ PATH
```

如果未设置，则使用以下命令设置。

```
$ export PATH = $ PWD/../bin: $ PATH && export FABRIC_CFG_PATH = $ PWD/../config/
```

初始化分类账。

```
$ peer chaincode invoke - o localhost:7050 -- ordererTLSHostnameOverride orderer.example.
com -- tls -- cafile
$ {PWD}/organizations/ordererOrganizations/example.com/orderers/orderer.example.com/msp/
tlscacerts/tlsca.example.com - cert.pem - C mychannel - n basic
-- peerAddresses localhost:7051 -- tlsRootCertFiles
$ {PWD}/organizations/peerOrganizations/org1.example.com/peers/peer0.org1.example.com/
tls/ca.crt - c '{"function":"InitLedger","Args":[]}'
```

初始化成功输出以下信息。

```
[chaincodeCmd] chaincodeInvokeOrQuery - > INFO 001 Chaincode invoke successful. result:
status:200
```

使用query命令查询分类账中的相应数据。

```
$ peer chaincode query - C mychannel - n basic - c '{"Args":["GetAllAssets"]}'
```

使用invoke命令调用链码中指定的函数实现交易。

```
$ peer chaincode invoke - o localhost:7050 -- ordererTLSHostnameOverride orderer.example.
com -- tls -- cafile
$ {PWD}/organizations/ordererOrganizations/example.com/orderers/orderer.example.com/msp/
tlscacerts/tlsca.example.com - cert.pem - C mychannel - n basic
-- peerAddresses localhost:7051 -- tlsRootCertFiles
$ {PWD}/organizations/peerOrganizations/org1.example.com/peers/peer0.org1.example.com/
tls/ca.crt - c '{"function":"TransferAsset","Args":["asset6","Christopher"]}'
```

如果返回的响应结果中显示有result：status:200，则说明交易成功；反之，则需要检查命令或环境是否有问题，可以根据不同的信息反馈情况进行解决。

验证交易是否被正确执行，可以再次使用query查询命令。

```
$ peer chaincode query - C mychannel - n basic - c '{"Args":["ReadAsset","asset6"]}'
```

查询结果输出如下：

```
{"ID":"asset6","color":"white","size":15,"owner":"Christopher","appraisedValue":800}
```

现在我们使用pause命令暂停orderer.example.com容器。

```
$ docker pause orderer.example.com
```

因为orderer.example.com容器已经处于停止运行状态，所以现在我们向orderer1.example.com容器发送交易。

```
$ peer chaincode invoke - o localhost:8050 -- ordererTLSHostnameOverride orderer1.example.
com -- tls -- cafile
${PWD}/organizations/ordererOrganizations/example.com/orderers/orderer1.example.com/msp/
tlscacerts/tlsca.example.com - cert.pem - C mychannel - n basic -- peerAddresses localhost:
7051 -- tlsRootCertFiles
${PWD}/organizations/peerOrganizations/org1.example.com/peers/peer0.org1.example.com/
tls/ca.crt - c '{"function":"TransferAsset","Args":["asset6","AAA"]}'
```

交易成功执行之后,使用 query 命令查询交易是否成功。

```
$ peer chaincode query - C mychannel - n basic - c '{"Args":["ReadAsset","asset6"]}'
```

若返回结果如下,则证明交易成功执行。

```
{"ID":"asset6","color":"white","size":15,"owner":"AAA","appraisedValue":800}
```

现在恢复 orderer.example.com 容器至正常运行状态。

```
$ docker unpause orderer.example.com
```

再次进行查询。

```
$ peer chaincode query - C mychannel - n basic - c '{"Args":["ReadAsset","asset6"]}'
```

可以发现,查询结果与上次的查询结果完全相同。至此,基于 Raft 共识算法的 Hyperledger Fabric 网络环境已搭建并测试完成,读者朋友们可以根据以上示例进行修改, 将各容器部署在真正的物理节点中。

8. 关闭并清除环境

(1) 关闭创建的所有容器。

```
$ sudo docker - compose - f docker/docker - compose - test - net.yaml  down -- volumes
-- remove - orphans
```

(2) 删除生成的镜像。

```
$ docker rmi - f $(docker images | awk '($1 ~ /dev - peer. * /) {print $3}')
```

(3) 删除相关文件。

```
$ rm - rf channel - artifacts/              # 删除配置文件
$ rm system - genesis - block/genesis.block  # 删除初始区块配置文件
$ rm - rf organizations/ordererOrganizations/  # 删除 Orderer 组织结构
$ rm - rf organizations/peerOrganizations/   # 删除 Peer 所属组织结构
$ rm basic.tar.gz                            # 删除链码包文件
$ rm orgRole.sh                              # 删除身份切换脚本文件
```

第5章 成员服务提供者与策略

5.1 MSP 概念

在 Hyperledger Fabric 区块链网络中有多种不同的参与者角色,包括 Peer 节点、排序节点、客户端应用程序、管理员等。每一个参与者是否拥有区块链网络中信息的访问权限及相关资源的操作权限,都取决于参与者能否提供一个正确的 X.509 数字证书,该数字证书表明了参与者的身份为区块链网络中的合法成员(数字身份)。

另外,此数字身份还具有一些在 Hyperledger Fabric 网络中用于确定权限的其他属性,并且为参与者的身份和关联属性的并集提供了一个特殊的名称——主体(principal)。主体类似于 userID 或 groupID,但更为灵活,因为它们可以包含参与者身份的各种属性,如参与者所属的组织、组织单位、角色甚至是参与者的特定身份。因此,主体可以理解为决定参与者权限的具体属性。

数字身份是否可以被正确验证的结论,必须来自一个可信任的权威机构,而成员服务提供者(membership service provider,MSP)则是 Hyperledger Fabirc 网络中唯一可以信任的权威机构。从软件层面来说,MSP 是一个定义并管理该组织有效身份规则的合法组件。在 Hyperledger Fabric 网络中,默认的 MSP 使用 X.509 数字证书作为参与者身份,并由传统的 PKI 分层模型来实现。在安全性方面,MSP 依赖 PKI 标准来确保网络中各个参与者之间的安全通信,并确保在区块链上发布的消息得到适当的认证,下面我们简单介绍一下 PKI 基础。

PKI 是一组互联网技术,它可以在整个网络中提供安全的数据通信。其由向各方(如服务的用户、服务提供商)颁发数字证书的证书颁发机构组成,参与者可以使用颁发的证书在特定的网络环境中进行身份验证。

PKI 有四个最关键的要素。

(1) 数字证书:也被称为数字标识或数字身份,是一个包含一系列与证书持有者身份信息相关的数据的特定电子文档。最常见的数字证书类型是符合 X.509 标准的证书,可以利用此文档在整个网络中识别对方的身份。

(2) 公钥和私钥:身份验证和数据/消息的完整性是互联网安全通信中的重要概念。身份验证要求交换消息的各方必须确信那个创建了特定数据的身份。数据的完整性则说明数据在传输期间不能被修改。在具体实现过程中,私钥在特定的数据上进行签名,接收数据方只有在相同的数据上使用对应的公钥才可以进行验证。

(3) 证书授权中心:证书授权中心可以向网络中不同的参与者颁发证书,这些证书由

CA(证书授权中心)进行数字签名。CA 是一个可以为组织中的不同参与者提供可验证的数字身份的基础。在最常见的情况下,数字身份即为符合 X.509 标准并由证书授权中心颁发的经过加密验证的数字证书。

(4) 证书撤销列表:由于某种原因而被撤销的证书的引用列表。

PKI 只是一个体系结构,负责数字证书的生成及颁发。

MSP 是 Hyperledger Fabric v1.0 版本开始抽象出来的一个模块化组件,主要用于进行身份验证和定义是否允许对网络进行访问的一系列规则。更确切地说,MSP 是对 Hyperledger Fabric 网络中的成员进行身份管理与验证的模块组件,其具体作用如下。

(1) 使用 MSP 对用户的 ID 进行管理。

(2) 对想要加入网络中的节点进行验证:每一个想加入网络的节点必须提供有效且合法的 MSP 相关信息。

(3) 为客户发起的交易提供凭证:在各节点(Client、Peer、Orderer)之间进行数据传输时,其需要对各节点的签名进行验证。

5.1.1 MSP 分类

MSP 实际上并不会提供任何东西,但它能够将由证书颁发机构生成的代表自身身份证书的一系列文件夹添加到 Hyperledger Fabric 网络的相关配置中,主要用来识别当前节点是否为某个网络的参与者或者是否为某个通道中的可信任成员。MSP 在 Hyperledger Fabric 中按范围分类如下。

(1) 本地 MSP:在参与者节点本地。

(2) 通道 MSP:在通道配置中。

注意:MSP 的作用不仅仅是简单地列出谁是某个网络的参与者或某个通道的可信任成员。它能够通过具体的标识来识别参与者在节点或通道上拥有哪些特定的权限。简单来说,它可以将参与者的身份转换为一种特定的角色,如管理员、Peer 节点、客户端、排序节点等。

---

1. 本地 MSP

本地 MSP 可以对 Hyperledger Fabric 网络中的本地节点及所属节点的权限进行管理;可以定义参与者所属组织的 MSP,以及该组织中的哪些成员可以被授权执行管理任务,比如成员是否拥有创建通道的权限或哪个成员可以是操作节点的 Peer 节点管理员。客户端的本地 MSP 允许用户作为一个通道成员或者作为一个特定角色的所有者(如组织管理者),并在其进行交易时对其身份进行验证。

在 Hyperledger Fabric 网络中,因为每一个节点需要定义谁拥有管理权或参与权,所以每一个节点都必须定义一个本地的 MSP。而本地 MSP 根据不同的角色,划分如下。

(1) Peer MSP:本地 MSP 在每个 Peer 节点的文件系统中进行定义,并且每个 Peer 节点都有一个单独的 MSP 实例。Peer MSP 允许在通道之外对成员消息进行身份验证,并定义特定节点的权限,执行与通道 MSP 完全相同的功能,但有一个限制是它仅适用于定义它的 Peer 节点本身。

(2) Orderer MSP:与 Peer MSP 相同,Orderer 节点的本地 MSP 也在其节点的文件系

统中进行定义,但仅适用于该 Orderer 节点。

（3）User MSP：每一个组织都可以拥有多个不同的用户,都在其所属组织的文件系统中进行定义,该 MSP 仅适用于所属的组织(包括该组织下的所有 Peer 节点)。

2. 通道 MSP

通道 MSP 对通道中的组织成员进行管理。通道可以在特定的多个组织之间提供私有通信(主要用来保证区块链账本数据的隐私性)。在该通道的 MSP 环境中定义了谁有权限参与通道上的某些特定操作(如添加组织或实例化链码),因此其能够正确地对通道参与者进行身份验证。这种情况意味着,如果某个组织希望加入指定的通道,则需要在该通道配置中添加包含组织成员信任链的 MSP。否则,来自该组织身份的交易将会被直接拒绝。

通道 MSP 根据配置信息能够识别谁在通道层次拥有相应的权限。通道 MSP 定义通道成员(本身是 MSP)的身份和通道级策略的执行之间的关系。通道 MSP 包含通道成员组织的 MSP。

注意：本地 MSP 表现为文件系统中的文件夹结构,而通道 MSP 则在通道配置中被描述。

每个参与通道的组织(Org)都必须定义一个独立的 MSP。在具体实现过程中,通常建议在组织和 MSP 之间建立一个一对一的映射。MSP 明确了哪些成员被授权代表组织行事。该 MSP 定义包括 MSP 本身的配置及批准组织进行具有管理角色权限的任务,如向通道添加新的节点成员。

如果所有网络成员都是单个组织或 MSP 的一部分,那么所有成员会在整个区块链网络中对所有合法成员公开,没有任何的隐私数据。如果多个组织通过不同的通道将各自的账本数据进行隔离,则会实现区块链数据的隐私保护。如果组织内部需要更细的隔离粒度,则可以将组织进一步划分为组织单元(organizational unit,OU)。

另外,在 Hyperledger Fabric 中有一个系统通道 MSP,该系统通道 MSP 包括参与排序服务的所有组织的 MSP。排序服务可能包括来自多个排序组织拥有的排序节点,这些组织共同运行排序服务,并且系统通道 MSP 最重要的是管理组织联盟和应用程序通道所继承的默认策略。

由于本地 MSP 仅在其应用的节点或用户的文件系统中进行定义,因此无论是在物理上还是在逻辑上,每个节点都只有一个本地 MSP。但是,因为通道 MSP 对通道内的所有节点都可用,它们在通道配置中逻辑上仅仅定义一次,所以,通道 MSP 也必须在通道中的每个节点的文件系统上进行实例化,并通过共识保持同步。因此,尽管每个节点的本地文件系统上都有每个通道 MSP 的副本,但从逻辑上讲,通道 MSP 存在并被维护于 Hyperledger Fabric 网络的通道中。

本地 MSP 与通道 MSP 在 Hyperledger Fabric 网络中的关系如图 5-1 所示。

Peer 节点和排序节点的 MSP 是本地化的,而一个通道(包括网络配置通道,又称为系统通道)的 MSP 是全局化的,被该通道的所有参与者共用。在图 5-1 中,网络系统通道由 Org1 管理,而另一个应用程序通道可以由 Org1 和 Org2 管理。Peer 节点是 Org2 组织的成员并由 Org2 进行管理,而 Org1 则对图 5-1 中的排序节点进行管理。

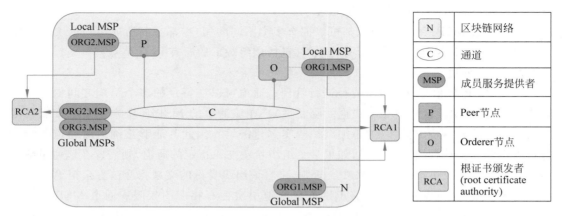

图 5-1 MSP 与其他节点的关系

在信任关系中,图 5-1 中对 Org1 的信任来自 RCA1 颁布的身份,而对 Org2 的信任来自 RCA2 颁布的身份。在此需要注意的是,这些管理身份的标识,映射出了谁可以管理这些组件。所以当 ORG1 管理网络时,网络定义中确实存在 Org2 的 MSP。

5.1.2 MSP 结构

一个本地的 MSP 文件夹中包含的子文件夹如图 5-2 所示(与实际的物理结构根据具体的情况会有所不同)。

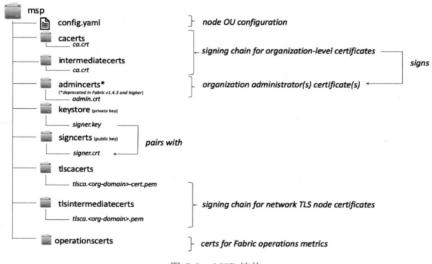

图 5-2 MSP 结构

如图 5-2 所示,一个 MSP 文件夹中可以有 9 个元素。其中 MSP 名称是根文件夹的名称,根文件夹包含的每个子文件夹代表 MSP 配置的不同元素。

(1)config.yaml:通过启用"Node OU"和定义可接受的角色来配置 Hyperledger Fabric 中的身份分类特性。

(2)cacerts:此文件夹中包含了代表此 MSP 的组织所信任的根 CA 的自签名 X.509

证书列表。并且此 MSP 文件夹中必须至少有一个根 CA 数字证书。

注意：此文件夹是 MSP 文件夹中最重要的一个子文件夹，因为它确定了派生其他所有证书所必要的根 CA，拥有这些证书的成员才能被视为构成信任链的相应组织的成员。

（3）intermediatecerts：此文件夹包含该组织所信任的中间 CA 的 X.509 证书列表。每个数字证书都必须由 MSP 中的一个根 CA，或者任意一个其根 CA 颁发的 CA 链指向的受信任的中间 CA 进行签名。

注意：如果在一个没有中间 CA 的正常工作网络中，这个文件夹中是空的。

（4）admincerts：此文件夹中包含一个身份列表，这些身份定义了具有此组织管理员角色的参与者。正常情况下这个列表中应该有一个或多个 X.509 证书。

注意：Hyperledger Fabric v1.4.3 及以上的版本不再需要此文件夹中的证书。对于通道 MSP，仅有参与者具有管理员角色这个条件，并不能说明他们可以管理特定的资源。给定身份在管理系统中拥有的实际权限是由管理系统资源的策略所决定的。例如，通道策略可能指定 ORG1-MANUFACTURING 管理员拥有向通道添加新组织的权限，而 ORG1-DISTRIBUTION 管理员没有这样的权限。

（5）keystore（私钥）：此文件夹是专为拥有 Peer 或 Orderer 节点的本地 MSP 或客户端的本地 MSP 定义的，并包含节点的签名密钥。此密钥以加密方式匹配 signcert 文件夹中包含的签名证书，并用于签署数据（例如，签署交易提案响应，作为背书阶段的一部分）。此文件夹对于本地 MSP 是必需的，并且必须只能包含一个私钥文件。

注意：①此文件夹对于本地 MSP 是强制性的，并且必须准确地包含一个私钥文件；②通道 MSP 配置不包含此文件夹，因为通道 MSP 仅仅提供身份验证的功能，而不提供签名功能；③如果使用 HSM（硬件安全模块）对私钥进行管理，则此文件夹实际为空，因为私钥由 HSM 生成并存储在 HSM 中。

（6）signcerts：对于任意的 Peer 或排序节点（或在客户端的本地 MSP 中），这个文件夹都包含一个由 CA 发行的证书，用于表明节点的身份。可以使用此证书相对应的私钥在交易提案响应中进行签名。此文件夹对于本地 MSP 是必需的，并且必须包含一个公钥。

（7）tlscacerts：包含组织信任的用于 TLS 通信的根 CA 的自签名 X.509 证书列表。此文件夹中必须至少有一个 TLS 根 CA X.509 证书，用于进行节点之间基于 TLS 的安全通信。

（8）tlsintermediatecerts：此文件夹包含一个受该 MSP 所代表的组织信任的中间 CA 证书列表，用于进行节点之间基于 TLS 的安全通信。

（9）operationscerts：此文件夹包含与 Hyperledger Fabri Operation Service 相关 API 通信所需的证书。

5.2　Fabric 中的策略

在 5.1 节中,我们介绍了 MSP 相关的内容,简单来说,MSP 的主要作用就是在逻辑上对 Hyperledger Fabric 网络中的所有成员进行身份验证并对各个节点的相关权限进行管理。而在 Hyperledger Fabric 中,有一个很重要的逻辑概念叫策略(Policy),相关权限的具体限定都是通过策略来进行实现的。策略该如何理解,以及其在 Fabric 中如何实现是本节的主要内容。

5.2.1　策略的概念

Hyperledger Fabric 是一个许可、授权的区块链系统(这一点与其他的区块链系统完全不同,如 Ethereum 或 Bitcoin),网络中不同的成员可以实现哪些操作,都是由策略来进行最终的决定。对于 Hyperledger Fabric 来说,策略其实就是一组规则,主要用来定义网络中各个成员所拥有的权限及责任。比如:

(1) 某一个客户端是否可以访问通道中的区块链数据,是否可以更改指定的数据。

(2) 当发起交易时,必须由多少个组织对该交易进行背书(签名)。

(3) 是否可以在网络中部署智能合约。

(4) 哪些组织具有权限可以访问或更新 Fabric 网络;等等。

使用一个示例进行说明:在现实中,经常会有多个不同的公司或团队需要一起合作完成一个项目,为了使各方明确各自的职责及利益,需要在公平、公正的基础之上制订一个合同,合同内容由一条条的相关条款进行详细说明,其中包括了项目的开始时间、结束时间、针对此项目各方应负的具体责任及拥有的相应权利等。一旦合同签订,在具体实现过程中,合同中限定的参与者就必须依照合同中的相关条款严格执行。

在上面的描述中,合同中的相关条款就可以理解为 Hyperledger Fabric 中的策略。由此可见,策略在 Hyperledger Fabric 中的作用非常重要,Fabric 最终通过策略管理着网络中所有成员的具体权限。从另一层面上说,策略是制订 MSP 的成员权限的基础,而在具体实现中,MSP 则会通过配置的策略信息来验证成员的身份是否合法并判断该成员是否拥有相关的操作权限。

5.2.2　策略的实现

1. 策略层级

在 Hyperledger Fabric 网络中,所有的操作都与策略有着紧密的关系,但是在具体实现过程中策略会根据不同的层级进行具体的实现,每一层都根据网络中负责的不同操作分别进行管理。策略层级体系结构主要分为三层,但根据具体功能可以分为以下两个部分。

(1) 排序组织负责管理的部分。

(2) 联盟组织负责管理的部分。

策略层级体系结构及每个部分相应的管理信息如图 5-3 所示。

详细观察,会发现图 5-3 中的策略层级中最主要由三个部分组成。

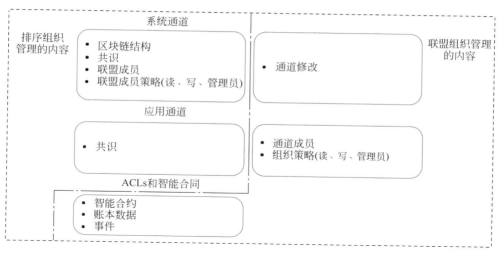

图 5-3 策略层级体系结构

1) 系统通道配置

系统通道配置信息主要针对区块结构、使用的共识算法，以及联盟组织中的哪些成员可以创建或更新通道等进行管理，具体信息可以通过 fabric-samples/test-network/configtx/configtx. yaml 文件中的 Profiles. TwoOrgsOrdererGenesis 所包含的部分来进行配置，各项配置信息如下所示。

```
TwoOrgsOrdererGenesis:
    <<: * ChannelDefaults
    Orderer:
        <<: * OrdererDefaults
        Organizations:
            - * OrdererOrg
        Capabilities:
            <<: * OrdererCapabilities
    Consortiums:
        SampleConsortium:
            Organizations:
                - * Org1
                - * Org2
```

Hyperledger Fabric 网络中必须至少有一个排序的系统通道，它是第一个被创建的通道，该通道包含排序服务（排序组织），以及能够在网络中实现交易（联盟组织）的成员。配置信息说明如下。

（1）ChannelDefaults：通过引用 ChannelDefaults 定义了通道策略及网络服务能力。

（2）Orderer：引用 OrdererDefaults，定义了系统通道的相关核心配置信息，包括网络中所使用的共识算法类型、排序节点的信息、区块数据结构及相关的系统通道策略与服务能力的信息。

（3）Consortiums：包含一个 SampleConsortium 联盟，由 Org1 与 Org2 两个组织组成。

通过上面各项配置后，生成的系统通道配置信息如图 5-4 所示。

```
"Orderer": {
  "groups": {
    "OrdererOrg": {"mod_policy": "Admins"...}
  },
  "mod_policy": "Admins",
  "policies": {
    "Admins": {"mod_policy": "Admins"...},
    "BlockValidation": {"mod_policy": "Admins"...},
    "Readers": {"mod_policy": "Admins"...},
    "Writers": {"mod_policy": "Admins"...}
  },
  "values": {
    "BatchSize": {"mod_policy": "Admins"...},
    "BatchTimeout": {"mod_policy": "Admins"...},
    "Capabilities": {"mod_policy": "Admins"...},
    "ChannelRestrictions": {"mod_policy": "Admins"...},
    "ConsensusType": {
      "mod_policy": "Admins",
      "value": {
        "metadata": {...},
        "state": "STATE_NORMAL",
        "type": "etcdraft"
      },
      "version": "0"
    }
  },
  "version": "0"
}
```

图 5-4　系统通道配置信息

2）应用通道配置

应用通道配置信息主要对联盟中的成员进行管理,其最主要的目的是能够实现提供私有通信机制,保证区块数据的隐私性。具体信息可以通过 fabric-samples/test-network/configtx/configtx. yaml 文件中的 Profiles. TwoOrgsChannel 所包含的部分来进行配置,具体配置信息如下:

```
TwoOrgsChannel:
    Consortium: SampleConsortium
    <<: *ChannelDefaults
    Application:
        <<: *ApplicationDefaults
        Organizations:
            - *Org1
            - *Org2
        Capabilities:
            <<: *ApplicationCapabilities
```

应用通道中的策略主要能够提供在通道中添加或删除成员的能力,并且管理着使用 Fabric 链码生命周期在链码定义和提交至通道前需要哪些组织的同意,其除了能够实现私有通信机制,还默认继承了系统通道的所有排序服务相关的参数。

（1）Consortium:通过在系统通道的 SampleConsortium 项配置指定应用通道所使用的联盟。

（2）ChannelDefaults:与系统通道中的 ChannelDefaults 配置及作用相同。

（3）Application:通过引用 ApplicationDefaults 项定义应用通道的配置信息,包括应用通道的策略、该通道中初始的合法 Peer 组织;通过引用 Capabilities 项定义应用通道服务能力的相关信息。

通过上面各项配置，生成应用通道配置信息，如图 5-5 所示。

```json
"Application": {
  "groups": {
    "Org1MSP": {
      "groups": {},
      "mod_policy": "Admins",
      "policies": {...},
      "values": {
        "AnchorPeers": {"mod_policy": "Admins"...},
        "MSP": {"mod_policy": "Admins"...}
      },
      "version": "1"
    },
    "Org2MSP": {
      "groups": {},
      "mod_policy": "Admins",
      "policies": {...},
      "values": {
        "MSP": {"mod_policy": "Admins"...}
      },
      "version": "0"
    }
  },
  "mod_policy": "Admins",
  "policies": {...},
  "values": {...},
  "version": "1"
},
```

图 5-5 应用通道配置信息

3）访问控制列表（access control lists，ACLs）

访问控制列表主要针对资源访问（包括智能合约、账本数据、区块事件流）进行配置，具体信息可以通过 fabric-samples/test-network/configtx/configtx.yaml 文件中的 Application 部分来进行配置，具体配置信息如下所示。

```yaml
Application: &ApplicationDefaults
  Organizations:
  # Policies defines the set of policies at this level of the config tree
  # For Application policies, their canonical path is
  # /Channel/Application/< PolicyName >
  Policies:
    Readers:
        Type: ImplicitMeta
        Rule: "ANY Readers"
    Writers:
        Type: ImplicitMeta
        Rule: "ANY Writers"
    Admins:
        Type: ImplicitMeta
        Rule: "MAJORITY Admins"
    LifecycleEndorsement:
        Type: ImplicitMeta
        Rule: "MAJORITY Endorsement"
    Endorsement:
```

```
            Type: ImplicitMeta
            Rule: "MAJORITY Endorsement"
Capabilities:
    <<: * ApplicationCapabilities
```

ACL 对于 Hyperledger Fabric 网络管理员来说比较重要,ACL 主要通过将资源(可以简单理解为用户能够使用的功能,如调用链码服务、获取区块事件等)和已有策略相关联的方式来提供资源访问配置的能力。

通过上面各项配置后,对于联盟成员而言生成的应用通道配置信息如图 5-6 所示。

```
"Org1MSP": {
  "groups": {},
  "mod_policy": "Admins",
  "policies": {
    "Admins": {
      "mod_policy": "Admins",
      "policy": {
        "type": 1,
        "value": {
          "identities": [
            {
              "principal": {
                "msp_identifier": "Org1MSP",
                "role": "ADMIN"
              },
              "principal_classification": "ROLE"
            }
          ],
          "rule": {...},
          "version": 0
        }
      },
      "version": "0"
    },
    "Endorsement": {"mod_policy": "Admins"...},
    "Readers": {"mod_policy": "Admins"...},
    "Writers": {"mod_policy": "Admins"...}
  },
},
```

图 5-6　ACL 配置信息

2. 策略类型

在 Hyperledger Fabric 中,如果需要修改 Fabric 网络中的任何内容,那么与资源相关的策略描述了需要 Fabric 网络中的哪些成员来进行批准。这种批准方式可以是一个来自个人的显式签名,也可以是一个组的隐式签名。比如,在某一个公司中,一个员工因个人私事请假一天,让其直属主管领导签字即可批准;但如果他需要请假一周,则除需要他的直属主管领导签字外,还需要该公司的经理及总经理进行签字批准。在 Hyperledger Fabric 中,根据具体情况,策略可以使用以下两种语法类型来实现。

(1) 签名策略(signature policies):显式签名的实现使用 Signature 语法。

签名策略指定了想要满足该策略就必须签名的特定用户,语法支持 AND、OR 和 NOutOf 的任意组合,由这三种组合可以构造复杂的实现规则。

① AND:逻辑条件中的与运算。比如,AND(Org1,Org2)表示如果满足该策略就同时需要 Org1 中的一个成员和 Org2 中的一个成员的签名。

② OR:逻辑条件中的或运算。比如,OR(Org1,Org2)表示如果满足该策略就需要 Org1 中的一个成员或者 Org2 中的一个成员的签名。

③ NOutOf：此语法一般在较为复杂的情况下使用，指的是满足多个条件中的指定个数就表示满足策略。比如，OR(Org1.Admin，NOutOf(2，Org2.Member))表示 Org1 的管理员或者两个 Org2 的成员签名都满足才会符合此策略。

通过 configtx.yaml 文件中的 Organizations→Org1→Policies 项中配置信息之后，生成的成员签名策略如下：

```
"Org1MSP": {
    "groups": {}, "mod_policy": "Admins", "policies": {
    "Admins": { "mod_policy": "Admins",
            "policy": { "type": 1, "value": {
                    "identities":
                        [{"principal": {"msp_identifier": "Org1MSP","role": "ADMIN"},
                            "principal_classification": "ROLE"
                        }],
                    "rule": {"n_out_of": {"n": 1, "rules": [{"signed_by": 0}]}},
                    "version": 0
            }},
            "version": "0"
    },
    }
}
```

（2）隐元策略(ImplicitMeta policies)：隐式签名的实现使用 ImplicitMeta 语法。

此策略方式只适用于通道管理策略。通道配置在配置树策略中是一种基于分层的层次结构，隐元策略聚合了由签名策略最终定义的配置树深层的结果。应用通道分层策略结构如图 5-7 所示。

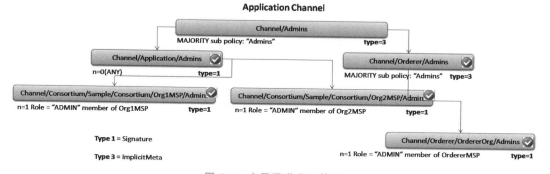

图 5-7 应用通道分层策略

图 5-7 通过 ImplicitMeta 通道配置了管理策略，展示了一个在配置树中所有 Admins 策略都引用了的 Admin 子策略。该策略表明当满足配置层级中管理策略的 Admins 子策略时，也就代表满足了管理策略子策略的条件，需要说明的是，为了使通道/管理员策略保持稳定，必须将层次结构中其下的每个子策略的配置固定。ImplicitMeta 语法支持 ALL、ANY、MAJORITY 三种情况。

① ALL(所有)：表示必须经过所有指定的成员同意。

② ANY(任意)：表示需要经过任意一个指定的成员同意即可。

③ MAJORITY(大多数):表示必须经过大多数指定的成员同意。

通过 configtx.yaml 文件中的 Application 中的 Policies 项指定配置部分的信息之后,生成的通道配置策略如下:

```
"policies": {
        "Admins": { "mod_policy": "Admins", "policy": { "type": 3,
                "value": { "rule": "MAJORITY", "sub_policy": "Admins" }
        },"version": "0" },
        "BlockValidation": { "mod_policy": "Admins", "policy": {
                "type": 3, "value": {"rule": "ANY", "sub_policy": "Writers"}
        },"version": "0" },
        "Readers": { "mod_policy": "Admins", "policy": {
                "type": 3, "value": {"rule": "ANY", "sub_policy": "Readers"}
        },"version": "0" },
        "Writers": { "mod_policy": "Admins", "policy": {
                "type": 3, "value": {"rule": "ANY", "sub_policy": "Writers"}
        },"version": "0" }
},
```

5.2.3 背书策略

链码包中的每一个智能合约都必须指定一个背书策略,该策略指明需要通道中多少个不同组织的成员对提交的交易进行签名,才能确认此交易有效。所以,背书策略严格定义了必须进行背书(批准)提案执行的组织(组成 Hyperledger Fabric 网络中合法的 Peer 节点)。

Application 下的 Policies 项中除指定 Readers、Writers、Admins 的策略外,还包含两个与链码有关的背书策略。

```
LifecycleEndorsement:
  Type: ImplicitMeta
  Rule: "MAJORITY Endorsement"
Endorsement:
    Type: ImplicitMeta
    Rule: "MAJORITY Endorsement"
```

两种背书策略的含义如下。

(1) LifecycleEndorsement:生命周期背书策略。该策略指定了需要哪些通道中的哪些组织可以批准链码定义。

(2) Endorsement:链码背书策略。该策略指定了链码的默认背书策略。在实际的生产环境中可以根据具体情况进行自定义。

如果在链码批准阶段没有明确指明背书策略,则会默认使用 Endorsement 策略"MAJORITY Endorsement",此策略说明如果想使本次交易生效就需要通道中大多数通道组织成员的执行并对交易进行验证。如果不想使用默认的背书策略,则可以使用签名策略(signature policies)的语法格式指定更为复杂的背书策略。使用默认的背书策略生成的信息如下:

```
"Endorsement": {
  "mod_policy": "Admins", "policy": { "type": 3,
    "value": { "rule": "MAJORITY", "sub_policy": "Endorsement" }
}, "version": "0" },
"LifecycleEndorsement": {
  "mod_policy": "Admins", "policy": {
    "type": 3, "value": {"rule": "MAJORITY", "sub_policy": "Endorsement"}
  },
}
```

为了能够以最简化的方式匹配角色和身份,签名策略允许使用一种包含主体的方式来实现。使用"MSP. ROLE"的方式进行描述,其中 MSP 表示需要的 MSP ID(即组织的 ID),ROLE 可以使用以下四种角色中的一个来表示。

(1) Member：MSP 的一个成员,如 Org1. Member。

(2) Admin：MSP 的一个管理员,如 Org1. Admin。

(3) Client：MSP 的一个客户端,如 Org1. Client。

(4) Peer：MSP 的一个 Peer 节点,如 Org1. Peer。

使用签名策略的语法格式指定背书策略所生成的信息如下：

```
"Endorsement": { "mod_policy": "Admins", "policy": {
  "type": 1, "value": { "identities":
      [{"principal": {"msp_identifier": "Org1MSP", "role": "PEER"},
      "principal_classification": "ROLE"
      }],
    "rule": {"n_out_of": {"n": 1, "rules": [{"signed_by": 0 }]}},
    "version": 0 }
  }, "version": "0"
},
```

注意：针对 Hyperledger Fabric 的不同版本,背书策略有以下不同之处。

(1) 在 Hyperledger Fabric v2.0 版本之前,链码的背书策略可以在链码实例化或者使用链码生命周期命令时进行指定或更新。如果在实例化链码时没有指定背书策略,则会使用一个默认的背书策略(通道中组织的任意成员)。例如,在有 Org1 和 Org2 的通道中,会产生一个 OR(Org1. member,Org2. member)的默认背书策略。

(2) 从 Hyperledger Fabric v2.0 版本开始,Fabric 提出了一个新的链码生命周期过程(主要新增了链码批准定义及提交的过程,详见 6.1.3 小节),允许多个不同的组织同意在链码应用到通道之前如何进行操作。新增的链码批准定义过程需要多个组织同意链码所定义的一些参数,如链码名称、版本及链码的背书策略。链码的实例化已在高版本的 Fabric Contract API 中通过自定义方法(通过 invoke 调用)实现。

第6章 Hyperledger Fabric智能合约

6.1 智能合约与链码

6.1.1 智能合约

对一个应用程序开发人员而言,想要对区块链(也可以称为分类账本或分布式账本)中的数据状态进行业务操作,需要制订一套通用的标准合约(包括通用术语、数据、业务规则、概念定义、执行流程和交易各方之间的交互模型),在一个区块链网络中,应用程序开发人员可以将这些合约转换为一个可执行程序,即智能合约。

在 Hyperledger Fabric 中,智能合约使用可执行的代码定义了不同组织之间的规则。客户端应用程序通过调用指定的智能合约可以为任意类型的业务对象实现治理规则,以便在执行智能合约时自动执行这些规则,然后生成交易并将其记录至分类账本中。

在通常的情况下,我们可以将智能合约看作或者称为链码,但实际上,智能合约与链码在本质上有着一定的区别。

(1) 从智能合约与链码的功能实现方面而言:智能合约根据现实中具体的业务需求,使用特定的编程语言(如 Golang、Java、JavaScript 等)来定义能够控制分布式账本中世界状态(World State)的业务处理逻辑,开发完成之后,对实现该交易逻辑的代码进行打包而产生链码的概念,最后该链码会被部署到区块链网络中。所以我们可以将智能合约看作交易的管理者,而链码则管理着将智能合约进行打包的方式以方便后期进行部署。

(2) 从智能合约与链码的关系方面而言:智能合约是一个特定领域的程序,它与特定的业务流程相关联,而链码则是一组相关智能合约安装和实例化的技术容器,所以针对某一项业务开发的一个智能合约必须定义在一个链码中,而一个链码中则可以包含多个不同业务的智能合约。

📝 注意:

(1) 每个链码都至少包含一个智能合约。

(2) 通常情况下,如果开发的多个智能合约之间关系紧密,并且这些智能合约共享分布式账本中相同的世界状态时可以将它们部署在同一个链码中。

(3) 虽然智能合约与链码有着本质上的区别,但在 Hyperledger Fabric 中对于技术人员而言,可以通过直接调用链码的方式来处理客户端发送的交易请求,从而实现对状态数据的操作,所以也可以将智能合约称为链码。

6.1.2 链码

链码被部署在 Hyperledger Fabric 网络的相关节点中并运行,能够在具有安全特性的受保护的 Docker 容器中独立运行,并使用 gRPC 协议与相应的 Peer 节点进行通信,可以直接通过应用程序提交的交易提案请求来操作(初始化或管理)分布式账本中的状态数据。

在 Hyperledger Fabric 中,链码一般分为:系统链码与用户/应用链码。

1) 系统链码

在 Hyperledger Fabric 中,有一种与业务流程的智能合约无关,但可以直接与系统进行交互,负责 Fabric 网络节点自身的处理逻辑,包括系统配置、背书、校验等工作,并在 Peer 节点启动时自动完成注册和部署的链码,这种链码被称为系统链码。系统链码共有以下六种类型。

(1) 生命周期:在所有 Peer 节点上运行,它负责管理节点上的链码安装、批准组织的链码定义,以及将链码定义提交到通道上(详见 6.1.3 小节)。

(2) 生命周期系统链码(lifecycle system chaincode,LSCC):负责为 v1. x 版本的 Fabric 管理链码的生命周期。该版本的生命周期要求必须在通道中实例化或升级链码。

(3) 配置系统链码(configuration system chaincode,CSCC):在所有 Peer 节点上运行,负责处理通道配置的变化,如策略更新。

(4) 查询系统链码(query system chaincode,QSCC):在所有 Peer 节点上运行,提供对实现账本数据查询的相关 API(应用程序编码接口),其中包括区块查询、交易查询等。

(5) 背书系统链码(endorsement system chaincode,ESCC):在背书节点上运行,负责实现对交易的背书(签名)过程,并支持对背书策略进行管理。

(6) 验证系统链码(validation system chaincode,VSCC):验证交易,包括检查背书策略及多版本并发控制(读写集版本)。

2) 用户/应用链码

用户链码也可以称为应用链码,不同于系统链码。系统链码是 Hyperledger Fabric 的内置链码,而用户链码是由应用程序开发人员根据不同场景需求及相关成员制订的相关规则,通过使用 Golang(或 Java、NodeJS 等)语言编写的基于操作区块链分布式账本状态的业务处理逻辑代码,运行在链码容器中,通过调用 Hyperledger Fabric 提供的接口与账本状态数据进行交互。

用户链码在整个应用程序中处于重要地位。因为它向下可对账本数据进行操作,向上可以给企业级应用程序提供相关的调用接口。所以一个没有链码的企业级应用程序,不能称为是基于区块链的企业级应用程序。

6.1.3 链码生命周期

链码开发编写完成后,并不能立刻使用,而是必须经过一系列的操作之后才能应用在 Hyperledger Fabric 网络中,进而对客户端提交的交易提案请求进行处理。这一系列的操作是由链码的生命周期来负责管理的。针对不同的 Hyperledger Fabric 版本,管理链码的生命周期有两种不同的实现方式。

在 Fabric v1. x 版本中,管理链码的生命周期共有以下 5 个命令。

（1）package：对指定的链码进行打包的操作。

（2）signpackage：对已打包的链码文件进行签名操作。

（3）install：将已编写完成的链码安装在指定的 Peer 节点中。

（4）instantiate：对已安装的链码进行实例化。

（5）upgrade：对已有链码进行升级。链代码可以在安装后根据具体需求的变化进行升级。

由于系统链码运行在 Peer 节点中而不是像用户链码一样在一个隔离的容器中，因此系统链码被编译进了 Peer 节点的可执行程序中而无须遵守上述的生命周期，尤其安装、实例化、升级这 3 项操作不适用于系统链码。

链码的生命周期管理命令未来还会支持 stop 和 start 命令，用来停止和启动链码。链码成功安装和实例化后，则处于活动状态（正在运行），时刻准备接收并执行处理提交的交易提案请求。

从 Fabric v2.x 版本开始，针对链码的生命周期管理进行了很大的改变，旧版本(v1.x)的链码生命周期已经不再适用；v2.x 版本管理链码的生命周期主要由以下 4 个步骤完成。

1）打包链码

链码在被安装至指定的 Peer 节点之前，需要将其打包成为一个 .tar.gz 文件。打包链码一般使用 peer 二进制工具，然后指定使用 lifecycle 命令对链码进行打包，命令格式如下：

```
lifecycle chaincode package 生成的链码包文件名称.tar.gz
```

在打包链码的命令后面必须指定相关的选项，用于设置链码包的相关信息。

（1）--path：指定要打包的链码源代码文件所在路径。

（2）--lang：指定链码开发语言。

（3）--label：指定包标签的名称。

明确命令格式及所需选项，使用 peer 二进制工具对指定的链码进行打包的完整命令如下：

```
$ peer lifecycle chaincode package basic.tar.gz -- path ../asset - transfer - basic/chaincode
- go/ -- lang golang -- label basic_1.0
```

命令执行后会在当前目录中生成一个 .tar.gz 文件，在该文件中会包含两个文件：metadata.json 和另外一个包含了链码文件的 tar 文件 code.tar.gz。其中 metadata.json 文件是一个包含了指定链码源代码所在路径、链码语言及包标签的 JSON 文件，文件内容如下：

```
{"path":"github.com/hyperledger/fabric - samples/asset - transfer - basic/chaincode - go",
"type":"golang","label":"basic_1.0"}
```

此时生成的链码包文件与 Fabric 网络没有任何关系，只是作为一个普通文件存在于本地操作系统中，如图 6-1 所示。

2）安装链码

打包完成的链码必须将其安装至对应需要执行交易和背书的 Peer 节点中。通过指定

图 6-1　打包链码

的安装命令成功安装链码之后会返回一个特定的链码包标识符，该标识符包含两部分内容：包标签与包哈希值，主要用来关联安装在 Peer 节点上的链码包已被批准的链码。安装命令如下：

```
$ peer lifecyclechaincode install 链码包文件名称.tar.gz
```

命令执行成功后返回以下包标识符信息。

```
Chaincode code package identifier: basic_1.0:e1304736875ce631cdb982cab0e5997fba892ed540b94
bf6142f297c4382544f
```

链码在已经加入通道的指定 Peer 节点中安装完成后。安装链码包创建了链码并且创建了相关的包标识符，如图 6-2 所示。

图 6-2　安装链码

链码包标识符可以在链码安装完成之后使用 queryinstalled 命令来进行查询，以便在后期随时使用。完整命令如下：

```
$ peer lifecycle chaincode queryinstalled
```

注意：

（1）安装链码时必须使用 Peer 节点所属组织的管理员身份执行。

（2）必须在需要进行背书的所有 Peer 节点上安装链码。

3）批准链码定义

链码定义的主要作用是使链码在通道中被使用之前，能够被通道中的成员达成一致意见。也就是说，链码在通道中运行之前，链码定义需要被足够的组织进行批准，来满足通道的生命周期背书（lifecycle endorsement）策略（默认情况下需要大多数组织同意之后才能在通道中使用）。链码定义中必须包括链码管理的相关重要参数，如链码名称、版本及链码的认可策略等。

每一个需要使用链码的通道成员的所属组织都需要对链码定义进行批准（审批），且该批准操作需要先提交至排序服务节点,然后会分发给所有的 Peer 节点。

批准链码定义使用 peer 二进制工具的 lifecycle chaincode approveformyorg 命令完成,但根据要求需要指定相关的必选项,完整命令如下:

```
$ peer lifecycle chaincode approveformyorg - o localhost:7050 -- ordererTLSHostnameOverride
orderer. example. com -- tls -- cafile ${PWD}/organizations/ordererOrganizations/example.
com/orderers/orderer. example. com/msp/tlscacerts/tlsca. example. com - cert. pem -- channelID
mychannel -- name basic -- version 1.0 -- package- id $ CC_PACKAGE_ID -- sequence 1
```

在批准链码定义的命令中,需要注意以下几个选项。

(1)--sequence:序列号,必须指定的选项,表示链码被定义的次数。此值是一个整数,主要用来追踪链码的更新次数。比如第一次安装并批准链码定义,初始序列号指定为数字1,当下一次更新链码时,此序列号可以在之前指定值的基础之上进行递增,指定为2。

(2)--signature-policy:明确指定背书策略,可选项。默认情况下,背书策略设置为 Channel/Application/Endorsement,默认通道中需要大多数组织对提交的交易进行背书。

(3)--init-required:链码初始化,可选项(主要为了兼容 Fabric v1.4.x 版本)。在批准链码定义时,可以指定 Init 方法是否执行初始化,如果需要初始化,则 Fabric 会确保 Init 方法在链码中的其他方法被调用之前执行,且只会被执行一次。在链码初始化方法中可以编写相关代码实现链码初始化时的运行逻辑,比如设置一些数据的初始状态。在具体实现时根据 Fabric 版本分为不同的情况。

① 如果使用的是 Fabric peer CLI 工具,可以将--init-required 以命令选项的方式进行传递,以请求执行 Init 函数来进行链码的初始化。

② 如果使用的是低级别 API(fabric chaincode shim API),链码的第一次调用需要以 Init 函数为目标并包括一个--isInit 标志,然后才能使用链码中的其他函数与分类账进行交互。

查询指定的链码定义是否被相关的组织批准,可以使用 checkcommitreadiness 命令,命令如下:

```
$ peer lifecycle chaincode checkcommitreadiness -- channelID mychannel -- name basic
-- version 1.0 -- sequence 1 -- output json
```

命令执行后会在终端中返回一个 JSON 字符串,在该 JSON 串中描述了当前指定的链码定义被哪些组织批准,哪些组织还未批准的信息。

组织管理员为所属组织批准指定的链码定义。链码定义的其他字段包括链码名称、版本号和背书策略。如果提交的交易提案需要两个组织使用链码来进行背书交易,则两个组织同意的链码定义都需要相同的 PackageID,如图 6-3 所示。

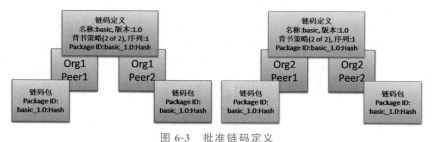

图 6-3　批准链码定义

4）提交链码定义至通道

一旦通道上需要的足够数量的组织同意了链码定义,则必须将该链码定义提交至通道中。提交者首先从已同意组织中的足够的 Peer 节点中收集背书,然后通过提交交易的方式来提交链码定义。

提交交易请求首先发送给通道成员的 Peer 节点,Peer 节点会查询提交的链码定义是否被所属组织同意,如果所属组织已经同意并为该定义进行背书,则交易会提交给排序服务节点,排序服务会将链码定义提交给通道。

链码定义在被成功提交到通道之前,需要检查指定的生命周期的背书策略是否被满足,该策略通过 Channel/Application/LifecycleEndorsement 策略来进行管理,默认情况下,此策略需要通道中的大多数组织必须对提交的交易进行背书。如果不想使用默认的背书策略,则可以使用签名策略(signature policies)指定通道上可以批准链码定义的组织集合。

在链码定义被提交至通道之后,通道、组织、Peer 节点、链码容器及链码包的关系如图 6-4 所示。

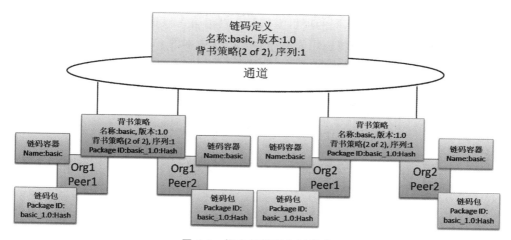

图 6-4 提交链码定义至通道

如图 6-4 所示,basic 链码在通道中被定义以后,Org1 和 Org2 两个组织中的 Peer 节点能够调用链码。每个 Peer 节点上的链码第一次被调用时,首先会启动该 Peer 节点中的链码容器。

链码定义提交至通道中的完整命令如下:

```
$ peer lifecycle chaincode commit -o localhost:7050 --ordererTLSHostnameOverride orderer.
example.com --tls --cafile ${PWD}/organizations/ordererOrganizations/example.com/
orderers/orderer.example.com/msp/tlscacerts/tlsca.example.com-cert.pem --channelID
mychannel --name basic --peerAddresses localhost:7051 --tlsRootCertFiles ${PWD}/
organizations/peerOrganizations/org1.example.com/peers/peer0.org1.example.com/tls/ca.crt
--peerAddresses localhost:9051 --tlsRootCertFiles ${PWD}/organizations/peerOrganizations/
org2.example.com/peers/peer0.org2.example.com/tls/ca.crt --version 1.0 --sequence 1
```

6.2 链 码 开 发

如何对分布式账本中的数据状态进行操作(交易实现),需要专业技术人员根据不同的应用场景及需求开发相关的智能合约来实现。对于智能合约的开发,Hyperledger 根据不同的 Fabric 版本提供两种不同的 API 实现。

(1)支持 Hyperledger Fabric v1.4 及兼容 v1.4 以下版本,Hyperledger 官方推荐开发人员使用 Fabric Chaincode Shim 针对多种不同开发语言的相关 API,以便实现对智能合约的开发。支持对应编程语言的 API 有以下 3 种。①fabric-chaincode-go;②fabric-chaincode-node;③fabric-chaincode-java。

(2)只支持 Hyperledger Fabric v2.x 及以上版本的 SDK,提供了支持 Golang 的高级别 Fabric Contract 相关 API(不再兼容 Hyperledger Fabric v1.4x 版本),目前只支持 Golang:fabric-contract-api-go。

智能合约开发,可以根据不同的项目需求及开发语言可以选择 Java、Golang 或 NodeJS 来实现,在后面的示例中,我们将使用能够兼容 v1.4x 版本的 Fabric Chaincode Shim Go 进行智能合约的开发,所以开发人员可以将 Hyperledger Fabric Chaincode Go 及 fabric-protos-go 包下载至本地系统。下载命令如下:

```
$ go get - u https://github.com/hyperledger/fabric - chaincode - go
$ go get - u https://github.com/hyperledger/fabric - protos - go
```

6.2.1 接口介绍

将 Fabric Chaincode Go 下载至本地系统之后,可以直接打开 github. com/hyperledger/fabric-chaincode-go/shim 查看相关的源代码(也可以直接参考对 fabric-chaincode-go 接口的在线说明文档)。

从该说明文档中可以看到,Fabric Chaincode Shim Go 提供的 API 可以分为 4 个部分。

(1)Constants:主要定义了一些全局常量值,如请求处理成功或失败后返回的状态码值。

(2)Variables:此部分暂时为空。

(3)Functions:定义的函数。如请求处理成功或失败后返回的信息内容。

(4)Types:主要定义相关的接口、结构体等,实现客户端提交的交易请求与响应,以及对账本数据状态的操作等。

在 Types 中,有一个很重要的接口 ChaincodeStubInterface,该接口提供智能合约开发所需的相应 API,API 根据实现的功能不同可以分为以下 5 种类型。

(1)参数解析 API:调用链码时需要给被调用的目标函数/方法传递指定的参数,与参数解析相关的 API 提供了获取这些参数(包含被调用的目标函数/方法名称)的方法。

(2)账本数据状态操作 API:该类型的 API 提供了对账本数据状态进行操作的一系列

方法,包括对状态数据的查询及事务处理等。

（3）交易信息相关 API：获取提交的交易信息的相关 API。

（4）事件处理 API：与事件处理相关的 API。

（5）PrivateData 操作 API：Hyperledger Fabric 在 v1.2.0 版本中新增的对私有数据操作的相关 API。

下面我们介绍每一种类型相对应的 API 的定义及调用时所需相关参数的含义。

1）参数解析相关 API

（1）GetArgs() []byte：返回调用链码时在交易提案中指定提供的被调用的函数及参数列表。

（2）GetArgsSlice()([]byte,error)：返回调用链码时在交易提案中提供的参数列表。

（3）GetFunctionAndParameters()(string,[]string)：返回调用链码时在交易提案中提供的被调用的函数名称及其参数列表。

（4）GetStringArgs() []string：返回调用链码时提供的参数列表。

在实际开发中,获取被调用函数及参数列表常用的 API 一般为：GetFunctionAndParameters() 或 GetStringArgs()。

2）账本数据状态操作 API

（1）GetState(key string)([]byte,error)：根据指定的 key 查询相应的数据状态。

（2）PutState(key string, value []byte)error：将指定的 key 及对应的 value 保存在分类账本中。

（3）DelState(key string) error()：根据指定的 key 将对应的数据状态删除。

（4）GetStateByRange(startKey, endKey string)(StateQueryIteratorInterface, error)：根据指定的开始及结束 key,查询该范围内的所有数据状态。

注意：结束 key 对应的数据状态不包含在返回的结果集中。

（5）GetHistoryForKey(key string)(HistoryQueryIteratorInterface, error)：根据指定的 key 从分类账本中查询所有的历史记录信息。

（6）CreateCompositeKey(objectType string, attributes []string)(string,error)：创建一个复合键,方便后期可以根据指定的复合键进行账本数据的查询。

（7）SplitCompositeKey(compositeKey string)(string, []string, error)：将指定的复合键进行分割。

（8）GetQueryResult(query string)(StateQueryIteratorInterface, error)：对(支持富查询功能)状态数据库进行富查询,目前支持富查询的状态数据库只有 CouchDB。

3）交易信息相关 API

（1）GetTxID() string：返回交易提案中指定的交易 ID。

（2）GetChannelID() string：返回交易提案中指定的 Channel ID。

（3）GetTxTimestamp()(* timestamp. Timestamp, error)：返回交易创建的时间戳,这个时间戳是 Peer 节点接收到交易的具体时间。

（4）GetBinding()([]byte, error)：返回交易的绑定信息,如一些瞬态字段中存储的数据,以避免重复性攻击。

（5）GetSignedProposal()(∗pb.SignedProposal,error)：返回与交易提案相关的签名身份信息。

（6）GetCreator()([]byte,error)：返回该交易提交者的身份信息。

（7）GetTransient()(map[string][]byte,error)：返回"ChaincodeProposalPayload. Transient"字段,在交易中不会被写至账本中的一些临时信息(如与加密相关的信息)。

（8）InvokeChaincode(chaincodeName string, args [][]byte, channel string) pb. Response：使用相同的事务上下文在本地调用指定的链码；即在当前链码中调用指定的链码。该调用根据链码分为两种情况。

① 如果被调用的链码在同一通道中,则被调用链码的读集和写集会添加到调用事务中。

② 如果被调用的链码不在同一通道中,则只向调用链码返回 Response,来自被调用链码的任何 PutState 调用都不会对对应的分类账本产生任何影响；也就是说,不同通道上的被调用链码不会将其读集和写集应用于事务,只是一个查询实现,不参与后续提交阶段的状态验证检查。

4）事件处理 API

SetEvent(name string,payload []byte) error：设置事件,包括事件名称及内容。

5）对 PrivateData 操作的 API

（1）GetPrivateData(collection,key string)([]byte,error)：根据指定的 key,从指定的私有数据集中查询对应的私有数据。

（2）PutPrivateData(collection string,key string,value []byte) error：将指定的 key 与 value 保存到私有数据集中。

（3）DelPrivateData(collection,key string) error：根据指定的 key,从私有数据集中删除相应的数据。

（4）GetPrivateDataByRange(collection,startKey,endKey string)(StateQueryIteratorInterface, error)：根据指定的开始与结束 key 查询指定范围(不包含结束 key)内的私有数据。

（5）GetPrivateDataByPartialCompositeKey (collection, objectType string, keys [] string)(StateQueryIteratorInterface,error)：根据给定的部分组合键的集合,查询给定的私有状态。

（6）GetPrivateDataQueryResult(collection,query string)(StateQueryIteratorInterface,error)：根据指定的查询字符串执行富查询(只针对支持富查询的 CouchDB)。

在 Fabric Chaincode Go 的 Types 中还有另外一个重要的 Chaincode 接口,该接口中只包含 Init 与 Invoke 两个函数,源代码如下：

```
type Chaincode interface {
    // 建立链代码容器后,在实例化事务期间自动调用此 Init,实现初始化其内部数据
    Init(stub ChaincodeStubInterface) pb.Response
    // 更新或查询方案交易中的分类账. 在提交交易之前,更新后的状态变量不会提交到分类账中
    Invoke(stub ChaincodeStubInterface) pb.Response
}
```

Hyperledger Fabric 通过调用 Invoke 函数,然后根据接收到的不同请求,调用由用户指定的函数来实现对请求事务的处理。

(1) Init:在链码实例化或升级时被调用,完成初始化数据状态的工作。从 v2.x 版本开始,初始化工作可以在链码生命周期中的批准链码定义这一步骤中指定完成。

(2) invoke:更新或查询交易提案中的分类账本数据状态时,Invoke 函数被调用,因此响应调用或查询的业务实现逻辑都需要在此函数中编写实现。

在实际开发中,开发人员可以自行定义一个结构体,然后重写 Chaincode 接口的两个函数,并将上述两个函数指定为自定义结构体的成员;具体可参考 6.2.2 小节的内容。

6.2.2 链码源码文件结构

fabric-chaincode-go/shim 包为链码提供了用来访问/操作数据状态和调用其他链代码的相关核心 API;而 fabric-protos-go/peer 包则提供了链码执行后的响应信息。所以开发链码需要引入以下两个核心依赖包。

1) github.com/hyperledger/fabric-chaincode-go/shim

(1) shim 包是一个提供了链码与账本交互的中间层。

(2) 链码通过 shim.ChaincodeStub 提供的相应 API 函数实现对账本状态的读取和修改。

2) github.com/hyperledger/fabric-protos-go/peer

链码被调用执行之后通过 peer 包中的 Response 来封装执行后的结果,然后将响应信息返回至客户端。

一个使用低版本 API 开发的链码源码文件的必要结构如下:

```
package main                          // 链码文件的 package 必须声明为 main
import(                               // 引入必要的包
    "fmt"
    "github.com/hyperledger/fabric-chaincode-go/shim"
    "github.com/hyperledger/fabric-protos-go/peer"
)
type SimpleChaincode struct { }       // 声明一个空的结构体
// 为结构体添加 Init 方法
func (t * SimpleChaincode) Init(stub shim.ChaincodeStubInterface) peer.Response{
    // 在该方法中实现链码初始化或升级时的处理逻辑
    // 编写时可灵活调用 stub 中的相关 API 实现对账本数据的初始化工作
}
// 为结构体添加 Invoke 方法
func (t * SimpleChaincode) Invoke(stub shim.ChaincodeStubInterface) peer.Response{
    // 在该方法中实现链码运行中被调用或查询时的处理逻辑
    // 编写时可灵活调用 stub 中的相关 API,以实现对账本状态数据的操作
}
func main() {                         // 链码主函数,需要调用 shim.Start(Chaincode)方法
    err := shim.Start(new(SimpleChaincode))  // 启动链码
    if err != nil{
        fmt.Printf("Error starting Simple chaincode: % s", err)
    }
}
```

在该链码的源码结构中,因为链码是一个可独立运行的应用,所以第一行 package 后面的包名必须指定为 main,并且提供相应的 main 函数作为应用程序的入口。

6.2.3　开发示例之 HelloWorld

在 6.2.1 小节和 6.2.2 小节我们已经接触了与链码开发相关的 API 及必要源码结构,下面我们根据已掌握的链码知识使用 Fabric Chaincode Shim Go API(低版本兼容 Fabric v1.4 版本)实现一个简单的链码应用示例。该链码的实现需求较为简单:链码在实例化时向账本中存储一个初始数据,key 为 Hello,value 为 World,然后用户发出数据查询请求,可以根据指定的 key 查询到相应的 value。具体实现步骤如下。

1)创建目录

链码作为一个独立的应用程序,必须创建一个目录。使用命令如下:

```
$ cd ~/fabric/fabric - samples/test - network/
$ sudo mkdir hello && cd hello
```

2)创建一个用于编写链码的源文件并进行编辑

命令如下:

```
$ touch hello.go
$ go mod init hello
$ vim hello.go
```

提示:为了方便管理应用程序依赖的扩展包,推荐使用 GOMODULE。如果未开启 GOMODULE,则可以使用 GOMODULE=on 命令开启。

3)导入所需的依赖包

在链码源码文件中导入链码需要依赖的 shim 包和 peer protobuf 包,然后自定义一个名称为 HelloChaincode 的结构体,作为 Chaincode shim 方法的接收者。具体代码如下:

```
package main
import (
    "fmt"
    "github.com/hyperledger/fabric - chaincode - go/shim"
    "github.com/hyperledger/fabric - protos - go/peer"
)
type HelloChaincode struct {    }
```

4)实现 Chaincode 接口

实现 Chaincode 接口必须重写 Init 与 Invoke 两个方法。

(1)Init 函数:初始化数据状态,逻辑步骤如下。

① 通过调用 ChaincodeStubInterface. GetStringArgs 方法或者 ChaincodeStubInterface. GetFunctionAndParameters 方法获取接收到的参数信息,并检查其合法性。在此示例中我们获取参数并判断参数长度是否为 2。

② 调用 ChaincodeStubInterface.PutState 函数将指定的数据状态写入账本中。

③ 如果存储数据状态时发生错误,则自定义并返回相应的错误信息。

④ 如果调用正常,说明初始化成功,则打印输出提示信息。

⑤ 返回成功。

具体实现代码如下:

```
// 实例化/升级链码时被自动调用,且只被执行一次
func (t * HelloChaincode) Init(stub shim.ChaincodeStubInterface) peer.Response {
    fmt.Println("开始实例化链码……")
    _, args := stub.GetFunctionAndParameters()     // 获取参数
    args[0] = "Hello"     // 直接指定第一个参数(方便测试不需要由客户端传递)
    args[1] = "World"                               // 直接指定第二个参数
    if len(args) != 2 {return shim.Error("指定了错误的参数个数") }
    fmt.Println("将数据状态保存至分类账本中……")
    // 通过调用 PutState 方法将数据状态保存在账本中
    err := stub.PutState(args[0],[]byte(args[1]))
    if err != nil { return shim.Error("保存数据状态时发生错误……") }
    fmt.Println("实例化链码成功")
    return shim.Success(nil)
}
```

📝 注意:链码升级的时候也需要调用此 Init 方法。当升级一个已存在的链码时,必须根据具体的需求确保合理地更改 Init 方法。但是,当链码升级时没有"迁移"或者没有实际数据需要进行初始化时,可以提供一个空的 Init 方法。

(2)Invoke 函数逻辑步骤说明如下。

① 首先通过调用 ChaincodeStubInterface.GetFunctionAndParameters 方法获取接收到的函数名称以及参数。

② 判断用户意图。对获取到的函数名称逐一进行判断,判断它们是否与应用程序提供的功能一致。如果获取到的函数名称与定义实现某一功能的函数名称相同,则直接调用该函数实现用户意图。

③ 如果判断完毕,没有符合的实现功能,则直接返回错误信息。

具体实现代码如下:

```
func (t * HelloChaincode) Invoke(stub shim.ChaincodeStubInterface) peer.Response {
    // 每次对账本数据进行操作时被自动调用(query,invoke)
    // 获取调用链码时客户端传递的参数内容(包括需要调用的函数名及参数)
    funNamw, args := stub.GetFunctionAndParameters()
    if funName == "query"{ // 根据用户传递的函数名称,明确用户意图
        return query(stub, args)
    }
    return shim.Error("非法操作,指定的功能不能实现!")
}
```

(3)实现自定义查询函数,根据指定的 key 查询对应的数据状态。

① 与 Init 函数相同,首先调用 ChaincodeStubInterface. GetFunctionAndParameters 方法获取接收到的参数,然后判断获取参数长度(参数个数)是否为 1。

② 利用获取到的第 1 个参数调用 ChaincodeStubInterface. GetState 方法查询分类账本以获取对应数据状态。

③ 判断返回的 err 是否为空,如果不为空则返回错误信息。

④ 判断返回的查询结果是否为空,如果结果为空则返回错误信息(未查询到对应的数据状态)。

⑤ 最后通过 shim. Success 将查询到的结果返回。

函数名称自定义为 query,主要通过调用 ChaincodeStubInterface. GetState 函数实现对账本中数据状态的查询。具体实现如下:

```
func query(stub shim.ChaincodeStubInterface, args []string) peer.Response {
    if len(args) != 1 {                    // 检查传递的参数个数是否为 1
        return shim.Error("指定的参数错误,按要求必须且只能为指定的 Key")
    }
    // 根据指定的 Key 调用 GetState 方法从账本中查询数据状态
    result, err := stub.GetState(args[0])
    if err != nil{
        return shim.Error("根据指定的 " + args[0] + " 查询数据状态时发生错误")
    }
    if result == nil{
        return shim.Error("根据指定的" + args[0] + "没有查询到相应的数据")
    }
    return shim.Success(result)        // 返回/响应查询结果
}
```

5)实现主函数

主函数的作用是在链码实例化期间通过调用 shim. Start 方法来启动容器中的链代码,具体实现代码如下:

```
func main() {
    err := shim.Start(new(HelloChaincode))        // 启动链码
    if err != nil { fmt.Printf("链码启动失败: %v", err) }
}
```

6)管理链码所需的扩展依赖

使用 Go 语言开发链码除了 Go 标准库外,还需要一些扩展依赖包(如 Chaincode shim),如果所需的扩展依赖包没有被包含在链码中,则安装时会报出错误信息。所以当链码安装到 Peer 节点的时候,这些扩展依赖包的源码必须被包含在开发的链码包中。具体可以使用 go mod vendor 来实现。使用如下命令解决扩展依赖问题。

```
$ go mod tidy
$ go mod vendor
```

如上所示的命令执行后,go mod 会自动在当前链码所在的目录中创建一个名为 vendor 的子目录,链码所有的扩展依赖会被保存至该目录中。当所有的扩展依赖都被保存到链码目录后,链码生命周期管理中的 peer chaincode package 及 peer chaincode install 操作将会把这些依赖一起放入链码包中。

6.2.4 开发示例之简单资产管理

通过 6.2.3 小节的 HelloWorld 示例,我们清楚了 Fabric 智能合约的开发过程及 Fabric Chaincode Shim Go 相关的核心 API。下面我们再通过一个资产管理示例来巩固一下链码的整个开发过程。该链码能够让用户在分类账本上创建资产,并通过指定的函数实现对资产的修改与查询功能。

1)创建目录

为链码应用程序创建一个名为 testasset 的项目目录,使用命令如下:

```
$ cd ~/fabric/fabric - samples/test - network/
$ mkdir testasset && cd testasset
```

2)新建并编辑源代码文件

在当前目录中新建一个文件名为 testasset.go 的源码文件,并使用 vi 工具进行编辑,用于编写 Go 代码。

```
$ touch testasset.go
$ go mod init
$ vim testasset.go
```

3)导入链码依赖包

在源码文件中,首先导入链码所需的扩展依赖并明确定义一个相应的结构体,命令如下:

```
package main
import (
    "github.com/hyperledger/fabric - chaincode - go/shim"
    "github.com/hyperledger/fabric - protos - go/peer"
    "fmt"
)
type AssetChaincode struct { }
```

4)实现 Chaincode 接口中的 Init 与 Invoke 函数

(1) Init 函数:用于将初始化的数据状态存储至分类账本中,逻辑步骤如下。

① 获取参数:使用 GetStringArgs 函数获取客户端调用链码时的所需参数信息。

② 检查合法性:检查参数的数量是否为 2 个,如果不是,则直接返回错误信息。

③ 将两个参数作为 key 及对应的 value,通过调用 ChaincodeStubInterface.PutState 函数将其写入分类账本中,如果在写入过程中有错误则返回相应的错误信息,否则调用 shim.Success(nil)返回成功。具体实现代码如下:

```
func (t * AssetChaincode) Init(stub shim.ChaincodeStubInterface) peer.Response {
// 初始化账本数据
    args : = stub.GetStringArgs()
    args[0] = "jack"        // 测试时无须由客户端传递参数,直接在此赋初始值
    args[1] = "1000"
```

```
        if len(args) != 2{
            return shim.Error("非法参数:参数只能为 2 个,分别代表名称与状态值。")
        }
        err := stub.PutState(args[0],[]byte(args[1]))
    if err != nil{ return shim.Error("创建资产失败:在保存数据状态时出现错误!") }
        return shim.Success(nil)
    }
```

（2）Invoke 函数具体实现的逻辑步骤说明如下。

首先通过调用 stub.GetFunctionAdnParameters()函数获取用户传递给智能合约应用的函数名称及参数,然后通过流程控制语句验证函数名称是否与指定的名称相同,并调用对应的函数,最后通过 shim.Success 或 shim.Error 函数返回成功或错误的响应信息。具体步骤如下。

① 获取函数名与参数信息。

② 定义一个字符串类型的变量,变量名称为:result。

③ 对获取到的参数名称进行判断,如果名称为 set,则调用自定义的 set 函数,反之调用 get 函数。

④ 自定义的 set/get 函数返回两个值,分别为 result、error。

⑤ 如果 err 不为空则返回错误信息,如 shim.Error(err.Error())。

⑥ 如果 err 为空则返回执行结果的封装信息(将字符串类型转换为字节数组类型),如 shim.Success([]byte(result))。

具体实现代码如下:

```
func (t * AssetChaincode) Invoke(stub shim.ChaincodeStubInterface) peer.Response {
    fun, args := stub.GetFunctionAndParameters() // 获取传递的函数名称及参数
    var result string
    var err error
    if fun == "set"{                              // 判断用户提交的操作意图
        result, err = set(stub, args)
    }else{ result, err = get(stub, args) }
    if err != nil{ return shim.Error(err.Error()) }
    return shim.Success([]byte(result))
}
```

5）实现具体业务功能的函数

链码应用程序实现了两个可以通过 Invoke 函数调用的分支函数(set/get)。为了访问分类账本中的数据状态,使用到了 chaincode shim API 的 ChaincodeStubInterface.PutState 和 ChaincodeStubInterface.GetState 函数来实现对数据状态的写入和查询功能。

（1）实现 set 函数:主要功能是能够对分类账本中的资产信息进行修改。逻辑步骤如下。

① 检查参数个数是否为 2。

② 如果参数合法,则调用 ChaincodeStubInterface.PutState 函数将数据状态写入分类账本中。

③ 如果写入成功,则返回要写入的数据状态,失败则返回错误:fmt.Errorf("...")。

具体实现代码如下：

```
func set(stub shim.ChaincodeStubInterface, args []string)(string, error){
    if len(args) != 2{
        return "", fmt.Errorf("非法参数:给定的参数个数不符合要求")
    }
    err := stub.PutState(args[0], []byte(args[1]))
    if err != nil{ return "", fmt.Errorf(err.Error()) }
    return string(args[0]), nil
}
```

（2）实现 get 函数：主要功能是根据指定的 key 从分类账本中查询相应的资产信息。逻辑步骤如下。

① 接收参数并判断个数是否为 1 个。

② 调用 ChaincodeStubInterface.GetState 函数返回并接收两个返回值（value、error）。

③ 判断 error 及 value 是否为空，如果返回的 value 值为空或 error 不为空，则 return ""，fmt.Errorf("...")。

④ 否则返回 return string(value)，nil。

具体实现代码如下：

```
func get(stub shim.ChaincodeStubInterface, args []string)(string, error){
if len(args) != 1{ return "", fmt.Errorf("给定的参数个数不符合要求") }
    result, err := stub.GetState(args[0])
if err != nil{ return "", fmt.Errorf("获取数据状态发生错误") }
    if result == nil{
        return "", fmt.Errorf("根据 %s 没有获取到相应的数据", args[0])
    }
    return string(result), nil
}
```

6）编写主函数

声明主函数，在主函数中调用 shim.Start 方法启动链码，如果在启动期间发生错误，则输出错误信息。

```
func main(){
    err := shim.Start(new(AssetChaincode))
    if err != nil{ fmt.Printf("启动 AssetChaincode 时发生错误: %s", err) }
}
```

7）管理扩展依赖

执行 go mod tidy 与 go mod vendor 两个命令来解决扩展依赖问题。

6.3　Fabric Contract API 及部署测试

6.3.1　使用 fabric-contract-api-go

在 6.2 节中我们向大家介绍的是能够兼容 Hyperledger Fabric v1.4.x 版本的智能合

约开发所需相关 API。如果在实际环境中使用的是 Hyperledger Fabric v2. x 版本并且不考虑兼容性,开发人员可以需要使用高版本的 Fabric Contract API 来开发智能合约。

Fabric Contract API 与 Fabric Chaincode Shim API 的区别主要有以下几点。

(1) Fabric Chaincode Shim API 是面向底层的 API,而 Fabric Contract API 是对 Fabric Chaincode Shim 进行封装而产生的新 API,主要使开发人员能够关注智能合约的业务逻辑,无须考虑底层实现。

(2) 开发智能合约时导入的扩展依赖包不同。

① FabricChaincode Shim API 使用两个包。

- "github. com/hyperledger/fabric-chaincode-go/shim"。
- "github. com/hyperledger/fabric-protos-go/peer"。

② Fabric Contract API 使用包: " github. com/hyperledger/fabric-contract-api-go/ contractapi"。

(3) Fabric Contract API 中不再要求必须重写 Init 及 Invoke 两个方法。

(4) Fabric Chaincode Shim API 中只能返回 peer. Response 类型。Fabric Contract API 中可以返回任意的数据类型。

(5) Fabric Contract API 客户端调用(invoke)时参数的传递更为明确且更易于理解。

① FabricChaincode Shim API:-c '{"Args":["被调用的函数名称","参数 1","参数 2","参数 N"]}'。

② Fabric Contract API:-c '{"function":"被调用的函数名称","Args":["参数 1", "参数 2","参数 N"]}'。

当使用 Fabric Contract API 开发智能合约时,调用的每个链码函数都会传递一个事务上下文"ctx"(contractapi. TransactionContextInterface),从中可以获得 Chaincode stub(通过调用 GetStub()获取),该 stub 具有访问账本的函数(如 GetState(key string))和更新账本的请求(如 PutState(key string,value []byte)。详细信息可以通过查看 Fabric Contract API 的在线说明文档进行了解。在实际开发中常用的主要 API 如下。

(1) type Contract struct:Contract 结构体定义了设置和获取 Transaction 之前、之后及未知事务和名称的功能。在实际开发中,可以将其声明在自定义的结构体中,以确保其定义符合 ContractInterface。

(2) func NewChaincode(contracts ... ContractInterface)(* ContractChaincode, error):NewChaincode 使用传递的合约创建一个新的链码,并由该函数解析每个传递的函数。

(3) type TransactionContextInterface interface:TransactionContextInterface 中定义了与 TransactionContext 相关的接口。该接口中包含有两个函数。

① GetStub() shim. ChaincodeStubInterface:可以通过此函数实现对账本数据的访问及操作。

② GetClientIdentity() cid. ClientIdentity:提供访问 Init/Invoke 设置的客户端标识。

在 6.2 节的两个示例中我们使用了 Fabric Chaincode Shim API 开发智能合约,接下来为了方便读者熟悉并使用 Fabric Contract API,我们将 6.2 节中的简单资产管理链码示例使用 Fabric Contract API 来进行改造开发。

（1）创建目录。为链码应用程序创建一个名为 contractAsset 的项目目录，使用以下命令实现。

```
$ cd ~/fabric/fabric-samples/test-network/
$ mkdir contractAsset && cd contractAsset
```

（2）新建并编辑源代码文件。在当前目录中新建一个文件名为 contractAsset.go 的源码文件，并使用 vi 工具进行编辑，用于编写 Go 代码。

```
$ touch contractAsset.go
$ go mod init contractAsset
$ vim contractAsset.go
```

（3）导入链码依赖包。在源码文件中，首先导入链码所需的扩展依赖并定义一个相应的名为 AssetContract 的结构体，并且在该结构体中必须声明一个匿名成员 contractapi.Contract，命令如下：

```
package main
type AssetContract struct { contractapi.Contract }
type Asset struct {
    ID string `json:"ID"`
    Balance int `json:"Balance"`
}
```

（4）初始化链码

自定义一个 InitAsset 方法：用于初始化数据状态至分布式账本中，逻辑步骤如下。
① 定义需要初始化的数据。
② 使用 for range 循环将指定的 asset 对象依次通过 contractapi.TransactionContextInterface.GetStub().PutState(key,value)写入账本中。
③ 如果在写入过程中有错误则返回定义的错误信息，否则直接返回 nil。
具体实现代码如下：

```
func (t *AssetContract) InitAsset(ctx contractapi.TransactionContextInterface) error {
  assets := []Asset{   // 测试时无须由客户端传递参数，直接在此赋初始值
    {ID:"jack", Balance:1000}, {ID:"alice", Balance:500},
  }
  for _, asset := range assets {
    result, err := json.Marshal(asset)          // 序列化
    if err != nil { return err }
    err = ctx.GetStub().PutState(asset.ID, result)
  if err != nil {return fmt.Errorf("创建资产失败:在保存数据状态时出现错误!")}}
  return nil
}
```

（5）实现 SetAsset 函数：主要功能是能够对分类账本中的资产信息进行修改，逻辑步骤如下。
① 将接收到的参数序列化成为 Asset 对象。

② 调用 contractapi. TransactionContextInterface. GetStub(). PutState 函数将数据状态写入分类账本中。

③ 如果写入成功,则返回 nil,如果失败则返回错误对象。

具体实现代码如下:

```
func (t * AssetContract) SetAsset(ctx contractapi.TransactionContextInterface, id string,
balance int) error {
    asset := Asset{ ID: id,  Balance: balance, }
    result, err := json.Marshal(asset)
    if err != nil { return err }
    return ctx.GetStub().PutState(id, result)
}
```

(6) 实现 GetAsset 函数:主要功能是根据指定的 key 从分类账本中查询相应的资产信息,逻辑步骤如下。

① 通过接收到的参数调用 contractapi. TransactionContextInterface. GetStub(). GetState 函数在账本中查询指定的数据状态。

② 判断返回的 err 及 value 是否为空,如果返回的 value 值为空或 err 不为空,则 return nil, fmt. Errorf("...")。

③ 否则将查询结果进行反序列化,之后返回 return &asset, nil。

具体实现代码如下:

```
func (t * AssetContract) GetAsset(ctx contractapi.TransactionContextInterface, id string)( *
Asset, error){
    result, err := ctx.GetStub().GetState(id)
    if err != nil {
        return nil, fmt.Errorf("根据指定的 key 获取数据状态时发生错误: %v", err)
    }
    if result == nil {return nil, fmt.Errorf("根据 %s 没有获取到相应的数据", id)}
    var asset Asset
    err = json.Unmarshal(result, &asset)    // 反序列化
    if err != nil { return nil, err }
    return &asset, nil
}
```

(7) 编写主函数。声明主函数,在主函数中首先通过调用 contractapi. NewChaincode 函数创建一个新的链码,最后调用 assetChaincode. Start 方法来启动链码,如果在创建或启动期间发生错误,则输出相应的错误信息。

```
func main(){
    assetChaincode, err := contractapi.NewChaincode(&AssetContract{})
    if err != nil {
        log.Panicf("Error creating asset－transfer－basic chaincode: %v", err)
    }
    if err := assetChaincode.Start(); err != nil {
        log.Panicf("Error starting asset－transfer－basic chaincode: %v", err)
    }
}
```

（8）管理扩展依赖。执行 go mod tidy 与 go mod vendor 两个命令来解决扩展依赖。

6.3.2　链码部署及测试

智能合约开发完成之后，需要将其部署至相应的网络中，才能够实现客户端通过调用智能合约来与区块链账本进行交互。在 Hyperledger Fabric 中，智能合约被部署在一个称为链码的包中，然后将链码包安装在已成功加入通道并需要对交易进行验证或分类账本数据操作的 Peer 节点中。安装完成后，通道成员可以将链码部署至通道，然后就可以通过客户端调用链码，从而实现对通道中的分类账本中的数据状态进行操作的目的。

在部署链码时，Fabric 使用链码生命周期中的一系列步骤将指定的链码部署到通道中。在应用/客户端发起提交请求之前必须指定哪些组织可以调用链码达成一致。比如，可以指定哪些组织需要调用链码来对提交的交易请求进行验证，这个过程需要链码生命周期指定通道中的哪些成员必须对提交的交易请求进行背书。

下面，我们使用 Fabric 生命周期中的相关命令一步一步实现将指定的链码部署至测试或生产网络的应用通道中。

注意：Hyperledger Fabric v2.0 版本中引入了新的链码生命周期。如果想使用旧的生命周期来安装和实例化链码，可以选择 Hyperledger Fabric 的 v1.4 版本。

---

1. 创建测试网络

Hyperledger Fabric 从 v2.0.0 版本开始，删除了 chaincode-docker-devmode 文件夹，即取消了开发模式下的测试功能。如果需要使用开发模式，可以使用 Fabric v1.4 版本。

为了便于快速进行测试，我们使用 fabric-samples/test-network/ 目录下的一个自动化脚本文件 network.sh 来实现。利用该脚本文件使用相关的命令能够自动实现以下功能。

（1）创建联盟。

（2）创建 Fabric 网络所需的配置文件。

（3）启动网络。

（4）创建通道。

（5）加入通道。

具体步骤如下。

（1）执行如下命令进入 test-network 目录。

```
$ cd ~/fabric/fabric - samples/test - network/
```

（2）清空所有的网络信息。

为了防止其他正在运行的 Fabric 网络信息对本次测试造成影响，我们会从最初始的状态进行操作。首先使用 network.sh 脚本的 down 命令关闭并删除所有正在处于活动状态或已经过时（关闭）的 Docker 容器，并删除以前生成的所有联盟包含的组织信息与相关的配置文件。具体命令如下：

```
$ ./network.sh down
```

（3）利用 up 及 createChannel 命令启动网络并创建应用通道。

网络环境清空之后,我们需要创建新的 Fabric 网络所需的各种信息,如联盟信息和所需的相关配置文件,然后启动 Fabric 网络并创建通道,最后该脚本会自动将联盟中的组织加入已创建的通道中。具体命令如下:

```
$ ./network.sh up createChannel
```

网络成功启动并将组织加入通道中之后,如果执行的过程没有任何产生错误,就可以利用链码生命周期过程的相关命令将指定的链码部署在 Fabric 网络的通道中。

2. 链码部署

1）指定二进制工具及所需配置信息文件

将 peer 二进制工具所在目录路径及 core. yaml 所在目录定义为环境变量。

```
$ export PATH = $ {PWD}/../bin: $ PATH
$ export FABRIC_CFG_PATH = $ {PWD}/../config/
```

2）打包智能合约

接下来需要确定所使用的 Peer CLI,检查该二进制工具的版本。要求所使用的二进制工具版本必须大于 v2.0.0 版本才符合条件。

```
$ peer version
```

从终端中输出的如下信息中可以看出,版本完全符合要求。

```
peer:
  Version: 2.2.9
  Commit SHA: 5305a89
  Go version: go1.18.7
  OS/Arch: linux/amd64
...
```

二进制工具版本检查完毕,可以使用链码生命周期的 package 命令将指定的智能合约打包成为链码包。执行命令如下所示。

```
$ peer lifecycle chaincode package testasset.tar.gz -- path ./contractAsset/ -- lang golang
-- label testasset_1.0
```

命令执行后将在当前目录中创建一个名为 testasset. tar. gz 的压缩包。该命令各选项所代表的具体含义如下。

（1）--path：path 选项提供智能合约源代码的所在路径。路径必须是完全限定的绝对路径或针对当前工作目录的相对路径。

（2）--lang：lang 选项用于指定智能合约所使用的编程开发语言。

（3）--label：label 选项用于指定一个链码标签,该标签将在安装后对链码包进行标识。建议所指定的标签名称中包含链码名称与版本号。

此步骤表示将智能合约打包成为一个链码包,接下来可以在 Fabric 测试网络所需的 Peer 节点中安装该链码包。

3)安装链码

将智能合约打包成为链码后,需要将该链码安装在相应的 Peer 节点中。根据背书策略,默认设置为需要 Org1 和 Org2 的背书,所以需要在这两个组织所属的 Peer 节点中安装指定的链码。

首先在 Org1 组织的 Peer 节点中安装链码。为了方便操作,使用 export 命令设置 CORE_PEER_ADDRESS 环境变量为指向 Org1 的 peer0.org1.example.com 节点,并设置如下的环境变量作为 Org1 管理员用户来操作 Peer CLI。

```
$ export CORE_PEER_TLS_ENABLED = true
$ export CORE_PEER_LOCALMSPID = "Org1MSP"
$ export CORE_PEER_TLS_ROOTCERT_FILE = ${PWD}/organizations/peerOrganizations/org1.
example.com/peers/peer0.org1.example.com/tls/ca.crt
$ export CORE_PEER_MSPCONFIGPATH = ${PWD}/organizations/peerOrganizations/org1.example.
com/users/Admin@org1.example.com/msp
$ export CORE_PEER_ADDRESS = localhost:7051
```

然后使用链码生命周期的安装命令在 peer0.org1.example.com 节点中实现链码的安装。

```
$ peer lifecycle chaincode install testasset.tar.gz
```

命令执行成功,返回链码包的相关信息如下:

```
[cli.lifecycle.chaincode] submitInstallProposal -> INFO 001 Installed remotely: response:< status:
200 payload:"\nNtestasset_1.0:07e97a4ca15ed855c4db6b546b4f8efe291b4b9817ec2f42813db5ed9d93296f
\022\rtestasset_1.0" >
[cli.lifecycle.chaincode] submitInstallProposal -> INFO 002 Chaincode code package
identifier: testasset_1.0:
07e97a4ca15ed855c4db6b546b4f8efe291b4b9817ec2f42813db5ed9d93296f
```

因为默认的背书策略要求每一个交易必须由 Org1 与 Org2 两个组织进行背书,上一步在 Org1 组织中的 peer0.org1.example.com 节点中安装了链码,所以现在需要切换为 Org2 组织的 Peer 节点。执行如下的命令设置 Org2 组织管理员身份的环境变量,并且指定 Org2 组织中的 peer0.org2.example.com 节点为目标。

```
$ export CORE_PEER_LOCALMSPID = "Org2MSP"
$ export CORE_PEER_TLS_ROOTCERT_FILE = ${PWD}/organizations/peerOrganizations/org2.
example.com/peers/peer0.org2.example.com/tls/ca.crt
$ export CORE_PEER_MSPCONFIGPATH = ${PWD}/organizations/peerOrganizations/org2.example.
com/users/Admin@org2.example.com/msp
$ export CORE_PEER_ADDRESS = localhost:9051
```

再次执行链码生命周期的安装命令。

```
$ peer lifecyclechaincode install testasset.tar.gz
```

4)链码审批

链码包在其所需的 Peer 节点安装完成后,需要组织对链码定义进行的批准。该定义包括对链码进行管理的一些主要参数,如链码名称、链码当前的版本号以及链码的背书策略。

由于能够对链码进行批准的通道成员受 Application/通道/LifecycleEndorsement(详见 5.2.3 小节)的约束。因此,在默认情况下,此策略要求大多数通道成员批准链码才能在通道中使用。因为我们在通道上只有两个组织,即 Org1 和 Org2,所以这两个组织都必须对链码定义进行批准。

如果一个组织中的 Peer 节点已经安装了链码,那么在该组织批准链码定义时必须包含一个 packageID(链码包 ID)。链码包 ID 主要用于将已经安装在 Peer 节点中的链码与经过批准的链码定义相关联,并允许组织使用链码来认可交易。packageID 可以通过使用 peer lifecycle chaincode queryinstalled 来进行查询,命令如下:

```
$ peer lifecycle chaincode queryinstalled
```

packageID 是链码标签与链码二进制文件散列值的一个组合。每个 Peer 节点针对同一个链码包生成的 packageID 都相同(注:如果使用不同的操作用户,则可能生成不同的 packageID)。queryinstalled 查询命令执行后会在终端中输出以下信息。

```
Installed chaincodes on peer:
Package ID: testasset_1.0:07e97a4ca15ed855c4db6b546b4f8efe291b4b9817ec2f42813db5ed9d93296f,
Label: testasset_1.0
```

由于在批准链代码时会使用该 packageID,因此可以将其设置成为一个环境变量。将 queryinstalled 查询命令执行后返回的 packageID 值赋给 CC_PACKAGE_ID 环境变量,命令如下:

```
$ export CC_PACKAGE_ID = testasset_1.0:07e97a4ca15ed855c4db6b546b4f8efe291b4b9817ec2f428
13db5ed9d93296f
```

在上面链码安装的步骤中,由于环境变量已被设置为 Org2 组织管理员的身份以运行 Peer CLI,因此我们可以先使用 Org2 来批准链码定义。链码是在组织级别批准的,因此命令只需要针对组织中的一个 Peer 节点。通过 gossip 将批准分发给该组织内所属的其他的 Peer 节点。批准链码定义使用 peer lifecycle approveformyorg 命令实现,具体如下所示。

```
$ peer lifecycle chaincode approveformyorg - o localhost:7050 -- ordererTLSHostnameOverride
orderer.example.com -- tls -- cafile $ {PWD}/organizations/ordererOrganizations/example.
com/orderers/orderer.example.com/msp/tlscacerts/tlsca.example.com - cert.pem -- channelID
mychannel -- name testasset -- version 1.0 -- package - id $ CC_PACKAGE_ID -- sequence 1
```

链码定义批准的命令必须指定相关的必选项。

(1)--package-id:在链码定义中包含的链码包标识符。

(2)--sequence:sequence 参数是一个整数,主要用于跟踪链码被定义或更新的次数。因为链码是第一次部署到通道中,所以序列号是 1。当执行链码升级时,序列号将增加到 2。

📓注意：如果使用的是旧版本的 Fabric Chaincode Shim API,则可以向上面的命令传递一个--init-required 选项,以请求执行 init 函数来初始化链码。链码的第一次调用需要以 Init 函数为目标并包含--isInit 标志,初始化之后才能使用链码中的其他函数与分类账本交互。

Org2 组织批准链码定义之后,需要将身份切换为 Org1 组织的管理员,用于使用 Org1 来批准链码定义。首先设置以下的环境变量,使其切换为 Org1 组织管理员。

```
$ export CORE_PEER_LOCALMSPID = "Org1MSP"
$ export CORE_PEER_MSPCONFIGPATH = ${PWD}/organizations/peerOrganizations/org1.example.
com/users/Admin@org1.example.com/msp
$ export CORE_PEER_TLS_ROOTCERT_FILE = ${PWD}/organizations/peerOrganizations/org1.
example.com/peers/peer0.org1.example.com/tls/ca.crt
$ export CORE_PEER_ADDRESS = localhost:7051
```

身份切换完成之后,使用 Org1 组织管理员的身份来批准链码定义,执行以下命令。

```
$ peer lifecycle chaincode approveformyorg - o localhost:7050 -- ordererTLSHostnameOverride
orderer.example.com -- tls -- cafile ${PWD}/organizations/ordererOrganizations/example.
com/orderers/orderer.example.com/msp/tlscacerts/tlsca.example.com - cert.pem -- channelID
mychannel -- name testasset -- version 1.0 -- package - id $CC_PACKAGE_ID -- sequence 1
```

5）提交链码审批至通道

根据默认策略完成对链码定义的批准之后,需要将该链码部署到应用通道中。在部署链码之前,可以使用 peer lifecycle chaincode checkcommitridness 命令来检查通道成员是否根据要求批准了相同的链码定义。checkcommitreadiness 命令所使用的选项与批准组织链码定义所使用的选项相同。但在该命令中不需要包含--package-id 选项,且不需要向 Orderer 节点发送信息,所以也不需要包含-o 选项。具体实现命令如下：

```
$ peer lifecycle chaincode checkcommitreadiness -- channelID mychannel -- name testasset
-- version 1.0 -- sequence 1 -- tls -- cafile "${PWD}/organizations/ordererOrganizations/
example.com/orderers/orderer.example.com/msp/tlscacerts/tlsca.example.com - cert.pem"
-- output json
```

上面用来检查链码定义是否被批准的命令使用了一个--output json 选项将返回的结果生成为一个 JSON 内容的映射信息,主要用于显示通道成员是否批准了 checkcommitreadiness 命令中指定的参数,命令执行后显示的信息如下：

```
{"approvals": {"Org1MSP": true, "Org2MSP": true}}
```

检查完毕,如果两个组织都批准了链码定义,则说明该链码定义已准备好可以提交给应用通道。接下来就可以使用 peer lifecycle chaincode commit 命令将链码定义提交至通道。具体实现命令如下：

```
$ peer lifecycle chaincode commit - o localhost:7050 -- ordererTLSHostnameOverride orderer.
example.com -- tls -- cafile ${PWD}/organizations/ordererOrganizations/example.com/
orderers/orderer.example.com/msp/tlscacerts/tlsca.example.com - cert.pem -- peerAddresses
```

```
localhost:7051 -- tlsRootCertFiles ${PWD}/organizations/peerOrganizations/org1.example.
com/peers/peer0.org1.example.com/tls/ca.crt -- peerAddresses localhost:9051 --
tlsRootCertFiles ${PWD}/organizations/peerOrganizations/org2.example.com/peers/peer0.
org2.example.com/tls/ca.crt -- channelID mychannel -- name testasset -- version 1.0 --
sequence 1
```

为了满足链码部署的策略,需要以足够数量的组织中的 Peer 节点为目标,所以上面的提交命令中使用了--peerAddresses 选项。该选项表示将来自 Org1 组织的 peer0.org1.example.com 节点及来自 Org2 组织的 peer0.org2.example.com 节点作为交易事务的提交目标。

命令中的-o 选项将通道成员中的链码定义背书提交给 Orderer 服务,用于将信息添加至区块中并分发给通道中合法的组织成员。然后通道中的 Peer 节点验证是否有足够数量的组织批准了链码定义。

提交命令执行完成之后,可以继续使用 peer lifecycle chaincode querycommitted 命令来确认链码定义是否已被成功提交至通道中,具体命令如下:

```
$ peer lifecycle chaincode querycommitted -- channelID mychannel -- name testasset -- cafile
${PWD}/organizations/ordererOrganizations/example.com/orderers/orderer.example.com/msp/
tlscacerts/tlsca.example.com-cert.pem
```

如果链码定义被成功提交至通道,将返回链码定义的序列号及版本信息,返回的信息如下:

```
Committed chaincode definition for chaincode 'testasset' on channel 'mychannel':
Version: 1.0, Sequence: 1, Endorsement Plugin: escc, Validation Plugin: vscc, Approvals:
[Org1MSP: true, Org2MSP: true]
```

经过上面的各个步骤,链码已经成功被部署至通道中,该链码可以使用 CLI 调用,也可以通过客户端应用程序调用,来实现对分布式账本数据的操作。

3. 链码测试

在正式调用链码之前,可以使用 docker ps 命令检查链码在 Peer 节点中是否已经启动。

```
$ docker ps
```

命令执行后终端输出以下内容。

```
CONTAINER ID    IMAGE
3461fcc6a1e0 dev-peer0.org2.example.com-testasset_1.0-07e97a4ca15ed855c4db6b546b4f8efe
291b4b9817ec2f42813db5ed9d93296f-0f30e5f948cfa218fbf11e51036faf04b3aef773608a861d63430
32821b5ca93    Up 2 minutes
07c9316e2e23  dev-peer0.org1.example.com-testasset_1.0-07e97a4ca15ed855c4db6b546b4f8e
fe291b4b9817ec2f42813db5ed9d93296f-de0e43bc2174ca79622c34525ffe6411d8ed7ef1f95c5a318579
c0c9477a90b0    Up 2 minutes
d6760b8db4d4   hyperledger/fabric-tools:latest 31 minutes
...
```

从上面的输出内容中可以看出,部署在两个 Peer 节点中的链码已成功启动。

成功启动后,链码测试的步骤如下。

1)初始化

使用以下命令在分布式账本中创建初始资产信息。

```
$ peer chaincode invoke - o localhost:7050 -- ordererTLSHostnameOverride orderer.example.
com -- tls -- cafile ${PWD}/organizations/ordererOrganizations/example.com/orderers/
orderer.example.com/msp/tlscacerts/tlsca.example.com-cert.pem -- peerAddresses localhost:
7051 -- tlsRootCertFiles ${PWD}/organizations/peerOrganizations/org1.example.com/peers/
peer0.org1.example.com/tls/ca.crt -- peerAddresses localhost:9051 -- tlsRootCertFiles
${PWD}/organizations/peerOrganizations/org2.example.com/peers/peer0.org2.example.com/
tls/ca.crt -C mychannel -n testasset -c '{"function":"InitAsset","Args":[]}'
```

但需要注意一点:invoke 命令需要以足够数量的 Peer 节点为提交目标,来满足链码的认可(背书)策略。

如果命令成功,能够在终端中看到以下响应内容。

```
[chaincodeCmd] chaincodeInvokeOrQuery - > INFO 001 Chaincode invoke successful. result:
status:200
```

2)查询数据状态

链码初始化完成之后,通过链码的 query 命令来查询指定的信息,完整的执行命令如下:

```
$ peer chaincode query - C mychannel - n testasset - c '{"function":"GetAsset","Args":
["jack"]}'
```

查询结果返回并输出至终端中,命令如下:

```
{"ID":"jack","Balance":1000}
```

3)更新数据状态

接上一步,我们对 ID 为 jack 的资产信息进行修改,将 ID 为 jack 的 Balance 的值设置为 2000。这可以使用的 invok 命令来实现,命令如下:

```
$ peer chaincode invoke - o localhost:7050 -- ordererTLSHostnameOverride orderer.example.
com -- tls -- cafile "${PWD}/organizations/ordererOrganizations/example.com/orderers/
orderer.example.com/msp/tlscacerts/tlsca.example.com - cert.pem" -- peerAddresses
localhost:7051 -- tlsRootCertFiles "${PWD}/organizations/peerOrganizations/org1.example.
com/peers/peer0.org1.example.com/tls/ca.crt" -- peerAddresses localhost:9051 --
tlsRootCertFiles "${PWD}/organizations/peerOrganizations/org2.example.com/peers/peer0.
org2.example.com/tls/ca.crt" -C mychannel -n testasset -c '{"function":"SetAsset","Args":
["jack","2000"]}'
```

命令如果被成功执行,返回成功标识及其相应的信息如下:

```
[chaincodeCmd] chaincodeInvokeOrQuery - > INFO 001 Chaincode invoke successful. result:
status:200
```

4) 查询

账本的 World State(世界状态)被修改完成之后,再次通过链码的 query 命令实现查询,完整的执行命令如下:

```
$ peer chaincode query - C mychannel - n testasset - c '{"function":"GetAsset","Args":
["jack"]}'
```

若命令执行成功,则返回的信息如下:

```
{"ID":"jack","Balance":2000}
```

从查询返回的结果可以看出,分布式账本中的数据状态已经被成功修改。

5) 关闭网络并清理环境

链码测试完成之后,可以使用 network.sh 脚本中的 down 命令停止并删除相应的容器,且删除在测试链码之前所创建的 Fabric 网络相关的联盟组织信息及配置文件。

```
$ ./network.sh down
```

智能合约开发完成并将其部署至应用通道之后,不仅可以使用 CLI 进行测试,后期还可以使用 Fabric SDK 提供的 API 开发相应的应用程序,从而可以从客户端应用程序中调用智能合约(即用户可以通过应用程序的客户端实现对区块链账本中的资产进行操作)。

第7章 Hyperledger Fabric账本实现

7.1 账本概念及结构

7.1.1 账本概念

账本是 Hyperledger Fabric 中的一个非常重要的概念,它存储了有关业务对象的重要信息,其中既包括对象属性的当前状态值,也包括产生这些状态值的交易历史数据。虽然在交易过程中业务对象当前状态的相关数据可能会发生改变,但是与之相关的历史数据是不可变的(不可篡改),即可以在历史数据上添加一笔新的交易数据,但无法更改历史中已经存在的数据。这种情况就可以称为分类账本。

Hyeprledger Fabric 在账本中保存着所有交易数据变化的详细记录,具有有序及防篡改的特点。对每一次交易请求,链码需要将数据变化记录在分布式账本中,需要记录的数据称为状态,以键值对(key-value)的形式进行存储。

注意:账本中储存的并不是业务对象本身,而是与业务对象相关联的具体数据。开发人员在开发过程中可能会认为账本中存储了一个业务对象,但实际上是存储了与该业务对象有关的一系列数据的当前(最新)状态及造成当前状态的交易历史。

对于数字对象来说,在存储时它可能被存储在一个指定的外部数据库中,但通过储存在账本中的有关该对象的信息就能够识别出该数字对象的所在位置及其他与其相关的关键信息。

提示:分布式账本技术(distributed ledger technology,DLT):Hyperledger Fabric 网络中存在着一个逻辑账本。实际上 Fabric 网络维护着一个账本的多个副本,这些副本通过一个特定的共识过程与其他副本的数据保持一致。可以简单理解为账本在逻辑上是单个的,但是在整个网络中却分布着多个彼此一致的副本。

7.1.2 账本结构

Hyperledger Fabric 账本由两个彼此不同但却相互关联的部分组成。
(1) 世界状态(world state)。
(2) 区块链(blockchain)。
首先,世界状态是一个数据库,存储了一组分类账状态的当前(最新)值。通过世界状态,应用程序可以直接访问一个分类账状态的当前值,不需要遍历整个交易日志来计算当前值。在默认的情况下,账本状态是以 Key-Value 的方式来表示。因为世界状态是存储在数据库中的,也就意味着状态可以被创建、更新和删除,所以可以频繁地对世界状态进行操作并更改。

其次,区块链中记录的是所有交易的日志信息,它记录了当前世界状态每一次变化的完整历史信息。多笔交易被收集并打包生成区块后,由一个 Hash 值进行关联附加到当前的区块链中。因为区块链具有不可篡改的特性,所以在设计时区块链的数据结构与世界状态完全不同,保证了将数据写入区块链后就无法进行修改。区块链与世界状态的联系如图 7-1 所示。

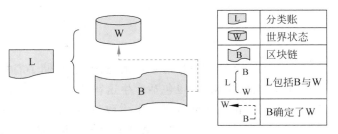

图 7-1 区块链与世界状态

从图 7-1 中可以看出,分类账 L(ledger)由区块链 B(blockchain)及世界状态 W(world state)两部分组成,其中世界状态 W 由区块链 B 来决定。也可以说世界状态 W 源自区块链 B。

1. 世界状态

世界状态将业务对象相关属性的最新值以键值对的方式保存为一个唯一的分类账状态,该世界状态实际上保存在一个 NoSQL(非关系型)数据库中;使用数据库可以方便地实现对该状态的存储及检索,从而可以使应用程序无须遍历整个交易日志就能够快速地获取当前账本的最新值。世界状态中的 value 可以是一个简单的值,也可以是由一组键值对组成的复杂数据(复合值)组成,如图 7-2 所示。

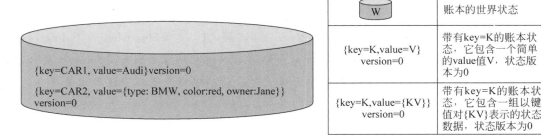

图 7-2 世界状态的结构

图 7-2 中描述一个账本的世界状态包含有两个状态。第一个状态是:key=CAR1 和 value=Audi。第二个状态中有一个更复杂的值:key=CAR2 和 value={type:BMW, color:red, owner:Jane}。而且从图 7-2 中可以看到,每一个世界状态都有一个 version=0

的版本信息。

在对世界状态的描述信息中,每一个世界状态都有一个版本号,该版本号的起始值为0。版本号只提供给 Hyperledger Fabric 内部使用,每次对状态进行更改时,状态的版本号都会进行递增。对世界状态更新时也会对版本号进行检查,以确保当前状态与背书时的版本相匹配,保证了世界状态是按照预期进行更新的,不会产生并发更新的问题。

如果需要实现对世界状态的更改,可以使用应用程序/客户端通过调用智能合约以及在交易被保存至区块链后,只有满足指定的相关背书组织签名的交易才会更新世界状态。如果一个应用程序/客户端提交的交易请求没有获取到足够的背书节点签名,则不会更新世界状态。被提交的交易保存至区块链后通过 Hyperledger Fabric 的 Event 机制通知至客户端。但在整个请求提交及处理响应过程中,应用程序/客户端无法看到 Hyperledger Fabric SDK 设定的共识机制实现的细节内容。

注意:所有被提交的交易,无论该交易是否有效,都会被保存至区块链中。

2. 区块链

世界状态以数据库实现,存储了与业务对象当前状态相关的数据信息,而区块链则是一种历史记录,主要记录了业务对象中各成员属性的值是如何以及通过哪些交易达到当前状态的。区块链中记录了每个分类账状态之前的所有版本,以及状态是在什么情况下被更改的。

区块链事实上是一个记录交易日志的文件系统,以文件的方式实现,它是由不同的哈希值链接的 N 个区块构造而成;每个区块中包含了一系列的多个有序交易,其中每一项交易都代表了一个对世界状态进行查询或更新的操作。

生成的每一个区块头都包含了本区块所记录交易的一个哈希值,以及前一个区块头的哈希值。通过这种方式,分类账本中的所有交易都被按照顺序进行排列并以加密的形式连接在一起。这种散列和链接的方式保证了账本中的数据安全。因为账本是以分布式的形式存在于一个网络中的多个节点上的,所以即使某个保存分类账的节点被恶意篡改,该节点也无法让其他节点相信自己拥有的区块链是正确的。换言之,在分布式网络中,如果不破坏哈希链的话,根本就无法篡改分类账数据。

在一个区块链平台中,区块链由分布式网络中的节点对分类账进行维护并且保证分类账信息的不可篡改性。每个节点都会通过执行被共识协议验证过的交易来维护分类账的副本,每个分类账都以区块的形式存在,并且分类账中的每一个区块都会通过哈希值和之前的区块进行相连,由多个相连的区块组成一个完整的区块链。

区块链详细结构如图 7-3 所示。

在图 7-3 中,我们可以看到区块 B2 具有一个区块数据 D2,该 D2 数据包含了 B2 的所有交易:T5、T6 以及 T7。最重要的是,区块 B2 中有一区块头 H2,H2 中包含了 D2 中所有交易事务的加密哈希值,以及来自前一个区块 B1 所包含的区块头 H1 的哈希值。区块链正是通过这种独特的链接方式,使得所有区块之间彼此紧密相连不可分割,并且不可篡改。

在区块链中,第一个区块被称为创世区块。创世区块中不包含任何的用户交易,但包含了一个配置交易,该交易含有 Fabric 网络配置的初始状态。

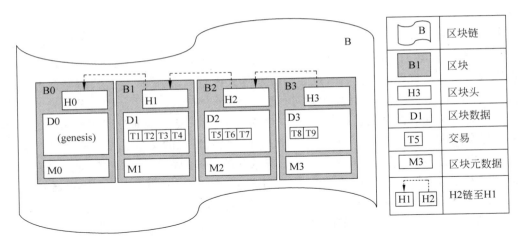

图 7-3   区块链组成结构

3. 区块

了解了区块链的结构之后,现在我们分析区块组成的详细结构。

每一个区块都由三部分组成。

1) 区块头(block header)

区块头部分包含三个字段,并且是在创建一个区块时被直接写入。

(1) 区块编号:是一个从 0(初始区块)开始的整数值,每次在区块链上增加一个新的区块,该编号的值都会在上一个区块编号值的基础之上递增加 1。

(2) 当前区块的哈希值(current block Hash):当前区块中包含的所有交易的哈希值。

(3) 上一个区块头的哈希值(previous block Hash):区块链中当前区块所链接的上一个区块头的哈希值。

区块头详细结构如图 7-4 所示。

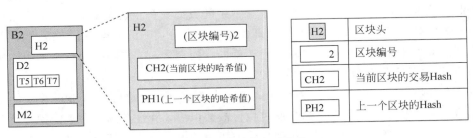

图 7-4   区块头的组成结构

区块头详情:区块 B2 的区块头 H2 中包含了区块编号 2,也包含了当前区块数据 D2 的哈希值 CH2,以及上一个区块头 H1 的哈希值(PH1)。

2) 区块数据(block data)

区块数据包含了一个按照顺序进行排列的交易列表,并且由排序服务在创建区块时写入。

3) 区块元数据(block metadata)

区块元数据包含了区块被写入的时间,以及相应的证书、公钥和签名。随后,区块的提交者会为每一笔交易添加一个有效或无效的标记符,但由于这一信息与区块同时产生,所以它不会被包含在哈希值中。

4. 交易

区块中的区块数据(block data)部分包含了多笔交易的信息如图 7-5 所示,而每一笔交易信息都记录了世界状态发生更新的过程。下面我们来详细了解将交易包含在区块中的区块数据结构。

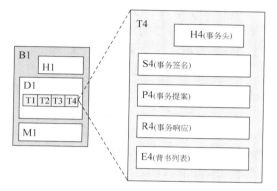

图 7-5　交易组成结构

如图 7-5 所示:其中的一笔交易 T4 位于区块 B1 的区块数据 D1 中,T4 中可以包括的内容如下:交易头 H4,一个交易签名 S4,一个交易提案 P4,一个交易响应 R4 和一系列背书列表 E4。

在交易的数据结构中我们可以看到以下字段信息。

(1)Header(交易头):Header 部分使用 H4 表示,记录了关于交易事务的一些重要元数据,如相关链码的名称及版本号。

(2)Signature(交易签名):Signature 部分用 S4 表示,包含了一个使用客户端应用程序私钥创建的加密签名。该字段是用来检查交易的细节内容是否被篡改的。

(3)Proposal(交易提案):Proposal 部分用 P4 表示,主要负责对应用程序调用智能合约所需的输入参数进行编码(函数名称、所需参数),随后该智能合约根据提交的交易提案对分类账本进行更新。在智能合约运行时,由交易提案提供一套输入参数,这些参数同当前的世界状态一起决定了新的账本世界状态。

(4)Response(交易响应):Response 部分用 R4 表示,以读写集(RW-set)的形式记录下世界状态改变之前和之后的值。交易响应是智能合约调用结果的输出,如果交易验证成功,那么该交易会被应用到分类账上,从而更新世界状态。

(5)Endorsements(背书列表):Endorsements 部分用 E4 表示,背书列表指的是对提交的交易提案请求,根据背书策略规定由相关组织中的节点进行背书签名,并且组织的数量必须满足背书策略的要求。

注意:因为每个背书都对组织特定的交易响应进行了有效编码,所以一笔交易只有能一个交易响应,但可以包含多个背书。

7.1.3 读写集

1. 模拟交易和读写集

交易提案请求被提交至背书节点(endorser peer)之后,在模拟交易期间,背书节点会生成一个读写集(read-write set)。其中,读集(read set)中包含了交易在模拟执行期间读取的key 和 key 的 version 的列表;写集(write set)中包含 key 及交易需要写入的新值。如果交易执行的是删除操作,则在写集(write set)中为该 key 设置一个删除标记。

如果在一个交易请求中对同一个 key 多次进行更改,则只有最后写入的数据被保留下来(即最新值)。另外,如果交易请求是根据一个指定的 key 读取其对应的 value,则只会返回已提交的最新状态值,而不能读取到同一交易中修改但未提交的值。

如上所述,key 的 version 只被包含在读集(read set)中;写集(write set)只包含 key 与交易设置的 key 的最新值。

version 是指定的 key 生成的一个非重复的标识符,这个标识符可以使用多种不同的方案来实现,比如使用单调递增的一个数值来表示。在目前的实现方法中,使用基于交易所在的区块高度的方式来作为交易中所有修改的键的 version,就是用交易的 height 作为该交易所修改的 key 的 version,交易的 height 由一个 version 结构体表示,其中 TxNum 表示这个tx 在区块中的编号。这种实现方式相较于递增序号有更多的优点,主要是可以更好地用到诸如 statedb、模拟交易和交易验证这些模块中。

下边是一个通过模拟交易提案所准备的读写集示例。为了简化说明,我们使用了一个递增的数字序号来表示版本号。

```
< TxReadWriteSet >
  < NsReadWriteSet name = "chaincode1">
    < read - set >
        < read key = "K1", version = "1">
        < read key = "K2", version = "1">
    </read - set >
    < write - set >
        < write key = "K1", value = "V1">
        < write key = "K3", value = "V2">
        < write key = "K4", isDelete = "true">
    </write - set >
  </NsReadWriteSet >
</TxReadWriteSet >
```

另外,如果交易在模拟中执行的是一个指定范围内的数据查询操作,则范围查询和它的结果都会被记录在一个读写集的 query-info 中。

2. 交易验证和更新世界状态

交易在提交节点中使用读写集中的读集来进行验证,使用写集来更新受影响的 key 的version 及具体的 value。

在验证阶段,将读集中 key 的版本和世界状态中 key 的版本进行比较,如果结果一致则认为该交易有效。如果读写集还包含一个或多个查询信息(query-info),则会执行额外的验证。这种额外的验证需要确保在根据指定的 key 查询信息后获得的结果集(多个范围的合并)中没有插入、删除或者更新 key。换言之,如果在模拟执行交易期间重新执行任何一个范围查询操作(交易在模拟过程中执行),应该得到相同的结果。这种验证方式保证了交易如果在提交时出现幻读则会被认为无效。这种幻读保护只存在于范围查询中(如链码中的 GetStateByRange 方法),在其他批量查询中(如链码中的 GetQueryResult 方法)则会导致产生幻读风险。所以这种验证方式只能在不需要提交给排序服务节点的只读交易中使用,除非应用程序能保证模拟的结果和验证/提交时的结果完全一致。

如果交易通过了有效性验证,那么提交节点就会使用写集来更新世界状态。在更新阶段,会根据写集更新世界状态对应的 key 的值。然后,世界状态中 key 的版本会更新为最新的版本。

3. 模拟和验证示例

为了帮助理解读写集,我们使用一个简单的模拟示例对读写集的含义进行说明。假设世界状态由一个元组(k,ver,val)表示,其中元组中的 k 表示 key,ver 表示 k 的最新 version,val 表示 k 所对应的 value。

现在假设有 5 个交易,分别是 T1、T2、T3、T4、T5,这 5 个交易的模拟过程是针对相同的世界状态的快照,下面的片段展示了世界状态和模拟这些交易时的读写活动。

```
World state: (k1,1,v1), (k2,1,v2), (k3,1,v3), (k4,1,v4), (k5,1,v5)
T1 -> Write(k1, v1'), Write(k2, v2')
T2 -> Read(k1), Write(k3, v3')
T3 -> Write(k2, v2'')
T4 -> Write(k2, v2'''), read(k2)
T5 -> Write(k6, v6'), read(k5)
```

现在假设这些交易的顺序是从 T1 到 T5(它们可以在同一个区块,也可以在不同区块)。

(1)交易 T1 通过了验证,因为它没有执行任何的读操作。然后世界状态中的键 k1 和 k2 被更新为(k1,2,v1'),(k2,2,v2')。

(2)交易 T2 没有通过验证,因为它读取的键 k1,在之前的交易 T1 中已被修改。

(3)交易 T3 通过了验证,因为它没有执行任何的读操作。然后世界状态中的键 k2 会被更新为(k2,3,v2'')。

(4)交易 T4 没有通过验证,因为它读取了键 k2,但是 k2 已在之前的交易 T1 中被修改了。

(5)交易 T5 通过了验证,因为它读取了键 k5,但是 k5 没有被这前其他的任何交易修改。

7.2 Fabric 中的状态数据库

在 Hyperledger Fabric 中,为了提高对数据的检索效率,在 Peer 节点中使用了数据库系统来存储账本中的最新数据(世界状态)。到目前的版本 v2.5 为止,Fabric 可以支持的状态数据库有两种。

（1）LevelDB：LevelDB 是 Peer 进程默认内置的、使用键值对存储状态的数据库，仅支持键、键范围和复合键的查询。在有特殊的应用场景需求时，如果需要实现对账本数据的查询则较为复杂。

（2）CouchDB：CouchDB 是一个可替代 LevelDB 的外部状态数据库。作为一个文档对象存储，CouchDB 允许将数据以 JSON 格式进行存储，不仅可以根据指定的 key 对数据进行富查询（基于内容的 JSON 查询），还可以根据不同的应用场景及相应的需求实现复杂查询。CouchDB 也可以与 LevelDB 的 key-value 存储方式类似，对在链码中建模的任何二进制数据（对于非 JSON 格式的数据，Couchdb 里面将其视为 attachements）进行存储。

在 Hyperledger Fabric 中使用 JSON 结构对数据进行建模，可以在操作中针对数据的 key 发出富查询，而不是只能根据指定的 key 进行查询。这样可以使应用程序和链码更容易地读取存储在区块链账本中的数据。使用 CouchDB 数据库可以满足 LevelDB 不支持的许多不同的应用场景需求。如果使用 CouchDB 并用 JSON 对数据进行建模，还可以在部署链码时指定相关的索引；使用索引不仅可以使查询变得更加灵活和高效，还能够从链码中查询大型的数据集。

7.2.1 CouchDB 数据库

CouchDB 是一个使用 Erlang 开发的（最初使用 C++ 编写）开源的面向文档的分布式数据库管理系统（非传统关系型数据库），在 2008 年 4 月，项目转移到 Erlang OTP 平台进行容错测试，并在 2008 年成为顶级 Apache Software Foundation 开源项目。其根据 Apache 许可 v2.0 发布，允许在其他软件中使用这些源代码，并根据需要进行修改（必须遵从版权须知和免责声明）。其于 2010 年 7 月 14 日发布了 v1.0 版本。目前官网的最新版本为 v3.3.1。

CouchDB 中的 Couch 是 cluster of unreliable commodity hardware 的首字母缩写，表示具有高度的可伸缩性，并提供了高可用性和高可靠性。最大的特点是支持多种不同的操作系统，如 Windows(v2.2.0 版本开始正式支持)、MacOS 和 Linux。其在使用过程中可以直接通过 RESTful JavaScript Object Notation(JSON)API 进行访问。

众所周知，典型的关系型数据库需要由不同的数据表组成，每张数据表中都有严格定义的列和键（主外键或复合键等）；而面向文档的数据库是由一系列自包含的文档组成的，这意味着相关文档的所有数据都储存在该文档中，而不是关系数据库的关系表中。所以面向文档的数据库系统中不需要存在表、行、列或关系。这意味着它们是与模式无关的，不需要在实际使用数据库之前定义严格的模式。如果某个文档需要添加一个新字段，它只需要包含该字段即可，而不影响数据库中的其他文档。因此，文档不必为没有值的字段储存空的数据值。

作为开发者人员有一点必须要明确：虽然面向文档的数据库管理系统与传统的关系型数据库管理系统完全不同，但是它们之间并不能随意替换。CouchDB 只是为更适合使用面向文档模型（而不是传统的关系数据模型）的项目提供了一种选择，如果项目需求必须使用关系型数据库，则开发人员不能随意使用 CouchDB 或其他非关系型数据库进行替换。

7.2.2　Hyperledger Fabric 中使用 CouchDB

1. CouchDB 配置

Hyperledger Fabric 在活动的网络中只支持使用一种状态数据库,所以在设置网络之前必须确定使用 LevelDB 还是 CouchDB,由于数据兼容性的问题,Peer 节点不支持从 LevelDB 切换为 CouchDB,并且网络中所有的 Peer 节点都必须使用相同的状态数据库类型。如果确定选择 CouchDB 作为 Hyperledger Fabric 的状态数据库,则需要通过相应的设置才能正确使用。

CouchDB 作为一个独立的数据库进程与 Peer 进程一起运行,因此在安装、管理和操作方面还需要有其他的考虑。具体实现时有以下两种方式供开发人员选择。

(1) 在 core.yaml 配置文件中有一个 stateDatabase 属性,该属性可以指定使用 CouchDB 并且填写 couchDBConfig 相关的配置。core.yaml 中与 CouchDB 有关的部分信息如下:

```
ledger:
blockchain:
state:
    # stateDatabase - 状态数据库,有两个可选项:goleveldb 与 CouchDB
    # goleveldb:为默认的状态数据库.CouchDB:可选的状态数据库
    stateDatabase: goleveldb
    totalQueryLimit: 100000      # 对于每个查询能够返回的记录数的最大限制
    couchDBConfig:
        # 建议在与 Peer 节点相同的服务器上运行 CouchDB
        # 不要将 CouchDB 容器端口映射到 docker compose 中的服务器端口
        # 否则必须在 CouchDB 客户端(Peer 节点)和服务器之间的连接上提供适当的安全性
        couchDBAddress: 127.0.0.1:5984
        username:              # 指定的用户名必须具有对 CouchDB 的读写权限
        # 建议在启动期间将密码作为环境变量传递
        # 例如:CORE_LEDGER_STATE_COUCHDBCONFIG_password
        # 如果存储在此处,则必须对此文件进行访问控制保护,以防止密码泄漏
        password:
        maxRetries: 3            # CouchDB 错误的重启次数
        # Peer 节点启动期间 CouchDB 错误的重试次数.每次重试之间的延迟加倍
        # 默认值为 10 次重试,将在 2 分钟内重试 11 次
        maxRetriesOnStartup: 10
        requestTimeout: 35s   # 设置 CouchDB 的请求超时(单位:持续时间,例如 20s)
        # 每个 CouchDB 查询的记录数限制.注意:链码查询仅受 totalQueryLimit 的约束
        # 可以在内部执行多个 CouchDB 查询,每个查询的大小为 internalQueryLimit
        internalQueryLimit: 1000
        maxBatchUpdateSize: 1000  # 每个 CouchDB 批量更新批处理的记录数限制
        # 指定每 N 个块后的暖索引.此选项在每 N 个块之后对已部署到 CouchDB 的所有索引进行预热
        # 值为 1 则将在每次块提交后暖索引,以确保快速选择器查询
        # 增加该值可以提高 Peer 节点和 CouchDB 的写入效率,但可能会降低查询响应时间
        warmIndexesAfterNBlocks: 1
        # 创建可选的_global_changes 系统数据库
        # 创建全局更改数据库将需要额外的系统资源来跟踪更改并维护数据库
        createGlobalChangesDB: false
```

```
# CacheSize 表示为内存中状态缓存分配的最大兆字节(单位为:MB)
# 注意:如果需要禁用缓存,则将此值设置为整数 0.反之必须设置为 32MB 的倍数
# 如果不是 32MB 的倍数,则 Peer 节点会将大小舍入为 32MB 的下一个倍数
cacheSize: 64
```

（2）如果需要使用 docker 环境来实现使用 CouchDB 作为状态数据库,则可以通过重写 docker-compose-couch.yaml 中的环境变量来覆盖 core.yaml 文件与状态数据库有关的配置信息。docker-compose-couch.yaml 配置文件具体内容如下:

```
# Copyright IBM Corp. All Rights Reserved.
# SPDX - License - Identifier: Apache - 2.0
version: '2.1'
networks:
  test:
    name: fabric_test
services:
  couchdb0:          # couchdb0 容器
    container_name: couchdb0
    image: couchdb:3.1.1
    environment:      # 通过环境变量设置此 CouchDB 容器的管理员用户名和密码
        - COUCHDB_USER = admin
        - COUCHDB_PASSWORD = adminpw
    ports:
        - "5984:5984"
    networks:
        - test
  peer0.org1.example.com:   # peer0.org1.example.com 容器
    environment:
        - CORE_LEDGER_STATE_STATEDATABASE = CouchDB
        - CORE_LEDGER_STATE_COUCHDBCONFIG_COUCHDBADDRESS = couchdb0:5984
        - CORE_LEDGER_STATE_COUCHDBCONFIG_USERNAME = admin
        - CORE_LEDGER_STATE_COUCHDBCONFIG_PASSWORD = adminpw
    depends_on:
        - couchdb0 # 关联 couchdb0 容器
```

通过上面的 docker-compose-couch.yaml 配置文件可以看到,该配置文件中声明了两个 Org 组织,每个 Org 组织都有各自的一个 Peer 节点;因为 Hyperledger Fabric 是一个分布式网络,所以需要在每一个 Peer 节点上安装一个 CouchDB 容器,且每个 Peer 节点都必须指向/关联一个独立的 CouchDB 容器。

2. 使用 CouchDB 索引

因为 CouchDB 支持富查询,所以在 Hyperledger Fabric 中使用 CouchDB 作为状态数据库具有很大的优势:可以根据不同需求的应用场景使用富查询的方式灵活地实现对账本数据的查询。

CouchDB 数据库为了能够在大量数据中实现快速查询,可以对需要进行频繁查询的数据创建索引,索引的作用是可以让数据库不用在每次查询的时候都检查每一行,从而提升查询效率。一般在没有索引的情况下,为了充分发挥 CouchDB 的优势,可以使用 JSON 数据

实现富查询,但是这样会在 CouchDB 的日志中抛出一个没有找到索引的警告,而考虑到性能方面的因素,强烈建议开发人员创建相关的索引。

> 注意:如果在一个查询中需要实现排序功能,必须按照 CouchDB 的要求对排序的字段创建相应的索引,否则,该查询会失败并抛出错误。

在 Hyperledger Fabric 中,用于查询的索引信息可以定义在一个文件中,该索引文件可以保存在链码源码的/META-INF/statedb/couchdb/indexes 目录中,最后该索引文件及所属目录将会和链码源码打包在一起并进行部署。当链码包安装在 Peer 节点上且链码定义提交到通道时,索引将在提交时被部署。如果已经在通道上定义了链码,并且链码包随后安装在新加入通道的 Peer 节点中,则将在链码安装时对索引进行部署。

部署完成之后,调用链码查询时会自动使用索引。CouchDB 会根据查询的字段选择使用哪个索引,或在查询选择器中通过 use_index 关键字指定要使用的索引。

在开发链码的过程中,为链码查询而定义一个索引时,每一个索引都必须定义在其自己的一个扩展名为 *.json 的文本文件中,并且索引定义的格式必须符合 CouchDB 索引的 JSON 语法格式。定义索引需要以下三种信息。

(1) fields:常用的查询字段。
(2) name:索引的名称。
(3) type:内容一般是 json。

下面我们以一个简单的示例,说明如何对一个名称为 foo 的字段创建名称为 foo-index 的索引。

```
{ "index": { "fields": ["foo"] }, "name" : "foo - index", "type" : "json" }
```

在一个索引文件中,除了 fields、name、type 三种信息外,还可以定义一个设计文档(design document)的属性 ddoc 值。design document 是一种用来包含索引的 CouchDB 结构,索引可以以组的形式定义在设计文档中用以提升效率,但 CouchDB 建议每个设计文档使用一个索引(每一个索引的定义都包含一个它们自己的 ddoc 值),在定义索引时最好将 ddoc 属性和值与索引名称都包含在内,以保证在需要时能够对索引进行升级。

在 fabric-samples 提供的一个 marbles(所在路径:fabric-samples/chaincode/marbles02/go)示例链码的源代码中,我们声明了一个名为 marble 的结构体,通过该结构体中包含的 docType、name、color、size、owner 五个属性声明了与 Marble 相关的账本数据。结构体中的 docType 属性主要用来在链码中区分可能需要单独进行查询的不同数据类型的模式。当使用 CouchDB 时,可以使用 docType 属性来区分在链码命名空间中的每一个文档。

在编写索引文件时,结构体中的一个属性可以存在于同一个 docType 的多个索引中(可以根据应用场景的需求自由定义任何属性的组合)。比如我们指定创建三个索引,其中 index1 只包含 owner 属性,index2 包含 owner 和 color 属性,index3 包含 owner、color 和 size 属性。具体实现如下:

```
{"index":{ "fields":["owner"]                   // 要查询的字段的名称
    "ddoc":"index1Doc",                         // (可选项)创建索引的设计文档名称
    "name":"index1", "type":"json" }}
{ "index":{ "fields":["owner", "color"]         // 要查询的字段的名称 }
    "ddoc":"index2Doc",                         // (可选项)创建索引的设计文档名称
    "name":"index2", "type":"json" }}
{ "index":{ "fields":["owner", "color", "size"] // 要查询的字段的名称 }
    "ddoc":"index3Doc",                         // (可选项)创建索引的设计文档名称
    "name":"index3", "type":"json" }}
```

由于索引文件是需要打包至链码中的,所以源码目录中必须包含一个针对 Marble 链码的 JSON 索引文件,并按照要求将该文件保存在指定的 META-INF/statedb/couchdb/indexes 目录下。JSON 索引文件内容如下:

```
{ "index":{ "fields":["docType","owner"]        // 要查询的字段的名称 }
    "ddoc":"indexOwnerDoc",                     // (可选项)创建索引的设计文档名称
    "name":"indexOwner", "type":"json" }}
```

注意:如果上面指定的设计文档 indexOwnerDoc 不存在,则该索引在部署时会自动创建。

3. 测试索引

1) 链码部署

接下来我们使用 fabric-samples/chaincode/marbles 02/go 示例链码,结合 fabric-samples 提供的一个使用 CouchDB 实现对状态数据进行操作。

首先进入该链码源文件所在的目录,使用 go mod tidy 及 go mod vendor 命令解决依赖问题。依赖问题解决之后进入 test-network 目录中启动网络。

```
$ cd ~/fabric/fabric - samples/test - network    # 切换至测试网络目录中
$ ./network.sh down                               # 清空 fabric 网络环境
$ ./network.sh up createChannel - s couchdb       # 部署带有 CouchDB 的测试网络
```

命令执行后如果没有 CouchDB 的镜像,则会自动下载,然后会创建两个使用 CouchDB 作为状态数据库的 Peer 节点,同时也会创建一个 Orderer 节点和一个名称为 mychannel 的通道。

2) 安装和定义链码

(1) 首先使用 Org1 管理员用户身份与 Fabric 网络进行交互。

```
$ export PATH = ${PWD}/../bin:$PATH && export FABRIC_CFG_PATH = ${PWD}/../config/
$ export CORE_PEER_TLS_ENABLED = true
$ export CORE_PEER_LOCALMSPID = "Org1MSP"
$ export CORE_PEER_TLS_ROOTCERT_FILE = ${PWD}/organizations/peerOrganizations/org1.
example.com/peers/peer0.org1.example.com/tls/ca.crt
$ export CORE_PEER_MSPCONFIGPATH = ${PWD}/organizations/peerOrganizations/org1.example.
com/users/Admin@org1.example.com/msp
$ export CORE_PEER_ADDRESS = localhost:7051
```

（2）对 marbles 链码进行打包。

```
$ peer lifecycle chaincode package marbles.tar.gz -- path ../chaincode/marbles02/go -- lang
golang -- label marbles_1
```

（3）安装链码包到 peer0. org1. example. com 节点中。

```
$ peer lifecyclechaincode install marbles.tar.gz
```

安装成功后会返回链码的 ID 信息，命令如下：

```
[cli.lifecycle.chaincode] submitInstallProposal - > INFO 001 Installed remotely: response:
< status:200 payload:"\nJmarbles_1:
71607ed5ee500dc40b3a413c0f3717c35eca85e94f4e68a089bb71c56618c699)\022\tmarbles_1" >
[cli.lifecycle.chaincode] submitInstallProposal - > INFO 002 Chaincode code package
identifier: marbles_1:71607ed5ee500dc40b3a413c0f3717c35eca85e94f4e68a089bb71c56618c699
```

（4）使用以下命令查询已安装链码的 package ID。

```
$ peer lifecycle chaincode queryinstalled
```

命令成功执行返回以下信息。

```
Installed chaincodes on peer:
Package ID: marbles_1:71607ed5ee500dc40b3a413c0f3717c35eca85e94f4e68a089bb71c56618c699,
Label: marbles_1
```

（5）将此 Package ID 定义为一个环境变量，方便后期的使用。

```
$ export CC_PACKAGE_ID = marbles_1:71607ed5ee500dc40b3a413c0f3717c35eca85e94f4e68a089bb71
c56618c699
```

（6）Org1 同意 marbles 链码定义。

```
$ export ORDERER_CA = ${PWD}/organizations/ordererOrganizations/example.com/orderers/
orderer.example.com/msp/tlscacerts/tlsca.example.com - cert.pem
$ peer lifecycle chaincode approveformyorg - o localhost:7050 -- ordererTLSHostnameOverride
orderer.example.com -- channelID mychannel -- name marbles -- version 1.0 -- signature - policy
"OR('Org1MSP.member', 'Org2MSP.member')" -- init - required -- package - id $ CC_PACKAGE_ID --
sequence 1 -- tls -- cafile $ ORDERER_CA
```

命令执行完成返回以下信息。

```
[chaincodeCmd] ClientWait -> INFO 001 txid [9a9b3cc8eb34745ec86f356ce69e6f1130b1c4ba94c3
baae011d9ea8c935fd8f] committed with status (VALID) at localhost:7051
```

（7）根据要求，链码定义在提交之前需要经过联盟中大多数的组织同意，所以现在切换
为 Org2 管理员身份进行操作。

```
$ export CORE_PEER_LOCALMSPID = "Org2MSP"
$ export CORE_PEER_TLS_ROOTCERT_FILE = ${PWD}/organizations/peerOrganizations/org2.
example.com/peers/peer0.org2.example.com/tls/ca.crt
```

```
$ export CORE_PEER_MSPCONFIGPATH = ${PWD}/organizations/peerOrganizations/org2.example.
com/users/Admin@org2.example.com/msp
$ export CORE_PEER_ADDRESS = localhost:9051
```

（8）Org2 同意 marbles 链码定义。

```
$ peer lifecycle chaincode approveformyorg -o localhost:7050 --ordererTLSHostnameOverride
orderer.example.com --channelID mychannel --name marbles --version 1.0 --signature
-policy "OR('Org1MSP.member','Org2MSP.member')" --init-required --sequence 1 --tls
--cafile $ORDERER_CA
```

（9）指定的两个组织都同意了链码定义之后，就可以提交链码定义至通道中。

```
$ export ORDERER_CA = ${PWD}/organizations/ordererOrganizations/example.com/orderers/
orderer.example.com/msp/tlscacerts/tlsca.example.com-cert.pem
$ export ORG1_CA = ${PWD}/organizations/peerOrganizations/org1.example.com/peers/peer0.
org1.example.com/tls/ca.crt
$ export ORG2_CA = ${PWD}/organizations/peerOrganizations/org2.example.com/peers/peer0.
org2.example.com/tls/ca.crt
$ peer lifecycle chaincode commit -o localhost:7050 --ordererTLSHostnameOverride orderer.
example.com --channelID mychannel --name marbles --version 1.0 --sequence 1
--signature-policy "OR('Org1MSP.member','Org2MSP.member')" --init-required --tls
--cafile $ORDERER_CA --peerAddresses localhost:7051 --tlsRootCertFiles $ORG1_CA
--peerAddresses localhost:9051 --tlsRootCertFiles $ORG2_CA
```

提交至通道之后，返回信息如下：

```
[chaincodeCmd] ClientWait -> INFO 001 txid [a42f4f4c272efbea8127753e2cade7cecb94f12a9219f
397e3cf27da52f164b5] committed with status (VALID) at localhost:9051
[chaincodeCmd] ClientWait -> INFO 002 txid [a42f4f4c272efbea8127753e2cade7cecb94f12a9219f
397e3cf27da52f164b5] committed with status (VALID) at localhost:7051
```

（10）调用链码初始化账本数据。

```
$ peer chaincode invoke -o localhost:7050 --ordererTLSHostnameOverride orderer.example.
com --channelID mychannel --name marbles --isInit --tls --cafile $ORDERER_CA
--peerAddresses localhost:7051 --tlsRootCertFiles $ORG1_CA -c '{"Args":["Init"]}'
```

3）查询 CouchDB 状态数据库

索引已经在 JSON 中进行了定义并且与链码一起部署在 Fabric 网络相应的节点中，接下来就可以使用 peer 命令调用指定的链码函数，实现使用 JSON 对 CouchDB 状态数据库的查询。

使用如下命令切换为 Org1 管理员用户身份，然后创建一个拥有者为"tom"的 marble 信息。

```
$ export CORE_PEER_LOCALMSPID = "Org1MSP"
$ export CORE_PEER_TLS_ROOTCERT_FILE = ${PWD}/organizations/peerOrganizations/org1.
example.com/peers/peer0.org1.example.com/tls/ca.crt
```

```
$ export CORE_PEER_MSPCONFIGPATH = ${PWD}/organizations/peerOrganizations/org1.example.
com/users/Admin@org1.example.com/msp
$ export CORE_PEER_ADDRESS = localhost:7051
# 创建一个拥有者为"tom"的 marble
$ peer chaincode invoke -o localhost:7050 --ordererTLSHostnameOverride orderer.example.
com -- tls -- cafile ${PWD}/organizations/ordererOrganizations/example.com/orderers/
orderer.example.com/msp/tlscacerts/tlsca.example.com-cert.pem -C mychannel -n marbles -
c '{"Args":["initMarble","marble1","blue","35","tom"]}'
```

命令执行成功之后返回信息如下：

```
INFO 001 Chaincode invoke successful. result: status:200
```

索引部署完成之后，可以自动被链码的查询所使用。CouchDB 可以根据查询中指定的
字段决定使用哪个索引。如果这个查询准则中存在索引，则该索引就会被自动使用。但是
建议在查询的时候使用 use_index 关键字指定索引信息。可以使用以下命令实现。

```
# 显式指定了索引名称的富查询
$ peer chaincode query -C mychannel -n marbles -c '{"Args":["queryMarbles", "{\"selector
\":{\"docType\":\"marble\",\"owner\":\"tom\"}, \"use_index\":[\"_design/indexOwnerDoc\",
\"indexOwner\"]}"]}'
```

在上面的查询命令中有三个参数必须注意。

（1）queryMarbles：marbles 链码中指定要调用的函数名称。

（2）"selector":{"docType":"marble","owner":"tom"}：用来查找所有 owner 属性值
为 tom 的 marble 的文档。

（3）"use_index":["_design/indexOwnerDoc", "indexOwner"]：指定设计文档名称
indexOwnerDoc 与索引名称 indexOwner。在具体实现过程中通过查询选择器使用 use_index
关键字来明确指定所包含索引的名称，但有一点需要注意：如果想在查询语句中明确包含索
引名，就必须在索引定义中指定所包含的 ddoc 值，这样才可以被 use_index 关键字所引用。

利用索引进行查询，执行成功后返回结果如下所示。

```
[{"Key":"marble1","Record":{"color":"blue","docType":"marble","name":"marble1","owner":
"tom","size":35}}]
```

注意：在数据量大的情况下可能会因为 CouchDB 没有使用索引而出现查询性能降低的
情况。

4. 分页查询实现

当 CouchDB 中存储的数据量较大，或调用链码进行查询后返回的结果集中包含有大量
的数据时，可以使用 CouchDB 提供的分页机制来对结果集进行分区处理。所谓的分页机制
就是客户端应用程序以迭代的方式调用链码来执行查询命令，在查询的同时需要指定两个
必需的参数。

（1）pagesize：指定了每次查询返回的结果数量。

（2）bookmark：通知 CouchDB 从哪个位置开始进行查询，也可以理解为一个锚点（Anchor）。

marbles 链码源代码中自定义了一个 queryMarblesWithPagination 方法来实现对查询结果的分页处理，该方法的参数 args []string 中包含了三个值，分别为：queryString（查询 JSON 串）、pagesize、bookmark。该方法通过调用自定义的 getQueryResultForQueryStringWithPagination 方法将 queryString、pagesize 和 bookmark 三个参数值传递给 shim. ChaincodeStubInterface. GetQueryResultWithPagination()函数，最终实现根据指定的查询 JSON 串对结果进行的分页操作。

为了方便演示分页查询结果，我们执行如下的命令创建 4 个拥有者为"tom"的 marble 信息。

```
### 首先切换为 Org1 管理员身份 ###
$ export CORE_PEER_LOCALMSPID = "Org1MSP"
$ export CORE_PEER_TLS_ROOTCERT_FILE = ${PWD}/organizations/peerOrganizations/org1.
example.com/peers/peer0.org1.example.com/tls/ca.crt
$ export CORE_PEER_MSPCONFIGPATH = ${PWD}/organizations/peerOrganizations/org1.example.
com/users/Admin@org1.example.com/msp
$ export CORE_PEER_ADDRESS = localhost:7051
### 切换完成之后使用 peer chaincode 命令向账本中添加 4 个指定的 marble 数据 ###
$ peer chaincode invoke -o localhost:7050 --ordererTLSHostnameOverride orderer.example.
com --tls --cafile ${PWD}/organizations/ordererOrganizations/example.com/orderers/
orderer.example.com/msp/tlscacerts/tlsca.example.com-cert.pem -C mychannel -n marbles -
c '{"Args":["initMarble","marble2","yellow","35","tom"]}'
$ peer chaincode invoke -o localhost:7050 --ordererTLSHostnameOverride orderer.example.
com --tls --cafile ${PWD}/organizations/ordererOrganizations/example.com/orderers/
orderer.example.com/msp/tlscacerts/tlsca.example.com-cert.pem -C mychannel -n marbles -
c '{"Args":["initMarble","marble3","green","20","tom"]}'
$ peer chaincode invoke -o localhost:7050 --ordererTLSHostnameOverride orderer.example.
com --tls --cafile ${PWD}/organizations/ordererOrganizations/example.com/orderers/
orderer.example.com/msp/tlscacerts/tlsca.example.com-cert.pem -C mychannel -n marbles -
c '{"Args":["initMarble","marble4","purple","20","tom"]}'
$ peer chaincode invoke -o localhost:7050 --ordererTLSHostnameOverride orderer.example.
com --tls --cafile ${PWD}/organizations/ordererOrganizations/example.com/orderers/
orderer.example.com/msp/tlscacerts/tlsca.example.com-cert.pem -C mychannel -n marbles
-c '{"Args":["initMarble","marble5","blue","40","tom"]}'
```

查询每页显示 3 条结果数据的命令。

```
### 指定索引名称且页面显示数据大小为 3 的富查询 ###
$ peer chaincode query -C mychannel -n marbles -c '{"Args":["queryMarblesWithPagination",
"{\"selector\":{\"docType\":\"marble\",\"owner\":\"tom\"}, \"use_index\":[\"_design/
indexOwnerDoc\", \"indexOwner\"]}","3",""]}'
```

提示：上面的 peer 命令中指定了本次查询返回 3 条数据，最后的空字符串表示没有指定相应的 bookmark 参数。

CouchDB 每次执行查询都会生成一个唯一的 bookmark 值,并包含在响应的结果集中。在实际开发中,第一次查询可以无须指定 bookmark,但后续可以将上一次查询返回的 bookmark 传递给迭代查询的子集来获取查询结果的下一个集合。

返回的响应结果如下:

```
[{"Key":"marble1", "Record":{"color":"blue","docType":"marble","name":"marble1","owner":
"tom","size":35}},
  {"Key":"marble2", "Record":{"color":"yellow","docType":"marble","name":"marble2",
"owner":"tom","size":35}},
  {"Key":"marble3", "Record":{"color":"green","docType":"marble","name":"marble3",
"owner":"tom","size":20}}]
[{"ResponseMetadata":{"RecordsCount":"3", "Bookmark":"g1AAAABLeJzLYWBgYMpgSmHgKy5JLCrJTq2
MT8lPzkzJBYqz5yYWJeWkGoOkOWDSOSANIFk2iCyIyVySn5uVBQAGEhRz"}}]
```

通过上一个命令返回的 bookmark,继续查询下一页的数据,执行以下命令。

```
$ peer chaincode query - C mychannel - n marbles - c '{"Args":["queryMarblesWithPagination",
"{\"selector\":{\"docType\":\"marble\",\"owner\":\"tom\"}, \"use_index\":[\"_design/
indexOwnerDoc\", \"indexOwner\"]}","3","g1AAAABLeJzLYWBgYMpgSmHgKy5JLCrJTq2MT8lPzkzJBYqz5y
YWJeWkGoOkOWDSOSANIFk2iCyIyVySn5uVBQAGEhRz"]}'
```

查询命令执行后,返回的响应结果如下:

```
[{"Key":"marble4", "Record":{"color":"purple","docType":"marble",
"name":"marble4","owner":"tom","size":20}}, {"Key":"marble5", "Record":{"color":"blue",
"docType":"marble","name":"marble5","owner":"tom","size":40}}] [{"ResponseMetadata":
{"RecordsCount":"2", "Bookmark":"g1AAAABLeJzLYWBgYMpgSmHgKy5JLCrJTq2MT8lPzkzJBYqz5yYWJeWkm
oKkOWDSOSANIFk2iCyIyVySn5uVBQAGYhR1"}}]
```

第三部分

实践篇

第 8 章 Fabric-SDK应用开发实践

8.1　Fabric-SDK 介绍

在前面的章节内容中,我们了解了 Hyperledger Fabric 的架构体系、网络环境搭建、成员服务提供者、智能合约的概念及开发,账本数据的存储结构等内容。调用链码对账本数据进行操作的过程都在 CLI 命令提示符中完成的,因为用户不可能掌握相关的操作命令,所以使用命令提示符的操作方式对于用户而言没有任何的可用价值。因此需要一套能够让普通用户通过特定的界面根据需求进行正常操作的客户端应用程序,而无须知道底层的具体实现方式或烦琐的操作命令。

因为 Hyperledger Fabric 是使用 Golang 构建的,为了便于适应诸多不同的应用场景且使得使用不同语言的开发人员无须投入额外的精力及学习成本,Hyperledger Fabric 提供了多种不同的 SDK 来支持各种编程开发语言,例如:

（1）Hyperledger Fabric Go SDK。

（2）Hyperledger Fabric Node SDK。

（3）Hyperledger Fabric Java SDK。

（4）Hyperledger Fabric Python SDK。

为了方便用户的使用,开发人员可以使用自己熟悉的编程开发语言基于对应的 SDK（如 fabric-sdk-go）开发一套基于 Hyperledger Fabric 分布式账本的客户端应用程序,部署完成之后,用户可以直接在 Web 浏览器中使用基于 GoWeb 技术实现的应用程序对分布式账本中的数据进行操作。

8.1.1　Fabric-SDK-go 结构介绍

使用 fabric-sdk-go 进行客户端应用程序的开发,需要将 fabric-sdk-go 下载至本地开发环境中,可以使用以下命令实现。

```
$ go get github.com/hyperledger/fabric-sdk-go
```

下载完成之后,可以查看该目录的结构。

```
fabric-sdk-go
├── .github
├── ci
├── internal
├── pkg
```

```
├── scripts
├── test
└── third_party
└── ...
```

在 fabric-sdk-go 目录结构中，对于开发人员而言，有两个包需要了解。

1. pkg

pkg 是 fabric-sdk-go 的核心包。包含了对 Fabric 网络、通道、事件、账本及成员的管理实现。

（1）pkg/fabsdk：主 package，主要用来生成 fabsdk，以及 fabric-sdk-go 中其他 pkg 使用的 option context（上下文选项）。

（2）pkg/client/channel：实现对 Fabric 网络中的链码调用，或者注册链码。

（3）pkg/client/resmgmt：主要实现对 Hyperledger Fabric 网络的管理，如创建通道、加入通道，安装、实例化和升级链码。

（4）pkg/client/event：配合 channel 模块对 Fabric 链码进行注册和过滤。

（5）pkg/client/ledger：主要实现对 Fabric 分类账本的查询，以及区块、交易、配置信息的查询等。

（6）pkg/client/msp：主要对 Fabric 网络中的成员关系进行管理。

2. test

测试包包含测试示例、Fabric 网络配置文件、所需数据等。

（1）test/fixtures：包含测试环境所需的所有配置文件。

（2）test/integration：集成测试环境的示例。

（3）test/metadata：测试示例所需的元数据。

（4）test/scripts：包含测试环境所需的脚本文件。

8.1.2 核心 API 介绍

利用 fabric-sdk-go 的相关核心 API 可以完成很多功能的开发，比如，在一个 Fabric 网络中自动部署链码，获取应用通道实例对象以实现对链码的调用。如需在客户端应用程序中实现各个功能，则开发人员必须熟悉 fabric-sdk-go 提供的相应 API 的作用，下面向大家介绍 fabric-sdk-go 常用的 API。

（1）fabsdk. FabricSDK：基于配置创建上下文环境。

（2）fabsdk. New（configProvider core. ConfigProvider, opts ... Option）：创建一个 Fabric SDK 实例。

（3）fabsdk. FabricSDK. Context（options ... ContextOption）：创建资源管理客户端。

（4）resmgmt. New（ctxProvider context. ClientProvider, opts ... ClientOption）：创建通道管理客户端。

（5）mspclient. New（clientProvider context. ClientProvider, opts ... ClientOption）：创建 Org MSP 客户端。

（6）mspClient. GetSigningIdentity（id string）：根据指定 ID 获取相应的签名标识。

（7）resMgmtClient. SaveChannel（req SaveChannelRequest, options ... RequestOption）：创

建应用通道。

（8）resmgmt. Client. JoinChannel（channelID string，options . . . RequestOption）：将
Peer 节点加入指定的通道中。

（9）fabsdk. FabricSDK. ChannelContext（channelID string，options . . . ContextOption）：获
取指定的通道客户端 Context。

（10）channel. New（channelProvider context. ChannelProvider，opts . . . ClientOption）：创建
应用通道客户端，以便调用链码进行查询或执行交易。

（11）lifecycle. NewCCPackage（desc ＊ Descriptor）：根据指定的链码信息创建一个链
码包。

（12）lifecycle. ComputePackageID：获取指定标签和安装包中的链码包 ID。

（13）resmgmt. LifecycleInstallCCRequest：构建链码包的安装请求数据。

（14）resmgmt. Client. LifecycleInstallCC（req LifecycleInstallCCRequest，options . . .
RequestOption）：安装指定的链码包。

（15）resmgmt. Client. LifecycleGetInstalledCCPackage（packageID string，options . . .
RequestOption）：查询已安装的链码包信息。

（16）resmgmt. Client. LifecycleQueryInstalledCC（options . . . RequestOption）：获取
指定 Peer 节点中安装的链码。

（17）resmgmt. Client. LifecycleApproveCC（channelID string，req LifecycleApproveCCRequest，
options . . . RequestOption）：审批链码定义。

（18）resmgmt. Client. LifecycleQueryApprovedCC（channelID string，req LifecycleQuery
ApprovedCCRequest，options . . . RequestOption）：查询链码定义的审批信息。

（19）resmgmt. Client. LifecycleCheckCCCommitReadiness（channelID string，req LifecycleCheck
CCCommitReadinessRequest，options . . . RequestOption）：检查指定的链码是否可以向通
道提交。

（20）resmgmt. Client. LifecycleCommitCC（channelID string，req LifecycleCommitCCRequest，
options . . . RequestOption）：向通道提交指定的链码。

（21）resmgmt. Client. LifecycleQueryCommittedCC（channelID string，req LifecycleQuery
CommittedCCRequest，options . . . RequestOption）：查询链码在通道中的提交情况。

了解了各个常用 API 的作用之后，我们就可以根据实际的应用需求场景开发不同的基
于 fabric-sdk-go 实现的客户端应用程序。

8.2 网络环境搭建

此项目是一个使用 Hyperledger Fabric v2. 2. 9 平台作为网络环境底层，在业务层利用
fabric-sdk-go 相关 API 实现对链码的调用，并且使用 GoWeb 实现 Web 的应用示例程序。
为了提高应用程序的可扩展性及可维护性，我们使用了基于 MVC 的架构模式对项目进行
分层设计。

此应用示例是为了帮助读者能够快速掌握基于 fabric-sdk-go 的开发方式与技巧，所以

我们的链码业务只是简单地实现了对分类账本状态的读写操作。

以下为本示例项目 Fabric 网络环境的搭建。

本示例项目是在基于 Ubuntu 16.04(推荐)系统的基础上从零开始逐步完成的,但 Hyperledger Fabric 兼容 Mac OS X、Windows 和其他 Linux 发行版。对于其他操作系统,我们不在此列出相关的实现步骤,读者可以通过查询 Hyperledger Fabric 官方文档进行实现。

为方便后期的操作使用,建议在 Windows 或 Mac OS 中安装一个虚拟机软件(VMWare 或 VirtualBox),然后在该虚拟机软件中安装一个全新的 Ubuntu 16.04 系统。在操作系统中需要安装的工具如下。

(1) vim、git。

(2) docker 17.06.2-ce+。

(3) docker-compose 1.14.0+。

(4) Golang 1.14.4+。

如果读者已经安装有 Ubuntu 16.04 系统,并且之前使用虚拟机做过备份,则可以直接将其恢复至相应备份时的状态,比如直接恢复至搭建 Hyperledger Fabric 环境完成时的状态。然后忽略本节内容,直接转至下一节(8.3 节)。如果之前没有对系统进行备份,则需要按照如下步骤重新开始,或直接对现有的 Fabric 网络环境进行清理(使用 ./network. sh down 命令实现)。

1. 前期准备

(1) 安装 vim、git 及 curl 工具。

```
$ sudo apt install vim git curl
```

(2) 安装 docker 及 docker-compose 工具,请参考 1.2.3 小节中相关内容。

(3) 安装 Golang。

我们的示例应用使用 Hypereldger Fabric v2.2.9 LTS 作为基础网络环境,Golang 的最低版本要求为 v1.14.4,推荐使用 v1.18.7 版本。在当前用户的 Home 目录下创建一个名为 download 的目录,用来保存从网络中下载的文件。然后使用 wget 工具下载 Golang 的指定版本压缩包文件 go1.18.7. linux-amd64. tar. gz。

```
$ cd ~/ && mkdir download && cd download
$ wget https://golang.google.cn/dl/go1.18.7.linux-amd64.tar.gz
```

使用 tar 命令将下载后的压缩包文件解压到指定的/usr/local/路径下:

```
$ sudo tar - zxvf go1.18.7.linux-amd64.tar.gz - C /usr/local/
```

使用 vim 文件编辑工具打开系统的 profile 文件进行编辑,设置 GOPATH & GOROOT 环境变量。

```
$ sudo vim /etc/profile
```

如果只想让当前登录用户使用 Golang,其他用户不能使用,则编辑当前用户 $ HOME 目录下的. bashrc 或. profile 文件,在该文件中添加相应的环境变量即可。

在 profile 文件末尾添加以下内容。

```
export GOPATH = $ HOME/go
export GOROOT = /usr/local/go
export PATH = $ GOROOT/bin: $ PATH
```

编辑完成之后,保存退出,然后使用 source 命令,使刚刚添加的环境配置信息生效,最后使用 go version 命令检查版本信息来验证是否成功。

```
$ source /etc/profile
$ go version
```

输出以下 Golang 版本信息。

```
go version go1.18.7linux/amd64
```

2. Fabric 网络环境搭建

（1）安装 Hyperledger Fabric 请参考 1.2.4 小节中的内容。

（2）创建 Fabric 网络需要的 Orderer 组织结构及相应的身份证书。

进入 fabric-samples/test-network 目录,创建 Orderer 组织及身份证书。

```
$ cd ~/fabric/fabric - samples/test - network/
$ ../bin/cryptogen generate -- config = ./organizations/cryptogen/crypto - config - orderer. yaml
-- output = organizations
```

创建 Fabric 网络所需的 Peer 组织结构及相应的身份证书。

```
$ ../bin/cryptogen generate -- config = ./organizations/cryptogen/crypto - config - org1. yaml
-- output = organizations
$ ../bin/cryptogen generate -- config = ./organizations/cryptogen/crypto - config - org2. yaml
-- output = organizations
```

（3）创建配置文件。创建 Orderer 服务系统通道的初始区块文件,并将生成的配置文件保存在 system-genesis-block 目录下。具体命令如下:

```
$ export FABRIC_CFG_PATH = $ PWD/configtx/
$ ../bin/configtxgen - profile TwoOrgsOrdererGenesis - channelID system - channel - outputBlock ./
system - genesis - block/genesis. block
```

设置应用通道名称的环境变量,然后创建应用通道的配置交易文件,命令如下:

```
$ export CHANNEL_NAME = mychannel
$ ../bin/configtxgen - profile TwoOrgsChannel - outputCreateChannelTx ./channel - artifacts/
mychannel. tx - channelID $ CHANNEL_NAME
```

创建锚节点更新配置文件,执行以下命令。

```
$ ../bin/configtxgen - profile TwoOrgsChannel - outputAnchorPeersUpdate ./channel - artifacts/
Org1MSPanchors. tx - channelID $ CHANNEL_NAME - asOrg Org1MSP
$ ../bin/configtxgen - profile TwoOrgsChannel - outputAnchorPeersUpdate ./channel - artifacts/
Org2MSPanchors. tx - channelID $ CHANNEL_NAME - asOrg Org2MSP
```

3．测试网络环境

执行以下命令启动 Fabric 网络。

```
$ sudo docker-compose -f docker/docker-compose-test-net.yaml up -d
```

设置指定二进制工具、配置文件、开启 TLS 验证的环境变量，命令如下：

```
$ export PATH=${PWD}/../bin:$PATH && export FABRIC_CFG_PATH=${PWD}/../config/
$ export CORE_PEER_TLS_ENABLED=true
```

使用 Org1 管理员用户身份，命令如下：

```
$ export CORE_PEER_LOCALMSPID="Org1MSP"
$ export CORE_PEER_TLS_ROOTCERT_FILE=${PWD}/organizations/peerOrganizations/org1.
example.com/peers/peer0.org1.example.com/tls/ca.crt
$ export CORE_PEER_MSPCONFIGPATH=${PWD}/organizations/peerOrganizations/org1.example.
com/users/Admin@org1.example.com/msp
$ export CORE_PEER_ADDRESS=localhost:7051
```

创建通道，命令如下：

```
$ peer channel create -o localhost:7050 -c $CHANNEL_NAME --ordererTLSHostnameOverride orderer.
example.com -f ./channel-artifacts/mychannel.tx --outputBlock ./channel-artifacts/mychannel.
block --tls --cafile ${PWD}/organizations/ordererOrganizations/example.com/orderers/orderer.
example.com/msp/tlscacerts/tlsca.example.com-cert.pem
```

加入通道，命令如下：

```
$ peer channel join -b ./channel-artifacts/mychannel.block
```

更新 Org1 组织的锚节点，命令如下：

```
$ peer channel update -o localhost:7050 --ordererTLSHostnameOverride orderer.example.com -c
mychannel -f ./channel-artifacts/Org1MSPanchors.tx --tls --cafile $PWD/organizations/
ordererOrganizations/example.com/orderers/orderer.example.com/msp/tlscacerts/tlsca.example.com-
cert.pem
```

切换为 Org2 管理员用户身份，命令如下：

```
$ export CORE_PEER_LOCALMSPID="Org2MSP"
$ export CORE_PEER_TLS_ROOTCERT_FILE=${PWD}/organizations/peerOrganizations/org2.
example.com/peers/peer0.org2.example.com/tls/ca.crt
$ export CORE_PEER_MSPCONFIGPATH=${PWD}/organizations/peerOrganizations/org2.example.
com/users/Admin@org2.example.com/msp
$ export CORE_PEER_ADDRESS=localhost:9051
```

将 Org2 组织中的 Peer 节点加入通道中，命令如下：

```
$ peer channel join -b ./channel-artifacts/mychannel.block
```

更新 Org2 组织的锚节点，命令如下：

```
$ peer channel update - o localhost:7050 -- ordererTLSHostnameOverride orderer.example.com
- c mychannel - f ./channel - artifacts/Org2MSPanchors.tx -- tls -- cafile $PWD/
organizations/ordererOrganizations/example. com/orderers/orderer. example. com/msp/
tlscacerts/tlsca.example.com - cert.pem
```

4. 项目准备

测试 Fabric 网络没有任何的问题后,我们可以将生成的组织结构及相关配置文件整合在一个项目中,以方便后期的测试。

在 GOPATH/src 目录中创建一个项目目录,作为应用程序的根目录。

```
$ mkdir ~/go/src && cd $ GOPATH/src
$ mkdir testFabricSDK && cd testFabricSDK
```

进入项目根目录后,创建一个子目录并进入该子目录中,命令如下:

```
$ mkdir fixtures && cd fixtures
```

该目录用于保存 Fabric 基础网络环境所需的组织结构文件,将创建好的组织结构目录复制至创建的 fixtures 目录中,命令如下:

```
$ cp - r ~/fabric/fabric - samples/test - network/organizations ./
```

创建一个名为 artifacts 子目录,用于存储 Fabric 网络所需的各种配置文件,命令如下:

```
$ mkdir artifacts
$ cp ~/fabric/fabric - samples/test - network/channel - artifacts/ * ./artifacts/
```

将启动网络所需的 docker-compose 文件复制至当前目录中并重命名,命令如下:

```
$ cp ~/fabric/fabric - samples/test - network/docker/docker - compose - test - net.yaml ./
docker - compose.yaml
```

清空 Fabric 网络环境,命令如下:

```
$ cd ~/fabric/fabric - samples/test - network/
$ sudo ./network.sh down
```

8.3 Fabric-SDK 配置

8.3.1 Fabric-SDK 配置信息

8.2 节中我们搭建了基于 Hyperledger Fabric v2.x 的网络环境,测试没有问题之后,我们首先使用 fabirc-sdk-go 提供的 API 来实现 Fabric 网络管理的功能,可以通过创建一个新的 config.yaml 配置文件来给应用程序所使用的 fabric-sdk-go 配置相关参数及 Fabric 网络组件的通信地址。

进入项目根目录,命令如下:

```
$ cd $ GOPATH/src/testFabricSDK
```

使用 vi 工具创建一个名为 config.yaml 的文件并进行编辑,命令如下:

```
$ viconfig.yaml
```

config.yaml 文件完整内容如下:

```
# Copyright SecureKey Technologies Inc. All Rights Reserved.
# SPDX – License – Identifier: Apache – 2.0
version: 1.0.0                    # 内容版本,由 SDK 进行应用解析
client:                          # GO SDK 使用的客户端部分
  organization: Org1             # 应用程序实例的所属组织名称
  logging:                       # 设置日志级别
    level: info
  cryptoconfig:                  # 包含密钥与证书的 MSP 根据目录路径
    path: ${GOPATH}/src/testFabricSDK/fixtures/organizations
  credentialStore:               # 指定存储证书的所在目录
    path: /tmp/testfabricsdk – store
    cryptoStore:                 # 密钥存储所在路径
        path: /tmp/testfabricsdk – msp
  BCCSP:                         # 设置 GO SDK 客户端的 BCSP 配置
    security:
        enabled: true
        default:
            provider: "SW"
        hashAlgorithm: "SHA2"
        softVerify: true
        level: 256
  tlsCerts:
    # 连接到 peers、orderers 时使用系统证书池.默认值:false
    systemCertPool: false
    client:                      # 用于与 peers 和 orderers 进行 TLS 握手的客户端密钥和证书
        key:
            path:
        cert:
            path:
channels:                        # 设置通道信息
  mychannel:
    peers:
        peer0.org1.example.com:
            endorsingPeer: true  # 指定为背书节点(默认值为:true)
            chaincodeQuery: true # 接受链码查询(默认值为:true)
            ledgerQuery: true    # 是否向该对等方发送不需要链码的查询(默认值为:true)
            eventSource: true    # 成为 SDK 侦听器注册的目标(默认值为:true)
        peer0.org2.example.com:
            endorsingPeer: true  # 指定为背书节点(默认值为:true)
            chaincodeQuery: true # 接受链码查询(默认值为:true)
```

```
            ledgerQuery: true              # 是否向该对等方发送不需要链码的查询(默认值为:true)
            eventSource: true              # 成为 SDK 侦听器注册的目标(默认值为:true)
        policies:                          # 指定通道配置
            queryChannelConfig:            # 检索通道配置块的选项
                minResponses: 1            # 来自目标 peer 成功响应的最小数量
                maxTargets: 1              # 配置随机检索目标数量
                retryOpts:                 # 查询配置块的重试选项
                    attempts: 5            # 重试次数
                    initialBackoff: 500ms  # 第一次重试的回退间隔
                    maxBackoff: 5s         # 重试尝试的最大回退间隔
                    backoffFactor: 2.0     # 初始回退周期按指数的递增因子
            discovery:                     # 检索发现信息的选项
                maxTargets: 2              # 指定数量的随机目标检索发现信息
                retryOpts:                 # 检索发现信息的重试选项
                    attempts: 4            # 重试次数
                    initialBackoff: 500ms  # 第一次重试的回退间隔
                    maxBackoff: 5s         # 重试尝试的最大回退间隔
                    backoffFactor: 2.0     # 初始回退周期按指数的递增因子
            eventService:                  # 事件服务的选项
                # 指定连接到对等时要使用的对等解析程序策略.有三个可选值:PreferOrg(默认),
                # MinBlockHeight,Balanced
                resolverStrategy: PreferOrg
                # 在选择要连接的对等点时使用的平衡器.有两个可选值:Random(默认), RoundRobin
                balancer: Random
                blockHeightLagThreshold: 5 # 设置区块高度的滞后阈值
                # 如果 peer 的块高度低于指定的块数,则事件客户端将断开与 peer 的连接,并将重
                # 新连接到性能更好的 peer
                reconnectBlockHeightLagThreshold: 8
                # 监视连接 peer 的时间段,查看事件客户端是否应与其断开连接并重新连接到另一
                # 个 peer
                peerMonitorPeriod: 6s
organizations: # 指定 Fabric 网络中参与的组织列表
    Org1:
        mspid: Org1MSP
        # 组织的 MSP 存储路径
        cryptoPath:peerOrganizations/org1.example.com/users/{username}@org1.example.com/msp
        peers:
            - peer0.org1.example.com
        certificateAuthorities:            # 指定证书颁发机构
            - ca.org1.example.com
    Org2:
        mspid: Org2MSP
        cryptoPath:peerOrganizations/org2.example.com/users/{username}@org2.example.com/msp
        peers:
            - peer0.org2.example.com
        certificateAuthorities:
            - ca.org2.example.com
    ordererorg:                            # Orderer 组织名称
        mspID: OrdererMSP
        cryptoPath: ordererOrganizations/example.com/users/{username}@example.com/msp
```

```
orderers: ♯ 发送交易和通道创建/更新请求的 orderer 列表
  orderer.example.com:
    url: localhost:7050
    grpcOptions:                        ♯ grpc 选项
        ssl－target－name－override: orderer.example.com
        keep－alive－time: 0s
        keep－alive－timeout: 20s
        keep－alive－permit: false
        fail－fast: false
        allow－insecure: false
    tlsCACerts:                         ♯ 证书所在位置的绝对路径
        path: $｛GOPATH｝/src/testFabricSDK/fixtures/organizations/ordererOrganizations/
        example.com/tlsca/tlsca.example.com－cert.pem
peers: ♯ 发送各种请求的 peer 列表,包括背书、查询和事件侦听器注册
  peer0.org1.example.com:
    url: localhost:7051                 ♯ 该 URL 用于发送背书和查询请求.默认值:根据主机名推断
    grpcOptions:
        ssl－target－name－override: peer0.org1.example.com
        keep－alive－time: 0s
        keep－alive－timeout: 20s
        keep－alive－permit: false
        fail－fast: false
        allow－insecure: false
    tlsCACerts:                         ♯ 证书所在位置的绝对路径
        path: $｛GOPATH｝/src/testFabricSDK/fixtures/organizations/peerOrganizations/org1.
        example.com/tlsca/tlsca.org1.example.com－cert.pem
  peer0.org2.example.com:
    url: localhost:9051
    grpcOptions:
        ssl－target－name－override: peer0.org2.example.com
        keep－alive－time: 0s
        keep－alive－timeout: 20s
        keep－alive－permit: false
        fail－fast: false
        allow－insecure: false
    tlsCACerts:
        path: $｛GOPATH｝/src/testFabricSDK/fixtures/organizations/peerOrganizations/org2.
        example.com/tlsca/tlsca.org2.example.com－cert.pem
certificateAuthorities:                 ♯ 指定证书颁发机构,允许通过 RESTAPI 进行证书管理
  ca.org1.example.com:
    url: https://localhost:7054
    tlsCACerts:
        path: $｛GOPATH｝/src/testFabricSDK/fixtures/organizations/peerOrganizations/org1.
        example.com/ca/ca.org1.example.com－cert.pem
        client:                         ♯ 与 Fabric CA 进行 SSL 握手的客户端密钥和证书
            key:
                path:
            cert:
                path:
    registrar:
```

```
                enrollId: admin
                enrollSecret: adminpw
        caName: ca.org1.example.com
    ca.org2.example.com:
        url: https://localhost:8054
        tlsCACerts:
            path: ${GOPATH}/src/testFabricSDK/fixtures/organizations/peerOrganizations/org2.
            example.com/ca/ca.org2.example.com-cert.pem
            client:
                key:
                    path:
                cert:
                    path:
        registrar:
            enrollId: admin
            enrollSecret: adminpw
        caName: ca.org2.example.com
# EntityMatchers:支持使用静态配置替换网络主机名,以便可以映射信息
entityMatchers:
    peer:
        - pattern: (\w*)peer0.org1.example.com(\w*)
            urlSubstitutionExp: localhost:7051
            sslTargetOverrideUrlSubstitutionExp: peer0.org1.example.com
            mappedHost: peer0.org1.example.com
        - pattern: (\w*)peer0.org2.example.com(\w*)
            urlSubstitutionExp: localhost:9051
            sslTargetOverrideUrlSubstitutionExp: peer0.org2.example.com
            mappedHost: peer0.org2.example.com
    orderer:
        - pattern: (\w+).example.(\w+)
            urlSubstitutionExp: localhost:7050
            sslTargetOverrideUrlSubstitutionExp: orderer.example.com
            mappedHost: orderer.example.com
    certificateAuthority:
        - pattern: (\w*)ca.org1.example.com(\w*)
            urlSubstitutionExp: http://localhost:7054
            mappedHost: ca.org1.example.com
        - pattern: (\w*)ca.org2.example.com(\w*)
            urlSubstitutionExp: http://localhost:8054
            mappedHost: ca.org2.example.com
```

8.3.2　使用 Fabric-SDK

通过上面的 config.yaml 配置文件配置完 fabric-sdk-go 各项信息之后,就可以开始项目代码的编写。首先根据 SDK 的需求创建一个相应场景的结构体。在项目根目录下创建一个 sdkInit 的子目录。

```
$ cd $GOPATH/src/testFabricSDK
$ mkdir sdkInit
```

创建好子目录之后,在 sdkInit 子目录中创建一个名称为 InitSDKStruct.go 的源代码文件,用来定义相关的结构体,结构体中定义了包括 Fabric SDK 所需的各项相关信息。

```
$ vim sdkInit/InitSDKStruct.go
```

InitSDKStruct.go 源代码文件中的内容如下：

```
package sdkInit
type InitSDKInfo struct {
    ChannelID         string
    ChannelConfig     string
    Org1AnchorConfig string
    Org2AnchorConfig string
}
type MultiorgContext struct {
                    // client contexts
    OrdererClientContext       contextAPI.ClientProvider
    Org1AdminClientContext contextAPI.ClientProvider
    Org2AdminClientContext contextAPI.ClientProvider
    Org1ResMgmt                        * resmgmt.Client
    Org2ResMgmt                        * resmgmt.Client
}
```

从上面结构体的定义中可以看出，InitSDKInfo 结构体中包含的成员信息与通道、组织相关，具体含义如下。

（1）ChannelID：通道名称。

（2）ChannelConfig：通道交易配置文件所在路径。

（3）OrgAdmin：指定组织管理员的名称。

（4）Org1AnchorConfig：Org1 组织锚节点更新配置文件所在路径。

（5）Org2AnchorConfig：Org2 组织锚节点更新配置文件所在路径。

MultiorgContext 结构体中定义了相关组织的资源管理客户端对象，以便于在其他情况下直接使用。各项含义如下。

（1）OrdererClientContext：Orderer 组织客户端的 Context 对象。

（2）Org1AdminClientContext：Org1 组织客户端的 Context 对象。

（3）Org2AdminClientContext：Org2 组织客户端的 Context 对象。

（4）Org1ResMgmt：Org1 组织资源管理客户端对象，通过 Org1AdminClientContext 创建。

（5）Org2ResMgmt：Org2 组织资源管理客户端对象，通过 Org2AdminClientContext 创建。

接下来创建 fabric-sdk-go 的 SDK 实例对象，该实例对象能够实现一系列的自动化功能，内容如下。

（1）根据指定的应用通道配置文件在 Hyperledger Fabric 网络中创建应用通道。

（2）更新组织锚节点配置信息。

（3）将指定组织中的 peers 加入已创建的通道中。

（4）对链码进行打包操作。

（5）安装指定的链码包。

（6）创建客户端实例对象。

8.3.3　创建 SDK 对象

为了方便对应用程序的源码文件进行管理,我们利用 vi 工具在 sdkInit 目录中创建一个名为 SDKInfo.go 的源码文件并对其进行编辑。

```
$ vi sdkInit/SDKInfo.go
```

现在需要完成对 SDK 实例的创建,然后利用 SDK 实例创建应用通道,应用通道创建完成之后,更新组织锚节点,最后可以将指定的 Peer 节点加入通道中。具体实现源码如下:

```
package sdkInit
const (          // 定义相关的常量
    ordererAdminUser = "Admin"
    OrdererOrg = "OrdererOrg"
    OrdererEndpoint = "orderer.example.com"
    ORG1_MSPID = "Org1MSP"
    Org1Name = "Org1"
    Org1Admin = "Admin"
    Org1User = "User1"
    ORG2_MSPID = "Org2MSP"
    Org2Name = "Org2"
    Org2Admin = "Admin"
    Org2User = "User1"
)
func SetupSDK(ConfigFile string, initialized bool) ( * fabsdk.FabricSDK,error) {     // 创建 SDK 实例
    if initialized { return nil, fmt.Errorf("Fabric SDK 已被实例化") }
    sdk, err := fabsdk.New(config.FromFile(ConfigFile))
    if err != nil {return nil, fmt.Errorf("实例化 Fabric SDK 失败: % v", err)}
    fmt.Println("Fabric SDK 实例初始化成功!")
    return sdk, nil
}
func SetupClientContextsAndChannel(sdk * fabsdk.FabricSDK) ( * MultiorgContext, error) {
// 设置资源管理客户端
    mc := MultiorgContext{          // prepare context
        OrdererClientContext:     sdk. Context(fabsdk.WithUser(ordererAdminUser), fabsdk.WithOrg(OrdererOrg)),
    }
    org1ClientContext := sdk. Context(fabsdk.WithUser(Org1Admin), fabsdk.WithOrg(Org1Name))
    mc.Org1AdminClientContext = org1ClientContext
    // Org Resource Management Client
    org1ResMgmt, err := resmgmt.New(org1ClientContext)
    if err != nil {
        return nil, fmt.Errorf("根据指定的资源管理客户端 org1ClientContext 创建通道管理客户端失败: % v", err)
    }
    mc.Org1ResMgmt = org1ResMgmt
    org2ClientContext := sdk. Context(fabsdk.WithUser(Org2Admin), fabsdk.WithOrg(Org2Name))
// Org2 Resource Management Client
    mc.Org2AdminClientContext = org2ClientContext
```

```
            org2ResMgmt, err : = resmgmt.New(org2ClientContext)
            if err != nil {
                return nil, fmt.Errorf("根据指定的资源管理客户端 org2ClientContext 创建通道管理客
户端失败: %v", err)
            }
            mc.Org2ResMgmt = org2ResMgmt
            return &mc, nil
}
func WaitForOrdererConfigUpdate(client * resmgmt.Client, channelID string, genesis bool,
lastConfigBlock uint64) uint64 { // 等待提交的配置块更新
    blockNum,err : = retry.NewInvoker(retry.New(retry.TestRetryOpts)).Invoke(
                func() (interface{}, error){
                    chConfig, err : = client.QueryConfigFromOrderer(channelID, resmgmt.
WithOrdererEndpoint(OrdererEndpoint))
                    if err != nil {
                        return nil, status.New(status.TestStatus, status.GenericTransient.
ToInt32(), err.Error(), nil)
                    }
                    currentBlock : = chConfig.BlockNumber()
                    if currentBlock <= lastConfigBlock && !genesis {
                        return nil, status.New(status.TestStatus, status.GenericTransient.ToInt32
(), fmt.Sprintf("Block number was not incremented [%d, %d]", currentBlock, lastConfigBlock), nil)
                    }
                    block, err : = client.QueryConfigBlockFromOrderer(channelID, resmgmt.
WithOrdererEndpoint(OrdererEndpoint))
                    if err != nil {
                        return nil, status.New(status.TestStatus, status.GenericTransient.
ToInt32(), err.Error(), nil)
                    }
                    if block.Header.Number != currentBlock {
                    return nil, status.New(status.TestStatus, status.GenericTransient.ToInt32(),
fmt.Sprintf("Invalid block number [%d, %d]", block.Header.Number, currentBlock), nil)
                    }
                    return &currentBlock, nil
            },
        )
    if err != nil{
        fmt.Println("creates a new RetryableInvoker: " + err.Error())
    }
    return * blockNum.( * uint64)
}
func CreateChannel(sdk * fabsdk.FabricSDK, info * InitSDKInfo, mc * MultiorgContext) (error) {
    chMgmtClient, err : = resmgmt.New(mc.OrdererClientContext)
    if err != nil {
        return fmt.Errorf("创建 Orderer 资源管理客户端失败: %v", err)
    }
    org1MspClient, err : = mspclient.New(sdk.Context(), mspclient.WithOrg(Org1Name)) // Get
Org signing identity
    org2MspClient, err : = mspclient.New(sdk.Context(), mspclient.WithOrg(Org2Name))
    org1AdminUser, err : = org1MspClient.GetSigningIdentity(Org1Admin)
```

```go
    if err != nil {
        return fmt.Errorf("failed to get org1AdminUser, err : %s", err)
    }
    org2AdminUser, err := org2MspClient.GetSigningIdentity(Org2Admin)
    if err != nil {
        return fmt.Errorf("failed to get org2AdminUser, err : %s", err)
    }
    // create a channel for mychannel.tx
    req := resmgmt.SaveChannelRequest{ChannelID: info.ChannelID,
        ChannelConfigPath: info.ChannelConfig,
        SigningIdentities: []msp.SigningIdentity{org1AdminUser, org2AdminUser}}
    txID, err := chMgmtClient.SaveChannel(req, resmgmt.WithRetry(retry.DefaultResMgmtOpts),
resmgmt.WithOrdererEndpoint(OrdererEndpoint))
    if err != nil { return fmt.Errorf("根据指定的配置创建应用通道失败：%v", err) }
    fmt.Println("通道已成功创建, txID: " + txID.TransactionID)
    // Update Org1 Anchor Peers
    var lastConfigBlock uint64
    configQueryClient, err := resmgmt.New(mc.Org1AdminClientContext)
    if err != nil { return fmt.Errorf("创建 Org1 资源管理客户端失败：%v", err) }
    lastConfigBlock = WaitForOrdererConfigUpdate(configQueryClient, info.ChannelID, true,
lastConfigBlock)
    chMgmtClient, err = resmgmt.New(mc.Org1AdminClientContext)
    if err != nil {
        return fmt.Errorf("failed to get a new channel management client for org1Admin: %v", err)
    }
    req = resmgmt.SaveChannelRequest{ChannelID: info.ChannelID,
        ChannelConfigPath: info.Org1AnchorConfig,
        SigningIdentities: []msp.SigningIdentity{org1AdminUser}}
    txID, err = chMgmtClient.SaveChannel(req, resmgmt.WithRetry(retry.DefaultResMgmtOpts),
resmgmt.WithOrdererEndpoint(OrdererEndpoint))
    if err != nil { return fmt.Errorf("failed Update Org1 AnchorPeers: %v", err) }
    // Update Org2 Anchor Peers
    lastConfigBlock = WaitForOrdererConfigUpdate(configQueryClient, info.ChannelID, false,
lastConfigBlock)
    chMgmtClient, err = resmgmt.New(mc.Org2AdminClientContext)
    if err != nil { return fmt.Errorf("创建 Org2 资源管理客户端失败：%v", err) }
    req = resmgmt.SaveChannelRequest{ChannelID: info.ChannelID,
        ChannelConfigPath: info.Org2AnchorConfig,
        SigningIdentities: []msp.SigningIdentity{org2AdminUser}}
    txID, err = chMgmtClient.SaveChannel(req, resmgmt.WithRetry(retry.DefaultResMgmtOpts),
resmgmt.WithOrdererEndpoint(OrdererEndpoint))
    if err != nil { return fmt.Errorf("failed Update Org2 AnchorPeers: %v", err) }
    WaitForOrdererConfigUpdate(configQueryClient, info.ChannelID, false, lastConfigBlock)
    return nil
}
func JoinPeers(mc *MultiorgContext, info *InitSDKInfo) error {
    // Org1 peers join channel
    if err := mc.Org1ResMgmt.JoinChannel(info.ChannelID, resmgmt.WithRetry(retry.
DefaultResMgmtOpts), resmgmt.WithOrdererEndpoint(OrdererEndpoint)); err != nil {
        return fmt.Errorf("Org1 Peer 加入通道失败：%v", err)
```

```
    }
    // Org2 peers join channel
    if err : = mc. Org2ResMgmt. JoinChannel ( info. ChannelID, resmgmt. WithRetry ( retry.
DefaultResMgmtOpts), resmgmt.WithOrdererEndpoint(OrdererEndpoint)); err != nil {
        return fmt.Errorf("Org2 Peer 加入通道失败: %v", err)
    }
    fmt.Println("peers 已成功加入指定的通道.")
    return nil
}
```

8.3.4　测试 SDK

在项目的根目录下创建一个 main. go 源码文件,编写相关代码,以实现能够在启动 Fabric 网络之后的自动测试。

```
$ cd $ GOPATH/src/testFabricSDK && vi main.go
```

main. go 完整源代码如下:

```
package main
const (
    configFile = "config.yaml"
    initialized = false
)
func main() {
    initInfo := &sdkInit. InitSDKInfo{
        ChannelID: "mychannel",
        ChannelConfig: os. Getenv("GOPATH") + "/src/testFabricSDK/fixtures/artifacts/mychannel.tx",
        Org1AnchorConfig: os. Getenv ( " GOPATH ") + "/src/testFabricSDK/fixtures/artifacts/
Org1MSPanchors.tx",
        Org2AnchorConfig: os. Getenv ( " GOPATH ") + "/src/testFabricSDK/fixtures/artifacts/
Org2MSPanchors.tx",
    }
    // init Fabric SDK
    sdk, err := sdkInit. SetupSDK(configFile, initialized)
    if err != nil {
        fmt.Printf(err.Error())
        return
    }
    defer sdk.Close()
    mc, err := sdkInit.SetupClientContextsAndChannel(sdk)
    if err != nil {
        fmt.Println(err.Error())
        return
    }
    err = sdkInit.CreateChannel(sdk, initInfo, mc)
    if err != nil {
        fmt.Println(err.Error())
        return
```

```
    }
    err = sdkInit.JoinPeers(mc, initInfo)
    if err != nil {
        fmt.Println(err.Error())
        return
    }
}
```

使用 go mod 解决项目的依赖问题。

```
$ go mod init
$ go mod tidy && go mod vendor
```

所有的依赖下载安装完成后,我们就可以启动 Fabric 网络,然后可以进行相关的测试。由于之前采用的是 fabric-sample 中的 docker-compose-test-net.yaml 文件,为了适应我们的应用程序,需要对 Fabric 网络各个节点的信息进行适当的修改,以符合应用程序对应的 Fabric 网络要求,因此对项目中 fixtures 目录下的 docker-composet.yaml 文件使用 vi 工具打开并编辑。

```
$ vi fixtures/docker - compose.yaml
```

docker-compose.yaml 文件编辑完成后的完整内容如下:

```
# Copyright IBM Corp. All Rights Reserved.
# SPDX - License - Identifier: Apache - 2.0
version: '2'
networks:
  default:
services:
  ca.org1.example.com:    # ca.org1.example.com 容器
    image: hyperledger/fabric - ca
    container_name: ca.org1.example.com
    environment:
      - FABRIC_CA_HOME = /etc/hyperledger/fabric - ca - server
      - FABRIC_CA_SERVER_CA_NAME = ca.org1.example.com
      - FABRIC_CA_SERVER_TLS_ENABLED = true
      - FABRIC_CA_SERVER_PORT = 7054
    ports:
      - "7054:7054"
    command: sh - c 'fabric - ca - server start - b admin:adminpw - d'
    volumes:
      - ./organizations/fabric - ca/org1:/etc/hyperledger/fabric - ca - server
    networks:
      default:
        aliases:
          - ca.org1.example.com
  ca.org2.example.com:   # ca.org2.example.com 容器
    image: hyperledger/fabric - ca
    container_name: ca.org2.example.com
    environment:
```

```
        - FABRIC_CA_HOME = /etc/hyperledger/fabric-ca-server
        - FABRIC_CA_SERVER_CA_NAME = ca.org2.example.com
        - FABRIC_CA_SERVER_TLS_ENABLED = true
        - FABRIC_CA_SERVER_PORT = 8054
    ports:
        - "8054:8054"
    command: sh -c 'fabric-ca-server start -b admin:adminpw -d'
    volumes:
        - ./organizations/fabric-ca/org2:/etc/hyperledger/fabric-ca-server
    networks:
        default:
            aliases:
                - ca.org2.example.com
  orderer.example.com:   # orderer.example.com 容器
    container_name: orderer.example.com
    image: hyperledger/fabric-orderer
    environment:
        - FABRIC_LOGGING_SPEC = INFO
        - ORDERER_GENERAL_LISTENADDRESS = 0.0.0.0
        - ORDERER_GENERAL_LISTENPORT = 7050
        - ORDERER_GENERAL_GENESISPROFILE = hanxiaodong
        - ORDERER_GENERAL_GENESISMETHOD = file
        - ORDERER_GENERAL_GENESISFILE = /var/hyperledger/orderer/orderer.genesis.block
        - ORDERER_GENERAL_LOCALMSPID = OrdererMSP
        - ORDERER_GENERAL_LOCALMSPDIR = /var/hyperledger/orderer/msp
        - ORDERER_GENERAL_TLS_ENABLED = true
        - ORDERER_GENERAL_TLS_PRIVATEKEY = /var/hyperledger/orderer/tls/server.key
        - ORDERER_GENERAL_TLS_CERTIFICATE = /var/hyperledger/orderer/tls/server.crt
        - ORDERER_GENERAL_TLS_ROOTCAS = [/var/hyperledger/orderer/tls/ca.crt]
        - ORDERER_KAFKA_TOPIC_REPLICATIONFACTOR = 1
        - ORDERER_KAFKA_VERBOSE = true
        - ORDERER_GENERAL_CLUSTER_CLIENTCERTIFICATE = /var/hyperledger/orderer/tls/server.crt
        - ORDERER_GENERAL_CLUSTER_CLIENTPRIVATEKEY = /var/hyperledger/orderer/tls/server.key
        - ORDERER_GENERAL_CLUSTER_ROOTCAS = [/var/hyperledger/orderer/tls/ca.crt]
    working_dir: /opt/gopath/src/github.com/hyperledger/fabric
    command: orderer
    volumes:
      - ./artifacts/genesis.block:/var/hyperledger/orderer/orderer.genesis.block
      - ./organizations/ordererOrganizations/example.com/orderers/orderer.example.com/msp:/var/hyperledger/orderer/msp
      - ./organizations/ordererOrganizations/example.com/orderers/orderer.example.com/tls/:/var/hyperledger/orderer/tls
    ports:
        - 7050:7050
    networks:
        default:
            aliases:
                - orderer.example.com
  peer0.org1.example.com:   # peer0.org1.example.com 容器
    container_name: peer0.org1.example.com
```

```
    image: hyperledger/fabric - peer
    environment:
        - CORE_VM_ENDPOINT = unix:///host/var/run/docker.sock
        - CORE_PEER_NETWORKID = hanxiaodong
        - FABRIC_LOGGING_SPEC = INFO
        - CORE_PEER_TLS_ENABLED = true
        - CORE_PEER_PROFILE_ENABLED = true
        - CORE_PEER_TLS_CERT_FILE = /etc/hyperledger/fabric/tls/server.crt
        - CORE_PEER_TLS_KEY_FILE = /etc/hyperledger/fabric/tls/server.key
        - CORE_PEER_TLS_ROOTCERT_FILE = /etc/hyperledger/fabric/tls/ca.crt
        - CORE_PEER_LOCALMSPID = Org1MSP
        - CORE_PEER_ID = peer0.org1.example.com
        - CORE_PEER_ADDRESS = peer0.org1.example.com:7051
        - CORE_PEER_LISTENADDRESS = 0.0.0.0:7051
        - CORE_PEER_CHAINCODELISTENADDRESS = 0.0.0.0:7052
        - CORE_PEER_ADDRESSAUTODETECT = true
        - CORE_PEER_GOSSIP_USELEADERELECTION = true
        - CORE_PEER_GOSSIP_ORGLEADER = false
        - CORE_PEER_GOSSIP_SKIPHANDSHAKE = true
        - CORE_PEER_GOSSIP_BOOTSTRAP = peer0.org1.example.com:7051
        - CORE_PEER_GOSSIP_EXTERNALENDPOINT = peer0.org1.example.com:7051
    volumes:
        - /var/run/:/host/var/run/
        - ./organizations/peerOrganizations/org1.example.com/peers/peer0.org1.example.
com/msp:/etc/hyperledger/fabric/msp
        - ./organizations/peerOrganizations/org1.example.com/peers/peer0.org1.example.
com/tls:/etc/hyperledger/fabric/tls
    working_dir: /opt/gopath/src/github.com/hyperledger/fabric/peer
    command: peer node start
    ports:
        - 7051:7051
    networks:
        default:
            aliases:
                - peer0.org1.example.com
  peer0.org2.example.com:
    # 配置信息省略,可参考 peer0.org1.example.com 容器的相关信息(注意容器名称及端口)
```

文件内容编辑完成后,使用该配置文件启动 Fabric 网络。

```
$ cd fixtures && docker - compose up - d
```

启动网络的命令中使用了一个-d 选项,表示在启动过程中不显示详细信息,如下所示。

```
Creating network "fixtures_default" with the default driver
...
Creating peer0.org2.example.com ... done
```

Fabric 网络启动之后,对项目源码进行编译,然后运行该程序。

```
$ cd ../ && go build
$ ./testFabricSDK
```

若应用程序执行成功,则会在终端中输出以下信息。

```
Fabric SDK 实例初始化成功!
通道已成功创建, txID: 4045fdc73c7da503d9ba4a54983e67ebf6f981fb7ce8c1d753f801756fb5ffe7
peer 已成功加入指定的通道.
```

如果在运行期间出现错误,则需要根据出现的错误提示进行相应的处理,排除掉故障之后,可以重新运行应用程序。测试成功之后,接下来关闭并清理环境,以便于后期的运行测试。

(1) 首先关闭处于启动状态的网络环境。

```
$ cd $GOPATH/src/testFabricSDK/fixtures
$ docker - compose down
```

(2) 然后删除证书存储(由 config. yaml 配置文件中的 client. credentialStore 定义)。

```
$ rm - rf /tmp/testfabricsdk - *
```

(3) 最后删除编译产生的二进制可执行文件。

```
$ cd ../ && rm testFabricSDK
```

从上面的各个操作步骤中我们可以看出,启动网络、编译、执行及测试完毕之后关闭并清理环境需要执行很多的命令(如进入目录、启动网络、构建、关闭网络、清理环境等),为了方便测试,可以使用一个名为 make 的工具来简化每次操作时的步骤,编写一个脚本文件,然后使用相关的命令就可以在一个步骤中自动完成所有的操作执行任务。具体实现方式如下。

(1) 创建一个 Makefile 文件。首先,确保您的系统中已经安装了 make 工具。使用以下命令检测是否已安装 make 工具。

```
$ make -- version
```

如果未安装,操作系统会有相应的提示信息,并给出安装提示命令让用户进行安装。
(2) 安装完成之后进入到项目的根目录下,创建一个名为 Makefile 的文件并进行编辑。

```
$ cd $GOPATH/src/testFabricSDK/ && vim Makefile
```

Makefile 文件中的完整内容如下(包含了后期对产生的相关链码容器及镜像的处理):

```
.PHONY: all dev clean build env - up env - down run
all: clean build env - up run
dev: build run
# # # # # BUILD
```

```
build:
    @echo "Build..."
    @go mod tidy
    @go mod vendor
    @go build
    @echo "Build done"
##### ENV
env - up:
    @echo "Start environment..."
    @cd fixtures && docker - compose up -- force - recreate - d
    @echo "Environment up"
env - down:
    @echo "Stop environment..."
    @cd fixtures && docker - compose down
    @echo "Environment down"
##### RUN
run:
    @echo "Start app..."
    @./testFabricSDK
##### CLEAN
clean: env - down
    @echo "Clean up..."
    @rm - rf /tmp/testfabricsdk- * testfabricsdk
    @docker rm - f - v `docker ps - a -- no - trunc | grep "testfabricsdk" | cut - d ' ' - f 1 `2>
/dev/null || true
    @docker rmi `docker images -- no - trunc | grep "hanxiaodong" | cut - d ' ' - f 1 `2>/dev/
null || true
    @echo "Clean up done"
```

（3）使用上面定义的 Makefile 文件可以执行并完成以下任务步骤。

① 使用 make clean 命令将关闭并清理 Fabric 网络环境。

② 使用 make build 命令将编译 Golang 应用程序。

③ 使用 make env-up 命令将启动 Hyperledger Fabric 网络环境。

④ 使用 make run 命令将直接启动当前已编译完成的应用程序。

如果想直接启动项目，则可以直接使用 make 命令。该 make 命令按照上面的步骤依次执行。

8.4 链码开发及部署

我们的主要目的是测试 fabric-sdk-go 的相关 API 及其功能，所以为了方便且容易理解，仅实现一个简单的智能合约。该智能合约能够实现对 Fabric 分类账本数据的设置（PutState(key string,value []byte)）及相应的查询（GetState(key string)）功能。

8.4.1 链码开发

在当前项目根目录中创建一个存放智能合约源代码的 chaincode 目录，然后在该目录下使用 vi 工具创建一个 main.go 的文件并对其进行编辑。

```
$ cd $ GOPATH/src/testFabricSDK/
$ mkdir chaincode && vim chaincode/main.go
```

开发智能合约必须遵守智能合约开发的相关规定（详见 6.2 节及 6.3 节链码开发的相关内容），其取决于开发人员使用何种 API，本示例将会使用新版本的 fabric-contract-api-go 进行开发，为此我们会在源代码文件中声明 4 个函数，内容如下。

（1）InitLedger(ctx contractapi. TransactionContextInterface)：用于初始化链码时被调用的函数。

（2）SetValue(ctx contractapi. TransactionContextInterface，id string, val string)：根据用户指定的 Key 与 Value 更新分类账本中的状态。

（3）GetValue(ctx contractapi. TransactionContextInterface，id string)：根据用户指定的 Key 从分类账本中查询状态。

（4）main()：启动链码的主函数。

main. go 文件内容如下：

```go
/* SPDX - License - Identifier: Apache - 2.0 */
package main
type SmartContract struct {
    contractapi.Contract
}
func (s * SmartContract) InitLedger(ctx contractapi.TransactionContextInterface) error {
    return nil
}
func (s * SmartContract) SetValue(ctx contractapi.TransactionContextInterface, id string, val string) error {
    err : = ctx.GetStub().PutState(id, []byte(val))
    return err
}
func (s * SmartContract) GetValue(ctx contractapi.TransactionContextInterface, id string) (string, error) {
    value, err : = ctx.GetStub().GetState(id)
    if err != nil{
        return "", fmt.Errorf("failed to read from world state: % v", err)
    }
    if value == nil { return "", fmt.Errorf("Value not found: % s", id) }
    return string(value), nil
}
func main() {
    scChaincode, err : = contractapi.NewChaincode(&SmartContract{})
    if err != nil { log.Panicf("Error creating chaincode: % v", err) }
    if err : = scChaincode.Start(); err != nil{
        log.Panicf("Error starting chaincode: % v", err)
    }
}
```

智能合约编写完成以后，我们可以使用 fabric-sdk-go 提供的相关 API 来实现对链码生命周期的一系列操作（打包、安装、审批、提交），而无须在 CLI 命令提示符中输入烦琐的相关操作命令。

8.4.2　自动化部署实现

　　使用 vi 工具打开 sdkInit/InitSDKStruct.go 源码文件并对其进行编辑，在该文件原有内容的基础之上添加与链码相关的成员信息。

　　（1）ChaincodeID：用于设置链码 ID 信息。

　　（2）ChaincodeGoPath：设置系统 GOPATH 信息。

　　（3）ChaincodePath：设置智能合约所在目录路径。

　　然后在该源码文件中再声明一个 OrgsChannelClient 的结构体，用于设置 Fabric 网络中各组织的应用通道客户端，以便于在后期通过该客户端对象调用链码。

　　InitSDKStruct.go 源码文件中添加的具体内容如下：

```
type InitSDKInfo struct {
    [...]
    ChaincodeID        string
    ChaincodeGoPath    string
    ChaincodePath      string
}
type MultiorgContext struct { [...] }
type OrgsChannelClient struct {
    Org1ChannelClient  * channel.Client
    Org2ChannelClient  * channel.Client
}
```

　　打开并编辑 SDKInfo.go 文件，利用 Fabric-SDK 提供的接口，编写对链码进行自动化部署的相关实现源码。

```
$ visdkInit/SDKInfo.go
```

　　首先添加与链码相关的常量值，用来指定链码的相关信息，如链码名称、版本、标签及链码的 Sequence 值等信息，具体内容如下：

```
const (
    [...]
    ChaincodeName = "simpleCC"
    ChaincodeVersion    = "1.0"
    CCLabel = ChaincodeName + "_" + ChaincodeVersion
    Sequence  = 1
)
```

　　接下来我们需要根据链码的生命周期过程，依次编写相关的具体实现功能函数，能够对链码实现自动化部署，具体功能函数包括：打包链码、安装链码、审批链码定义、链码定义提交至通道，以及查询链码提交信息。

　　定义链码打包函数可以直接调用 lifecycle.NewCCPackage 来实现链码的打包功能，完整源码如下：

```
func packageCC(info * InitSDKInfo) (string, []byte, error) {
    desc : = &lifecycle.Descriptor{
        Path:      info.ChaincodePath, Type:pb.ChaincodeSpec_GOLANG,
        Label: CCLabel,
    }
    ccPkg, err : = lifecycle.NewCCPackage(desc)
    if err != nil { return desc.Label, nil, err }
    return desc.Label, ccPkg, nil
}
```

在向 Peer 节点安装链码之前,我们需要获取指定 Org 组织所包含的 Peer 节点信息,函数实现源码如下所示。

```
func DiscoverLocalPeers(ctxProvider contextAPI.ClientProvider, expectedPeers int) ([]fab.
Peer, error) { // 根据指定的组织管理 Context 对象获取该组织的 Peer 节点
    ctx, err : = contextImpl.NewLocal(ctxProvider)
    if err != nil{
        return nil, errors.Wrap(err, "error creating local context")
    }
    discoveredPeers, err : = retry.NewInvoker(retry.New(retry.TestRetryOpts)).Invoke(
        func() (interface{}, error){
                peers, serviceErr : = ctx.LocalDiscoveryService().GetPeers()
                if serviceErr != nil {
                    return nil, errors.Wrapf(serviceErr, "error getting peers for MSP [%s]",
ctx.Identifier().MSPID)
                }
                if len(peers) < expectedPeers {
                    return nil, status.New(status.TestStatus, status.GenericTransient.ToInt32(),
fmt.Sprintf("Expecting %d peers but got %d", expectedPeers, len(peers)), nil)
                }
                return peers, nil
        },
    )
    if err != nil { return nil, err }
    return discoveredPeers.([]fab.Peer), nil
}
```

接下来就可以编写链码包安装的实现函数。因为我们有两个 Org 组织,所以需要将链码包分别安装至两个组织的节点中,具体实现源码如下:

```
func installCC(mc * MultiorgContext, label string, ccPkg []byte) (string, error) {          //
install Chaincode
    installCCReq : = resmgmt.LifecycleInstallCCRequest{
        Label:      label, Package: ccPkg,
    }
    // 获取指定标签和安装包中的包 ID
    packageID : = lifecycle.ComputePackageID(installCCReq.Label, installCCReq.Package)
    org1Peers, err : = DiscoverLocalPeers(mc.Org1AdminClientContext, 1)
    if err != nil {
```

```
            fmt.Println("获取 Org1 组织的节点时发生错误: " + err.Error())
    }
    // 将链码安装在 Org1 组织的 Peer 节点中
    fmt.Println("开始安装链码……")
    if !checkInstalled(packageID, org1Peers[0], mc.Org1ResMgmt) {
        // 使用 Fabric 2.x 的链码生命周期安装链码包
        resp1, err := mc.Org1ResMgmt.LifecycleInstallCC(installCCReq, resmgmt.WithTargets
(org1Peers...), resmgmt.WithRetry(retry.DefaultResMgmtOpts)
        if err != nil {fmt.Println("Org1 组织节点安装链码失败: " + err.Error())}
                fmt.Println("packageID: " + packageID + ", resp1[0].PackageID: " + resp1
        [0].PackageID)
    }
    org2Peers, err := DiscoverLocalPeers(mc.Org2AdminClientContext, 1)
    if err != nil {fmt.Println("获取 Org2 组织的节点时发生错误: " + err.Error())}
    // 将链码安装在 Org2 组织的 Peer 节点中
    if !checkInstalled(packageID, org2Peers[0], mc.Org2ResMgmt) {
        resp2, err := mc.Org2ResMgmt.LifecycleInstallCC(installCCReq, resmgmt.WithTargets
(org2Peers...), resmgmt.WithRetry(retry.DefaultResMgmtOpts)
        if err != nil {fmt.Println("Org2 组织节点安装链码失败: " + err.Error())}
                fmt.Println("packageID: " + packageID + ", resp2[0].PackageID: " + resp2[0].
        PackageID)
    }
    return "", nil
}
```

链码包安装成功之后，需要实现对链码定义进行审批的功能。定义一个 approveCC 函数，函数及其具体源码如下：

```
func approveCC(mc * MultiorgContext, info * InitSDKInfo, packageID string) (string, error)
{   // approve ChainCode
    org1Peers, err := DiscoverLocalPeers(mc.Org1AdminClientContext, 1)
    org2Peers, err := DiscoverLocalPeers(mc.Org2AdminClientContext, 1)
    ccPolicy := policydsl.SignedByNOutOfGivenRole(2, mb.MSPRole_MEMBER, []string{ORG1_
MSPID, ORG2_MSPID})
    approveCCReq := resmgmt.LifecycleApproveCCRequest{
        Name: ChaincodeName, Version: ChaincodeVersion,
        PackageID: packageID, Sequence: Sequence,
        EndorsementPlugin: "escc", ValidationPlugin:    "vscc",
        SignaturePolicy: ccPolicy, InitRequired: true,
    }
    txnID1, err := mc.Org1ResMgmt.LifecycleApproveCC (info.ChannelID, approveCCReq,
resmgmt.WithTargets(org1Peers...), resmgmt.WithOrdererEndpoint(OrdererEndpoint), resmgmt.
WithRetry(retry.DefaultResMgmtOpts))    // Org1 组织批准链码定义
    if err != nil {fmt.Println("Org1 组织批准链码定义时发生错误: " + err.Error())}
    txnID2, err := mc.Org2ResMgmt.LifecycleApproveCC (info.ChannelID, approveCCReq,
resmgmt.WithTargets(org2Peers...), resmgmt.WithOrdererEndpoint(OrdererEndpoint), resmgmt.
WithRetry(retry.DefaultResMgmtOpts))    // Org2 组织批准链码定义
    if err != nil {fmt.Println("Org2 组织批准链码定义时发生错误: " + err.Error())}
    return string("txnID1: " + txnID1 + ", txnID2: " + txnID2), nil
}
```

审批完成就可以将链码定义提交至通道中,其实现代码如下:

```
func commitCC(info *InitSDKInfo, mc *MultiorgContext) (string, error){
    fmt.Println("提交链码定义至通道中……")
    ccPolicy := policydsl.SignedByNOutOfGivenRole(2, mb.MSPRole_MEMBER, []string{ORG1_
MSPID, ORG2_MSPID})
    req := resmgmt.LifecycleCommitCCRequest{
        Name: ChaincodeName, Version: ChaincodeVersion, Sequence: Sequence,
        EndorsementPlugin: "escc", ValidationPlugin:    "vscc",
        SignaturePolicy: ccPolicy, InitRequired: true,
    }
    txnID, err := mc.Org1ResMgmt.LifecycleCommitCC(info.ChannelID, req, resmgmt.
WithOrdererEndpoint(OrdererEndpoint), resmgmt.WithRetry(retry.DefaultResMgmtOpts))
    if err != nil {
        fmt.Println("提交链码定义至通道时发生错误: ", err)
        return "", err
    }
    return string(txnID), nil
}
```

最后我们再编写一个函数 queryCommittedCC,用来查询链码提交信息,函数定义及其具体实现源码如下:

```
// 查询链码定义提交信息
func queryCommittedCC(ccName string, channelID string, sequence int64, mc *MultiorgContext)
([]resmgmt.LifecycleChaincodeDefinition, error) {
    fmt.Println("查询链码定义提交信息……")
    org1Peers, err := DiscoverLocalPeers(mc.Org1AdminClientContext, 1)
    if err != nil {fmt.Println("获取 Org1 组织的节点时发生错误: " + err.Error())}
    org2Peers, err := DiscoverLocalPeers(mc.Org2AdminClientContext, 1)
    if err != nil {fmt.Println("获取 Org2 组织的节点时发生错误: " + err.Error())}
    req := resmgmt.LifecycleQueryCommittedCCRequest{ Name: ccName, }
    for _, p := range org1Peers {
        resp, err := retry.NewInvoker(retry.New(retry.TestRetryOpts)).Invoke(
            func() (interface{}, error) {
                resp1, err := mc.Org1ResMgmt.LifecycleQueryCommittedCC(channelID, req, resmgmt.
WithTargets(p))
                if err != nil {
                    return nil, status.New(status.TestStatus, status.GenericTransient.ToInt32
(), fmt.Sprintf("LifecycleQueryCommittedCC returned error: %v", err), nil)
                }
    flag := false
    for _, r := range resp1{
        if r.Name == ccName && r.Sequence == sequence{
            flag = true
            break
        }
    }
    if !flag{
```

```
            return nil, status.New(status.TestStatus, status.GenericTransient.ToInt32(), fmt.
Sprintf("LifecycleQueryCommittedCC returned : %v", resp1), nil)
        }
        return resp1, err
    },)
    if err != nil {
        fmt.Println("LifecycleQueryCommittedCC returned error: " + err.Error())
    }
    fmt.Println("Org1Peers Response: ", resp)
}
for _, p := range org2Peers {
    resp, err := retry.NewInvoker(retry.New(retry.TestRetryOpts)).Invoke(
        func() (interface{}, error) {
            resp1, err := mc.Org2ResMgmt.LifecycleQueryCommittedCC(channelID, req, resmgmt.
WithTargets(p))
            if err != nil {
                return nil, status.New(status.TestStatus, status.GenericTransient.ToInt32(),
fmt.Sprintf("LifecycleQueryCommittedCC returned error: %v", err), nil)
            }
            flag := false
            for _, r := range resp1 {
                if r.Name == ccName && r.Sequence == sequence {
                    flag = true
                    break
                }
            }
            if !flag{
                return nil, status.New(status.TestStatus, status.GenericTransient.ToInt32(),
fmt.Sprintf("LifecycleQueryCommittedCC returned : %v", resp1), nil)
            }
            return resp1, err
        },)
        if err != nil {
            fmt.Println("LifecycleQueryCommittedCC returned error: " + err.Error())
        }
        fmt.Println("Org2Peers Response: ", resp)
    }
    return nil, nil
}
```

链码生命周期各个过程的实现函数编写结束之后,还需要对链码进行初始化,否则链码无法被调用。定义一个名为 InitCC 的函数用来实现链码的初始化功能,完整源代码如下:

```
func InitCC(ccName string, channelID string, sdk * fabsdk.FabricSDK) error {
    // 根据指定的 Org1 组织信息,创建一个客户端 context 对象
    clientChannelContext := sdk.ChannelContext(channelID, fabsdk.WithUser(Org1User),
fabsdk.WithOrg(Org1Name))
    // 使用指定的 Org1 客户端 Context 创建一个通道客户端对象(能够利用此通道客户端对象调用
链码执行相关的事务操作)
```

```
client, err := channel.New(clientChannelContext)
if err != nil {fmt.Println("Failed to create new channel client: %s", err)}
// CC init
req := channel.Request{
    ChaincodeID: ccName, Fcn: "InitLedger",
    Args: [][]byte{}, IsInit: true
}
_, err = client.Execute(req, channel.WithRetry(retry.DefaultChannelOpts))
if err != nil {return fmt.Errorf("链码初始化时发生错误：", err)}
fmt.Println("链码初始化成功！")
return nil
}
```

最后在 SDKInfo.go 文件中添加一个 CreateCCLifecycle 函数，在该函数中调用上述已经编写完成的实现链码生命周期各功能的函数，以方便在 main 中直接调用。具体源码如下所示：

```
// packageCC, installCC, approveCC, commitCC, query committed cc
func CreateCCLifecycle(mc *MultiorgContext, info *InitSDKInfo) error {
    label, ccPkg, err := packageCC(info)      // Package cc
    if err != nil { return fmt.Errorf("创建链码包失败：%v", err) }
    packageID := lifecycle.ComputePackageID(label, ccPkg)
    fmt.Println("指定的链码打包成功, packageID: ", packageID)
    _, err = installCC(mc, label, ccPkg)      // Install cc
    if err != nil { return err }
    fmt.Println("指定的链码安装成功")
    txnId, err := approveCC(mc, info, packageID) // Approve cc
    if (err != nil){ return err }
    fmt.Println("链码定义审批成功 -> txnID = " + txnId)
    txnId, err = commitCC(info, mc) // Commit cc
    if (err != nil){ return err }
    fmt.Println("链码定义提交成功")
    _, err = queryCommittedCC(ChaincodeName, info.ChannelID, Sequence, mc)
    if (err != nil){ return err }
    fmt.Println("queryCommittedCC(), 查询链码定义信息提交成功")
    err = InitCC(ChaincodeName, info.ChannelID, sdk) // Init cc
    if err != nil { return err }
    return nil
}
```

最后，为了能够调用链码来实现对账本数据的操作，需要创建不同组织的通道客户端对象。因此接下来我们定义一个 CreateOrgsChannelClients 函数，它主要用来创建组织的通道客户端对象并将其封装在已经定义的 OrgsChannelClient 结构体中，然后在应用中就可以使用该对象向服务器发送链码调用请求。具体实现源码如下：

```
func CreateOrgsChannelClients(sdk *fabsdk.FabricSDK, info *InitSDKInfo) (*OrgsChannelClient, error) {
    org1ChannelClientContext := sdk.ChannelContext(info.ChannelID, fabsdk.WithUser(Org1User), fabsdk.WithOrg(Org1Name))
```

```
    org2ChannelClientContext : = sdk. ChannelContext ( info. ChannelID, fabsdk. WithUser
(Org2User), fabsdk. WithOrg(Org2Name))
    // Org1 user connects to 'orgchannel'
    chClientOrg1User, err := channel.New(org1ChannelClientContext)
    if err != nil{
        return nil, fmt. Errorf("Failed to create new channel client for Org1 user: % s", err)
    }
    // Org2 user connects to 'orgchannel'
    chClientOrg2User, err := channel.New(org2ChannelClientContext)
    if err != nil{
        return nil, fmt. Errorf("Failed to create new channel client for Org2 user: % s", err)
    }
    fmt. Println("Orgs 通道客户端创建成功,可以利用 Org 客户端调用链码实现查询或执行
事务.")
    channelClient : = OrgsChannelClient{
      Org1ChannelClient: chClientOrg1User,
      Org2ChannelClient: chClientOrg2User,
    }
    return &channelClient, nil
}
```

8.4.3 部署

打开项目根目录中的 main. go 文件进行编辑,需要在 main 函数中的 initInfo 实例对象中指定与链码相关的成员值,完成之后调用链码生命周期函数,在原有源代码的基础上添加以下内容。

```
const (
    [...]
    SimpleCC = "simpleCC"        ♯ 定义部署链码的名称
)
func main() {
    initInfo : = &sdkInit. InitSDKInfo{
        [...]
        OrgAdmin:"Admin", OrgName:"Org1",
        OrdererOrg: "OrdererOrg", OrdererURL: "orderer. example. com",
        ChaincodeID: SimpleCC, ChaincodeGoPath: os. Getenv("GOPATH"),
        ChaincodePath: "chaincode/",
    }
    [...]
    err = sdkInit. CreateCCLifecycle(sdk, initInfo) // Chaincode Lifecycle
    if err != nil{
        fmt. Println(err. Error())  // return
    }
    // Create Orgs ChannelClient
    channelClient, err : = sdkInit. CreateOrgsChannelClients(sdk, initInfo)
    if err != nil{
        fmt. Println(err. Error())  // return
```

```
    }
    fmt.Println(channelClient)
}
```

代码编写完成之后,就可以部署项目,然后对链码生命周期的各个功能进行测试。首先在命令提示符中输入 make 命令清理网络环境,然后自动启动 Faric 网络及应用程序。

```
$ make
```

如果执行成功,会在终端输出以下信息。

```
...(略)
链码初始化成功!
Orgs 通道客户端创建成功,可以利用 Org 客户端调用链码进行查询或执行事务.
&{0xc00116d140 0xc0011d9d00}
```

测试成功之后,执行 make clean 命令关闭并清空 Fabric 环境。

```
$ make clean
```

输出以下信息。

```
Stop environment
...(略)
Clean up
Clean up done
```

8.5　客户端应用开发

针对一个完整的应用程序,设计或技术开发人员在应用程序方面需要考虑其后期的可扩展性及可维护性,在用户方面需要考虑用户操作的方便性及可交互性。为此,我们将在当前的应用程序结构中增加一个 Service(业务)层,所有的客户请求都将由业务层通过调用 fabric-sdk-go 提供的相关 API,将服务请求发送给链码,通过对链码的调用,实现对 Hyperledger Fabric 分类账本中数据状态的操作。

8.5.1　业务层开发

1. 业务层对象

进入项目根目录,创建一个 service 子目录作为业务层,在该业务层中,我们将会通过通道客户端对象调用 fabric-sdk-go 提供的相应 API 以实现对链码的访问。命令如下:

```
$ cd ~/go/src/testFabricSDK && mkdir service
```

创建好业务层目录之后进入该目录,利用 vi 编辑工具创建一个名为 domain.go 的文件。

```
$ vi service/domain.go
```

在创建的文件中编写相关源代码,主要定义一个结构体,具体源码如下所示。

```
package service
type ServiceDomain struct {
    ChaincodeID          string
    orgChannelClient * sdkInit.OrgsChannelClient
}
```

从编写的源代码中可以看到,上述结构体中定义了两个成员,分别如下。

(1) ChaincodeID: 设置需要调用的链码 ID。

(2) orgChannelClient: 指定对链码进行调用的 Org 组织及用户。

2. 调用链码

完成 domain.go 文件的源码编写之后,在 service 目录下创建一个名为 simpleService.go 的源码文件。

```
$ vi service/simpleService.go
```

创建完成之后,编写相关代码,实现对指定链码的调用。由于我们在链码中定义了 SetValue 及 GetValue 两个方法,因此可以首先实现调用链码的 SetValue 的业务方法,用来向分类账本中添加状态数据的功能,具体实现代码如下:

```
// 使用 Org1ChannelClient 调用链码
func (s * ServiceDomain) SetValue(key, val string) (string, error) {
    req : = channel. Request{ChaincodeID: s. ChaincodeID, Fcn: "SetValue", Args: []][]byte{[]
byte(key), []byte(val), []byte(eventID)}}
    response, err : = s. orgChannelClient. Org1ChannelClient. Execute(req, channel. WithRetry
(retry. DefaultChannelOpts))
    if err != nil{
        fmt. Println("向账本中添加指定的数据时发生错误: ", err)
        return "", err
    }
    return string(response. TransactionID), nil
}
```

接下来测试链码调用,编辑项目根目录下的 main.go 文件。

```
$ vimain.go
```

在 main.go 文件中添加以下内容,调用 service 中的方法进行测试。

```
serviceDomain : = service. ServiceDomain{
    ChaincodeID: sdkInit. ChaincodeName,
    OrgChannelClient: channelClient,
}
resp, err : = serviceDomain. SetValue("first", "testData")
if err != nil { return }
```

```
fmt.Println("交易请求执行成功,返回的 txID: ", txID)
```

源码编写完毕,直接在终端中使用 make 命令进行测试。若命令执行成功则输出以下信息。

交易请求执行成功,返回的 txID:f11633492d2972356be4f89f118539ebc434b63768d29ce4211dbdb76
aee1083

3. 查询链码

通过业务层的 SetValue 方法调用链码,向分类账本中添加指定的数据之后,为了验证该数据是否已存储至分类账本中,需要根据指定的 key 从该分类账本中查询出相应的状态。编辑 service/simpleService.go 源码文件,向该文件中添加实现查询数据状态的相应代码。

```
$ vim service/simpleService.go
```

向 simpleService.go 文件中添加以下具体实现代码。

```
// 使用 Org2ChannelClient 查询数据状态
func (s * ServiceDomain) GetValue(key string) (string, error) {
    req := channel.Request{ChaincodeID: s.ChaincodeID, Fcn: "GetValue", Args: [][]byte{[]
byte(key), []byte(eventID)}}
    response, err := s.OrgChannelClient.Org2ChannelClient.Query(req, channel.WithRetry
(retry.DefaultChannelOpts))
    if err != nil{
        fmt.Println("调用链码查询数据状态时发生错误:", err)
        return "", err
    }
    return string(response.Payload), nil
}
```

然后编辑项目根目录下的 main.go 文件,在 main 函数中添加以下代码。

```
val, err := serviceDomain.GetValue("first")
if err != nil { return }
fmt.Println("根据指定的 Key 查询数据状态成功: val = ",val)
```

执行 make 命令运行应用程序。若命令执行成功则输出以下信息。

根据指定的 Key 查询数据状态成功: val = testData

从终端的输出结果的最后一行我们可以看出,根据指定的 Key 成功查询出了对应的数据状态。

8.5.2　控制层

业务层通过 fabric-sdk-go 提供的 API 实现了对链码的调用,进而可以对分类账本中的数据状态进行操作或查询。在此,我们需要考虑当前的应用程序是否能够让用户直接使用,答案显然是不可能,用户使用的应用程序必须有一个交互界面,以便于用户在该界面中进行操作,而交互界面又有以下两种实现方式。

（1）桌面型。传统的实现方式,用户将一个可执行的安装程序下载至本地之后进行安装,然后打开该程序进行相应的交互操作。

（2）浏览器型。目前流行的方式,用户只需要在浏览器地址栏中输入相应正确的URL,就可以在该 Web 界面中与应用程序进行相应的交互操作。

基于目前普遍使用的 Web 方式提供服务,用户无须考虑应用程序的安装及运行环境等问题,直接打开浏览器就可以实现对分类账本的操作。对于技术开发人员而言,还需要考虑应用程序后期的可扩展性及易维护性,所以我们将应用程序进行了分层管理,设计增加了Controller(控制)层。

控制层主要用于接收用户通过浏览器提交的 Web 请求,然后访问业务层,进而调用链码对分类账本中的数据进行操作,最后将操作的响应结果进行处理并返回给客户端浏览器。Golang 本身提供了一个 Web 服务器用来处理 HTTP 请求,并为 HTML 页面提供模板。下面我们来具体实现 Web 应用程序中的 Controller 层。

在项目根目录下新建一个名为 web 的子目录,并在该子目录中创建一个 controller目录。

```
$ cd $ GOPATH/src/testFabricSDK && mkdir - p web/controller
```

在 web/controller 目录下创建一个名为 controllerResponse.go 的源码文件,主要用来响应客户端的请求。

```
$ vi web/controller/controllerResponse.go
```

controllerResponse.go 文件中的具体实现源码如下:

```
package controller
func ShowView(w http.ResponseWriter,templateName string,data interface{}) {
    pagePath := filepath.Join("web", "tpl", templateName) // 指定视图所在路径
    resultTemplate, err := template.ParseFiles(pagePath)
    if err != nil{
        fmt.Printf("创建模板实例错误: % v", err)
        return
    }
    err = resultTemplate.Execute(w, data)
    if err != nil{
        fmt.Printf("在模板中融合数据时发生错误: % v", err)
        return
    }
}
```

然后在 web/controller 目录中创建一个名为 controllerHandler.go 的源码文件,主要用来接收客户端请求并对该请求作出相应的处理。

```
$ vi web/controller/controllerHandler.go
```

controllerHandler.go 文件中的具体实现源码如下:

```go
package controller
type WebController struct { Webcon * service.ServiceDomain }
func (c * WebController) IndexView(w http.ResponseWriter, r * http.Request){
    ShowView(w, "index.html", nil)
}
func (c * WebController) AddInfoView(w http.ResponseWriter, r * http.Request){
    ShowView(w, "addVal.html", nil)
}
// 根据指定的 key 添加/修改相应的 value 信息
func (c * WebController) AddInfo(w http.ResponseWriter, r * http.Request){
    key := r.FormValue("key")                      // 获取用户提交的表单数据
    val := r.FormValue("val")
    // 调用业务层,实现数据上链
    transactionID, err := c.Webcon.SetValue(key, val)
    data := &struct {                              // 封装响应数据
        Flag bool
        RespInfo string
    }{ Flag:true, RespInfo:"", }
    if err != nil{ data.RespInfo = err.Error()
    }else{ data.RespInfo = "请求处理成功,交易 ID: " + transactionID }
    ShowView(w, "addVal.html", data)               // 响应客户端
}
func (c * WebController) QueryInfo(w http.ResponseWriter, r * http.Request){
// 根据指定的 Key 查询相应的信息
    key := r.FormValue("key")                      // 获取用户提交的请求数据
    data := &struct {                              // 封装响应数据
        Flag bool
        Key string
        RespInfo string
    }{ Key: key, RespInfo:"", }
    if key == "" || len(key) == 0{
        data.Flag = false
    }else {
        data.Flag = true
        // 调用业务层,根据指定的 key 查询相应的数据状态
        val, err := c.Webcon.GetValue(key)
        if err != nil{
           data.RespInfo = "没有查询到指定的 " + key + " 所对应的数据信息"
        }else{
            data.RespInfo = "根据指定的 " + key + " 查询成功,结果为: " + val
        }
    }
    ShowView(w, "getVal.html", data)               // 响应客户端
}
```

Controller 层中的请求与响应处理完成之后,需要使用 Router(路由)信息,以便于给用户提供请求的提交地址。在 web 目录中添加 webServer.go 文件。

```
$ vim web/webServer.go
```

编辑该文件,编写一个 WebStart 函数用于指定路由信息。具体实现源码如下:

```
func WebStart(web * controller.WebController)  {
    fs : = http.FileServer(http.Dir("web/static"))
    http.Handle("/static/", http.StripPrefix("/static/", fs))
    http.HandleFunc("/", web.IndexView)
    http.HandleFunc("/index", web.IndexView)
    http.HandleFunc("/addVal", web.AddInfoView)
    http.HandleFunc("/addReq", web.AddInfo)
    http.HandleFunc("/getVal", web.QueryInfo)
    fmt.Println("启动 Web 服务, 监听端口号: 8080")
    err : = http.ListenAndServe(":8080", nil)
    if err != nil { fmt.Println("Web 服务启动时发生错误: ", err) }
}
```

8.5.3　视图层

1. 页面文件

控制层编写完毕,需要根据响应的具体内容实现相应的 View(视图)层,视图层主要用于提供用户的可视界面与交互操作。我们在之前编写的链码较为简单,只有两个功能:第一个是添加指定的 key 及 value,第二个是根据指定的 key 查询相应的 value,所以只需要三个页面即可进行演示,创建的页面文件存储在 web/tpl 目录中。

```
$ mkdir - p web/tpl/index.html && mkdir - p web/tpl/addVal.html
$ mkdir - p web/tpl/getVal.html
```

三个页面的作用如下。

(1) index.html:Web 应用首页面。

(2) addVal.html:用户在该页面中输入 key 及 value,然后将添加请求提交至服务器端进行处理。

(3) getVal.html:用户可以在该页面中输入一个 key,然后将请求至服务器端进行查询。

因为这是一个简单的 Web 应用示例,所以不会要求页面多么美观,只要能够实现相应的功能即可。

2. 静态资源文件

根据 webServer.go 文件中指定的静态文件路径,在 web 目录下创建一个名为 static 的文件夹,并且在该文件夹下创建 css、js、img 三个子目录。

```
$ mkdir - p web/static/css && mkdir - p web/static/js && mkdir - p web/static/img
```

创建的目录作用如下。

(1) web/static/css:用于存放页面布局及显示样式所需的 CSS 文件。

（2）web/static/js：用于存放编写的与用户交互的 JavaScript 源码文件。

（3）web/static/img：用户存放页面显示所需的所有图片文件。

页面（HTML）以及静态资源（CSS）文件的具体实现源码读者可自行实现。

8.5.4 部署及测试 Web 应用

编辑项目根目录下的 main.go 源码文件，启动 Web 应用程序。

```
$ vimmain.go
```

打开之后切换为编辑状态，在文件的 main 函数中添加以下内容。

```
app : = controller.WebController{
Webcon: &serviceDomain,
}
web.WebStart(&app)
```

编辑完成后，保存退出。执行 make 命令启动应用程序。由于我们的应用程序为 Web
类型，因此需要通过浏览器进行访问。打开浏览器并在浏览器地址栏中输入：http://
localhost:8080 进行访问。根据输入的访问地址及指定的路由信息服务器端返回 index.
html 页面。index.html 页面提供了两个超链接，分别用于对分类账本进行添加数据及状态
查询操作。

访问成功显示首页面，内容如图 8-1 所示。

图 8-1 首页面

单击页面中添加数据的超链接，应用程序直接返回添加数据的页面，用户可以在该页面
中输入需要添加至分类账本中的 Key 及对应的 Value(Val)，如图 8-2 所示。

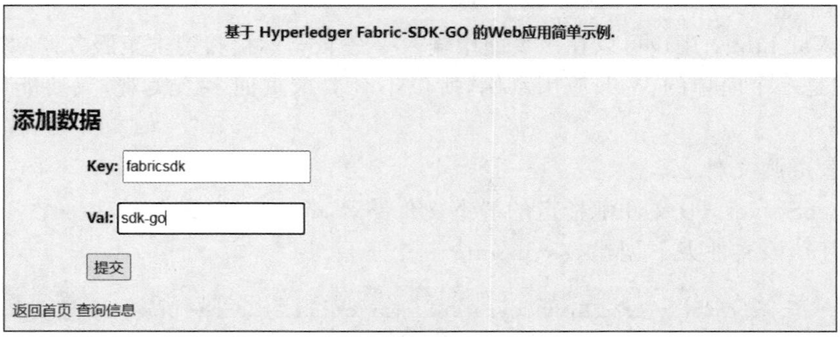

图 8-2 添加数据页面

输入完毕单击"提交"按钮将请求发送至服务器端,服务器将数据通过业务层调用链码进行保存,处理完成之后返回响应结果(如交易 ID),如图 8-3 所示。

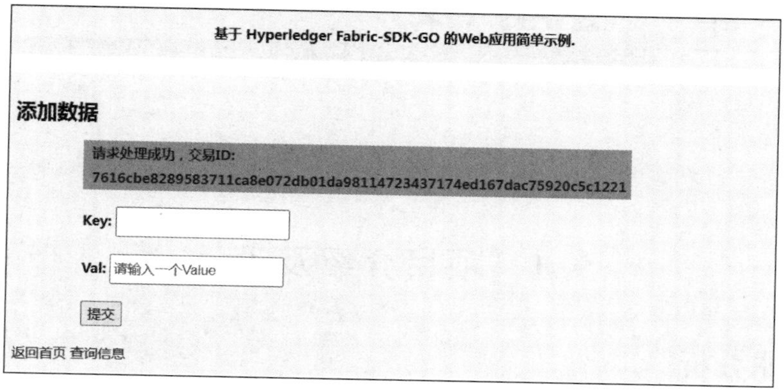

图 8-3　数据添加响应页面

为了验证数据是否已经被正确存储,单击查询信息的超链接,跳转至查询页面,如图 8-4 所示。

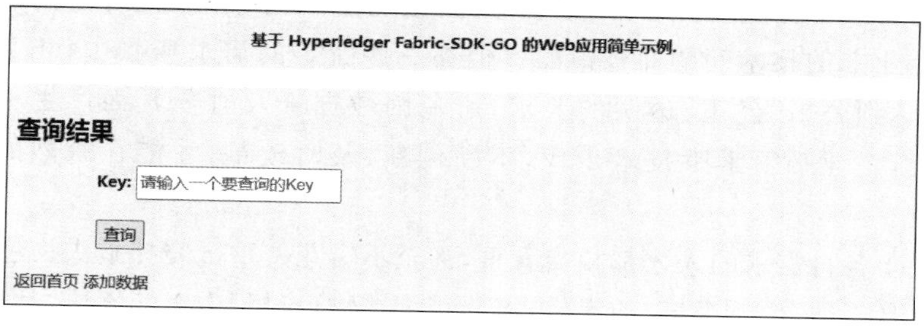

图 8-4　数据查询页面

在需要输入指定 Key 的输入框中输入已添加的 key,单击"查询"按钮,如果查询成功则返回相应的结果,如图 8-5 所示。

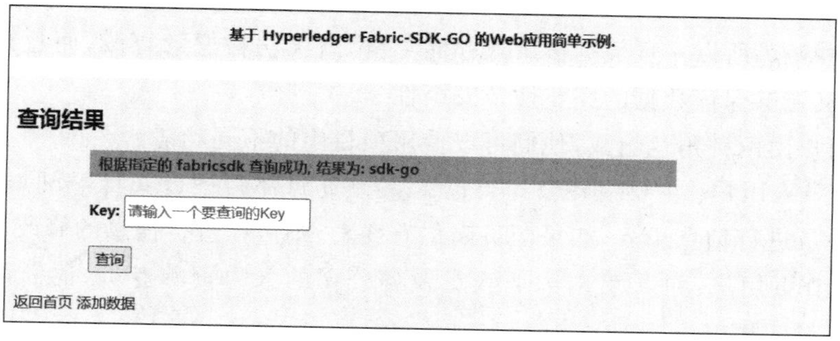

图 8-5　查询响应页面

从查询的返回结果中可以看出,在添加数据的步骤中指定添加的值已经被成功查询并显示在客户端浏览器中。简单的基于 Hyperledger Fabric 的 GoWeb 示例已经完成,下一章我们将向大家详细介绍一个贴近于实际应用需求的开发示例。

第 9 章 应用项目实践之环境搭建及链码开发

9.1 项目介绍及设计

9.1.1 需求分析

随着社会的不断发展及技术的不断进步,对数据处理的要求也在不断提高。使用信息化技术对数据进行存储及处理对企业的发展有着重大的作用。数据信息化处理方面衍生了在各种不同场景下的不同要求,如对用户请求响应效率的要求,对数据完整性及安全性方面的要求。尤其对用户而言,个人数据的隐私性非常重要,他们非常在意数据是否会因为企业方的技术问题而被泄露。但在一些特定的需求场景中,相关的数据必须实时公开,以达到公平、公正、透明的要求,避免因数据未及时公开而产生不必要的误会或纠纷。因此,企业必须紧跟技术步伐,不断创新、及时改革,才能在激烈的市场竞争中不断发展前进。

各企业对于各自需求的人才都相当看重,甚至不惜花费重金委托猎头物色合适的人才,但相应的人才是否适合企业对应的岗位,需要猎头在物色过程中对其素质、品德、职业道德、专业技能等各方面进行背调。而背调一旦展开短则几天,长则几月,在此期间需要耗费大量的人力、精力,最终获取到的资料也无法避免被部分人恶意篡改。在此情况下我们设计并开发一款简化的人力资源信息溯源系统,一旦人员入职,公司就将其资料录入系统,然后上链存储,网络中的其他合法用户如果有需要,则可以直接从此系统中对人才的信息进行查询。因为区块链的特点,所以一旦数据被录入存储上链,就无法被恶意篡改,而且结合区块链的分布式技术,又能够保证数据的完整性及安全性。

系统的用户由两种角色组成,他们可以使用项目中的不同功能。

(1)资料录入用户:主要由各公司自己的人力资源部门进行安排,按照相关的流程及制度对入职人员进行信息录入,如果职员岗位有变动,则可以进行信息的修改。

(2)信息查询用户:主要针对入职人员及各公司的人力资源专员,他们可以查询自己或其他入职人员的相关信息。

信息查询可以根据需求实现相应的功能,例如,根据用户输入的身份证号码进行查询。

注意:如果有其他的查询需求,可以根据具体的应用需求场景进行设计并实现。

9.1.2 架构设计

在第8章的示例中,我们实现了一个完整的基于 fabric-sdk-go 应用,所在本项目中依然使用 Go 语言进行开发,并且对应用程序整体采用 MVC 架构模式。各层作用如下。

(1) View:显示层。主要用于展示响应数据并与用户进行交互,方便用户在 Web 浏览器中进行操作。

(2) Controller:控制层。主要用于接收用户提交的请求并响应处理结果。

(3) Service:业务层。根据具体需求,我们设计在模型层中使用一个业务层,通过 fabric-sdk-go 的相关 API 调用 Hyperledger Fabric 网络中部署的链码,进而实现对分类账本中数据状态的操作。

为了降低数据存储时的复杂性,以及数据查询的方便性,我们在此项目中不再使用 Hyperledger Fabric 默认的 LevelDB 数据库,而使用 CouchDB 数据库来存储世界状态。整体架构如图 9-1 所示。

对于图 9-1 中的 Hyperledger Fabirc Network 而言,因为我们需要一个 Orderer 组织以及两个 ORG 组织,其中 ORG 组织通过名为 mychannel 的通道与 Orderer 组织进行交互,且每个 ORG 组织都拥有一个 Peer 节点,用于部署链码及存储账本,所以可以设定如图 9-2 所示的网络拓扑结构。

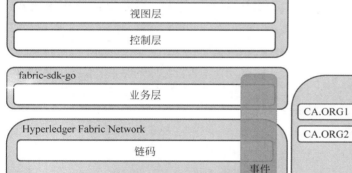

图 9-1 项目架构

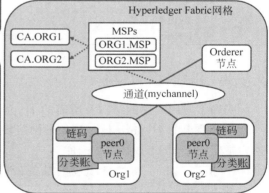

图 9-2 项目网络拓扑结构

9.1.3 数据模型

Hyperledger Fabric 的分类账本主要用于存储数据,所以在应用程序开发之前依据 Go 语言规范,设计一个名为 HRInfo 的结构体,以便于在应用程序中对数据进行处理。

HRInfo 结构体中包含的成员如表 9-1 所示。

表 9-1　HRInfo 结构体成员

属 性 名 称	数 据 类 型	描　述
ObjectType	string	成员类型
Name	string	姓名
Gender	string	性别
EntityID	string	身份证号(记录的 Key)
Nation	string	民族
Place	string	籍贯
Education	string	学历
GraduationDate	string	毕(结)业日期
SchoolName	string	所读学校名称
Major	string	所读专业
Mphone	string	联系电话
CompanyName	string	公司名称
Department	string	所在部门
Job	string	职位
Hiredate	string	入职时间
Status	string	是否在职
Leavedate	string	离职时间
Historys	[]HistoryItem	存储历史记录的数组

从表 9-1 中结构体定义的成员中我们可以看到,最后有一个可以用于存储历史记录的数组 Historys,该数组主要是为了能够从当前的分类账本中查询出对应的详细历史记录,如职位的变动信息或入职的新公司信息等。HistoryItem 数组是一个自定义的结构体类型,具体成员设计如表 9-2 所示。

表 9-2　HistoryItem 结构体成员

属 性 名 称	数 据 类 型	描　述
TxId	string	交易编号
HRInfo	HRInfo	当前记录的详细信息

9.1.4　搭建网络环境

明确了应用程序的结构及所需的 Hyperledger Fabric 网络结构,接下来我们需要构建一个符合要求的 Hyperledger Fabric 网络环境,尤其是需要将 Fabric 中默认的 LevelDB 替换为指定的 CouchDB 状态数据库。

1. 搭建 Fabric 网络环境前的准备工作

进入 fabric-sample/test-network 目录中。

```
$ cd ~/fabric/fabric-samples/test-network/
```

指定二进制工具及配置文件所在的路径。

```
$ export PATH = $ HOME/fabric/fabric-samples/bin: $ PATH
$ export FABRIC_CFG_PATH = $ PWD/configtx/
```

使用 network.sh 脚本的 down 命令清空 Fabric 网络环境。

```
$ ./network.sh down
```

2. 创建 Fabric 网络需要的 Orderer 组织结构及相应的身份证书

创建 Hyperledger Fabric 网络需要的 Orderer 组织结构及相应的身份证书。

```
$ ../bin/cryptogen generate -- config = ./organizations/cryptogen/crypto - config - orderer.
yaml -- output = organizations
```

创建 Fabric 网络所需的 Org 组织及相应的身份证书。

```
$ ../bin/cryptogen generate -- output = organizations -- config = ./organizations/cryptogen/
crypto - config - org1.yaml
$ ../bin/cryptogen generate -- output = organizations -- config = ./organizations/cryptogen/
crypto - config - org2.yaml
```

在当前的 test-network 目录中创建一个名为 fixtures 的文件夹。

```
$ mkdir fixtures
```

将 Fabric 网络组织结构所需的目录拷贝至 fixtures 目录中。

```
$ cp - r organizations ./fixtures
```

3. 创建配置文件

创建 Orderer 服务系统通道的初始区块文件,并将生成的配置文件保存在一个新建的 artifacts 目录下。具体步骤如下。

在 fixtures 目录中创建一个名为 artifacts 的文件夹,后继创建的配置文件指定存储在此文件夹中。

```
$ mkdir fixtures/artifacts
```

创建初始区块配置文件。

```
$ ../bin/configtxgen - profile TwoOrgsOrdererGenesis - channelID system - channel
- outputBlock ./fixtures/artifacts/genesis.block
```

设置应用通道名称的环境变量,然后创建应用通道的配置交易文件,命令如下:

```
$ export CHANNEL_NAME = mychannel
$ ../bin/configtxgen - profile TwoOrgsChannel - channelID $ CHANNEL_NAME
- outputCreateChannelTx ./fixtures/artifacts/mychannel.tx
```

创建锚节点更新配置文件,执行命令如下:

```
$ ../bin/configtxgen - profile TwoOrgsChannel - outputAnchorPeersUpdate ./fixtures/
artifacts/Org1MSPanchors.tx - channelID $ CHANNEL_NAME - asOrg Org1MSP
$ ../bin/configtxgen - profile TwoOrgsChannel - outputAnchorPeersUpdate ./fixtures/
artifacts/Org2MSPanchors.tx - channelID $ CHANNEL_NAME - asOrg Org2MSP
```

4. 配置 docker-compose. yml 文件

复制 docker 目录下的 docker-compose-test-net. yaml 文件。

```
$ cp docker/docker – compose – test – net. yaml fixtures/docker – compose. yaml
```

将 fixtures 目录的属主修改为当前用户。

```
$ sudo chown – R kevin:kevin fixtures
```

修改完成之后,对 docker-compose. yaml 文件进行编辑。

```
$ vi fixtures/docker – compose. yaml
```

编辑文件头部信息如下:

```
# Copyright IBM Corp. All Rights Reserved.
# SPDX – License – Identifier: Apache – 2.0
version: '2.1'
networks:
  default:
services:
```

定义两个 CouchDB 节点并指定相关的信息。

```
couchdb0:
  container_name: couchdb0
  image: couchdb:3.1.1
  environment:
      - COUCHDB_USER = admin
      - COUCHDB_PASSWORD = adminpw
  ports:
      - "5984:5984"    # couchdb1 容器的端口号可以指定为:984:5984
  networks:
      default:
          aliases:
              - couchdb0
couchdb1:
  # couchdb1 容器的配置信息与 couchdb0 容器相同(注意容器名称及端口号)
```

定义 CA 节点并指定相关的信息。

```
ca.org1.example.com:
  image: hyperledger/fabric – ca
  container_name: ca.org1.example.com
  environment:
      - FABRIC_CA_HOME = /etc/hyperledger/fabric – ca – server
      - FABRIC_CA_SERVER_CA_NAME = ca.org1.example.com
      - FABRIC_CA_SERVER_TLS_ENABLED = true
      - FABRIC_CA_SERVER_PORT = 7054
  ports:
      - "7054:7054"  # ca.org2.example.com 可指定为 8054:8054
```

```
    command: sh - c 'fabric - ca - server start - b admin:adminpw - d'
    volumes:
        - ./organizations/fabric - ca/org1:/etc/hyperledger/fabric - ca - server
    networks:
        default:
            aliases:
                - ca.org1.example.com
ca.org2.example.com:
    # 配置信息与 ca.org1.example.com 容器相同(注意容器名称及端口号).略...
```

定义 Orderer 节点并指定相关的信息。

```
orderer.example.com:
    container_name: orderer.example.com
    image: hyperledger/fabric - orderer
    environment:
        - FABRIC_LOGGING_SPEC = INFO
        - ORDERER_GENERAL_LISTENADDRESS = 0.0.0.0
        - ORDERER_GENERAL_LISTENPORT = 7050
        - ORDERER_GENERAL_GENESISPROFILE = hanxiaodong
        - ORDERER_GENERAL_GENESISMETHOD = file
        - ORDERER_GENERAL_GENESISFILE = /var/hyperledger/orderer/orderer.genesis.block
        - ORDERER_GENERAL_LOCALMSPID = OrdererMSP
        - ORDERER_GENERAL_LOCALMSPDIR = /var/hyperledger/orderer/msp
        - ORDERER_GENERAL_TLS_ENABLED = true
        - ORDERER_GENERAL_TLS_PRIVATEKEY = /var/hyperledger/orderer/tls/server.key
        - ORDERER_GENERAL_TLS_CERTIFICATE = /var/hyperledger/orderer/tls/server.crt
        - ORDERER_GENERAL_TLS_ROOTCAS = [/var/hyperledger/orderer/tls/ca.crt]
        - ORDERER_KAFKA_TOPIC_REPLICATIONFACTOR = 1
        - ORDERER_KAFKA_VERBOSE = true
        - ORDERER_GENERAL_CLUSTER_CLIENTCERTIFICATE = /var/hyperledger/orderer/tls/server.crt
        - ORDERER_GENERAL_CLUSTER_CLIENTPRIVATEKEY = /var/hyperledger/orderer/tls/server.key
        - ORDERER_GENERAL_CLUSTER_ROOTCAS = [/var/hyperledger/orderer/tls/ca.crt]
    working_dir: /opt/gopath/src/github.com/hyperledger/fabric
    command: orderer
    volumes:
    - ./artifacts/genesis.block:/var/hyperledger/orderer/orderer.genesis.block
    - ./organizations/ordererOrganizations/example.com/orderers/orderer.example.com/msp:/
var/hyperledger/orderer/msp
    - ./organizations/ordererOrganizations/example.com/orderers/orderer.example.com/tls/:/
var/hyperledger/orderer/tls
    ports:
        - 7050:7050
    networks:
        default:
            aliases:
                - orderer.example.com
```

定义 peer0.org1.example.com 节点并指定相关的信息。

```
peer0.org1.example.com:
    container_name: peer0.org1.example.com
    image: hyperledger/fabric - peer
    environment:
        - CORE_VM_ENDPOINT = unix:///host/var/run/docker.sock
        - CORE_PEER_NETWORKID = hanxiaodong
        - FABRIC_LOGGING_SPEC = INFO
        - CORE_PEER_TLS_ENABLED = true
        - CORE_PEER_PROFILE_ENABLED = true
        - CORE_PEER_TLS_CERT_FILE = /etc/hyperledger/fabric/tls/server.crt
        - CORE_PEER_TLS_KEY_FILE = /etc/hyperledger/fabric/tls/server.key
        - CORE_PEER_TLS_ROOTCERT_FILE = /etc/hyperledger/fabric/tls/ca.crt
        - CORE_PEER_LOCALMSPID = Org1MSP
        - CORE_PEER_ID = peer0.org1.example.com
        - CORE_PEER_ADDRESS = peer0.org1.example.com:7051
        - CORE_PEER_LISTENADDRESS = 0.0.0.0:7051
        - CORE_PEER_CHAINCODELISTENADDRESS = 0.0.0.0:7052
        - CORE_PEER_ADDRESSAUTODETECT = true
        - CORE_PEER_GOSSIP_USELEADERELECTION = true
        - CORE_PEER_GOSSIP_ORGLEADER = false
        - CORE_PEER_GOSSIP_SKIPHANDSHAKE = true
        - CORE_PEER_GOSSIP_BOOTSTRAP = peer0.org1.example.com:7051
        - CORE_PEER_GOSSIP_EXTERNALENDPOINT = peer0.org1.example.com:7051
        - CORE_LEDGER_STATE_STATEDATABASE = CouchDB
        - CORE_LEDGER_STATE_COUCHDBCONFIG_COUCHDBADDRESS = couchdb0:5984
        - CORE_LEDGER_STATE_COUCHDBCONFIG_USERNAME = admin
        - CORE_LEDGER_STATE_COUCHDBCONFIG_PASSWORD = adminpw
    volumes:
      - /var/run/:/host/var/run/
      - ./organizations/peerOrganizations/org1.example.com/peers/peer0.org1.example.com/
msp:/etc/hyperledger/fabric/msp
      - ./organizations/peerOrganizations/org1.example.com/peers/peer0.org1.example.com/
tls:/etc/hyperledger/fabric/tls
    working_dir: /opt/gopath/src/github.com/hyperledger/fabric/peer
    command: peer node start
    ports:
      - 7051:7051
      - 7052:7052
    depends_on:
      - orderer.example.com
      - couchdb0
    networks:
      default:
          aliases:
              - peer0.org1.example.com
# 声明并指定 peer0.org2.example.com 节点信息
# 配置内容请参考 peer0.org1.example.com 容器的相关配置信息
```

文件内容编辑完成之后，使用该配置文件启动 Fabric 网络。

```
$ cd fixtures/ && docker - compose - f docker - compose.yaml up - d
```

如果 docker-compose.yaml 文件对网络节点的各项配置没有任何问题,那么使用 docker ps 命令可以查看容器的状态信息用来判断指定的容器是否正常启动并运行。

网络测试成功之后,关闭并清理。

```
$ docker - compose - f docker - compose.yaml down
```

命令执行后,会将所创建并启动的容器关闭及移除,输出信息如下:

```
Stopping peer0.org2.example.com    ... done
...(略)
Removing couchdb0                  ... done
```

9.2 链码开发及测试

9.2.1 使用 SDK

1. 创建项目及 SDK

进入 GOPATH/src/目录下,创建项目的根目录并进入。

```
$ cd $ GOPATH/src && $ mkdir hrinfo && cd hrinfo
```

将 Fabric 网络所需的 fixtures 目录拷贝至当前项目的根目录中。

```
$ cp - r ~/fabric/fabric - samples/test - network/fixtures/ ./
```

创建一个名为 sdkInit 的目录,用于存储利用 SDK 进行操作的源代码文件。

```
$ mkdir sdkInit
```

sdkInit 目录中的内容请读者参考本书 8.3.2 小节的内容(使用 Fabric-SDK)及 IH 8.3.3 小节(创建 SDK 对象),按照步骤及内容创建相关的文件并编写相关的源代码。

2. 配置核心文件 config.yaml

进入项目根目录,创建一个 config.yaml 配置文件并进行编辑(主要用来指定 Fabric 网络中各个节点及通道的相关信息)。

```
$ cd $ GOPATH/src/hrinfo && vi config.yaml
```

提示: config.yaml 文件的内容可以参考 8.3.1 小节的 Fabric-SDK 配置信息,对相应的通道、节点名称及路径进行修改即可。

3. 测试 Fabric 网络

在项目的根目录下创建一个 main.go 源码文件,编写相关代码,以便能够在启动 Fabric

网络之后进行测试。

```
$ cd $ GOPATH/src/testFabricSDK && vi main.go
```

main.go 完整源代码如下(忽略导入的包):

```
package main
const (
    configFile = "config.yaml"
    initialized = false
)
func main() {
    initInfo : = &sdkInit.InitSDKInfo{
        ChannelID: "mychannel",
        ChannelConfig: os.Getenv("GOPATH") + "/src/hrinfo/fixtures/artifacts/mychannel.tx",
        Org1AnchorConfig: os.Getenv("GOPATH") + "/src/hrinfo/fixtures/artifacts/Org1MSPanchors.tx",
        Org2AnchorConfig: os.Getenv("GOPATH") + "/src/hrinfo/fixtures/artifacts/Org2MSPanchors.tx",
    }
    // 初始化 fabric SDK
    sdk, err : = sdkInit.SetupSDK(configFile, initialized)
    if err != nil{
        fmt.Printf(err.Error())          // return
    }
    defer sdk.Close()
    mc, err : = sdkInit.SetupClientContextsAndChannel(sdk)
    if err != nil{
        fmt.Println(err.Error())          // return
    }
    err = sdkInit.CreateChannel(sdk, initInfo, mc)
    if err != nil{
        fmt.Println(err.Error())          // return
    }
    err = sdkInit.JoinPeers(mc, initInfo)
    if err != nil{
        fmt.Println(err.Error())          // return
    }
}
```

使用 go mod 解决项目的依赖问题。

```
$ go mod init
$ go mod tidy && go mod vendor
```

依赖解决之后,使用 fixtures 目录中的 docker-compose.yaml 文件启动网络。

```
$ cd fixtures && $ docker – compose up – d
```

📝注意:命令执行完成之后使用 docker ps 命令检查各容器的状态,如果有问题请检查配置文件。

Fabric 网络启动之后,对项目源码进行编译,然后运行程序。

```
$ cd ../
$ go build
$ ./hrinfo
```

应用程序执行成功后,则会输出以下信息。

```
Fabric SDK 实例初始化成功!
通道已成功创建,txID: f17f5f3f375f1b2bb140e2d98c1b6906355a2877ce695fee2ef1273398cdc337
peers 已成功加入指定的通道.
```

使用 make 工具创建 Makefile 文件并对其进行编辑。

```
$ vi Makefile
```

文件中的具体内容可以参考 8.3.4 小节测试 SDK 部分中的 Makefile 文件,需要注意
run 及 clean 命令中的文件名称,其他部分大体相同。

Makefile 文件编写完成之后,可以直接使用 make clean 命令关闭 Fabric 网络并清理
环境。

```
$ make clean
```

9.2.2　链码开发

在当前项目的根目录下创建一个名为 chaincode 的文件夹,用于存储智能合约相关源
代码文件,并在该文件夹中创建一个名为 infoStruct.go 的源码文件。

```
$ cd $ GOPATH/src/hrinfo
$ mkdir chaincode
$ touch chaincode/infoStruct.go
```

创建完成之后,编辑 infoStruct.go 文件,根据设计的数据模型声明 HRInfo 与
HistoryItem 两个结构体,具体源码如下:

```go
package main
type HRInfo struct {
    ObjectType string      `json:"docType"`
    Name string            `json:"Name"`              // 姓名
    Gender string          `json:"Gender"`            // 性别
    EntityID string        `json:"EntityID"`          // 身份证号(记录的 Key)
    Nation string          `json:"Nation"`            // 民族
    Place string           `json:"Place"`             // 籍贯
    Education string       `json:"Education"`         // 学历
    GraduationDate string  `json:"GraduationDate"`    // 毕(结)业日期
    SchoolName string      `json:"SchoolName"`        // 所读学校名称
    Major string           `json:"Major"`             // 所读专业
    Mphone string          `json:"Mphone"`            // 联系电话
```

```
        CompanyName string      `json:"CompanyName"`    // 公司名称
        Department string       `json:"Department"`     // 所在部门
        Job string              `json:"Job"`            // 职位
        Hiredate string         `json:"Hiredate"`       // 入职时间
        Status string           `json:"Status"`         // 是否在职
        Leavedate string        `json:"Leavedate"`      // 离职时间
        Historys []HistoryItem                          // 历史记录的数组
}
type HistoryItem struct {
        TxId string                                     // 交易编号
        HRInfo HRInfo                                   // 当前记录的详细信息
}
```

　　智能合约所需的数据结构定义完成，就可以根据应用需求编写实现智能合约的相关代码。首先在 chaincode 目录中创建一个 main.go 的源码文件并使用 vi 编辑器进行编辑，编写账本初始化函数及链码启动主函数，完整源码如下(忽略导入的包)：

```
package main
type HRInfoContract struct {
    contractapi.Contract
}
func (s * HRInfoContract) InitLedger(ctx contractapi.TransactionContextInterface) error {
    // 初始化 fabric 分类账本
    return nil
}
func main() {
    scChaincode, err := contractapi.NewChaincode(&HRInfoContract{})
    if err != nil {log.Panicf("Error creating chaincode: %v", err)}
    if err := scChaincode.Start(); err != nil{
        log.Panicf("Error starting chaincode: %v", err)
    }
}
```

　　然后在 chaincode 目录中创建一个名为 hrinfoCC.go 的源码文件并对其进行编辑，主要编写对区块数据进行操作的逻辑代码实现。

```
package main
const DOC_TYPE = "hrObj"
// 存储信息: args: HRInfoObject.身份证号(EntityID)为 key, HRInfo 为 value
func (h * HRInfoContract) PutHRInfo(ctx contractapi.TransactionContextInterface, obj HRInfo)
(error) {
    obj.ObjectType = DOC_TYPE
    b, err := json.Marshal(obj)
    if err != nil { return    err}
    err = ctx.GetStub().PutState(obj.EntityID, b)   // 保存数据
    if err != nil { return    err }
    return nil
}
// 保存数据状态:身份证号为 key, HRInfo 为 value
```

```
func ( h * HRInfoContract ) SaveHRInfo ( ctx contractapi. TransactionContextInterface, obj
string) error {
    var info HRInfo
    err : = json.Unmarshal([]byte(obj), &info)
    if err != nil { return err }
     // 查重: 保证账本中存储的身份证号码必须唯一
    temp, err : = h.GetInfoByEntityID(ctx, info.EntityID)
    var exist = false
    var res HRInfo
    err = json.Unmarshal([]byte(temp), &res)
    if res.EntityID != "" { exist = true }
    if exist { return fmt.Errorf("要添加的身份证号码已存在")}
    err = h.PutHRInfo(ctx, info)     // 调用 Put 方法存储数据至账本中
    if err != nil { return fmt.Errorf("保存信息时发生错误")}
    return nil
}
// 根据身份证号更新数据状态.obj: HRInfo
func ( h * HRInfoContract ) ModifyHRInfo ( ctx contractapi. TransactionContextInterface, obj
string) error {
    var info HRInfo
    err : = json.Unmarshal([]byte(obj), &info)
    if err != nil { return err}
     // 首先根据身份证号码查询数据状态
    result, err : = h.GetInfoByEntityID(ctx, info.EntityID)
    if err != nil {return fmt.Errorf("根据身份证号码查询信息时发生错误")}
    var res HRInfo
    err = json.Unmarshal([]byte(result), &res)
    // 依次将 info 结构体中的其他属性赋值给 res 结构体的对应属性
    res.Name = info.Name
    res.Gender = info.Gender
    res.Status = info.Status
    res.CompanyName = info.CompanyName
    res.Department = info.Department
    res.Education = info.Education
    res.GraduationDate = info.GraduationDate
    res.Hiredate = info.Hiredate
    res.Job = info.Job
    res.Leavedate = info.Leavedate
    res.Major = info.Major
    res.Mphone = info.Mphone
    res.Nation = info.Nation
    res.Place = info.Place
    res.SchoolName = info.SchoolName
    err = h.PutHRInfo(ctx, res)     // 存储为最新数据状态
    if err != nil {return fmt.Errorf("更新信息失败,保存新信息时发生错误")}
    return nil
}
// 根据身份证号码查询查询数据状态
func (h * HRInfoContract) GetInfoByEntityID(ctx contractapi.TransactionContextInterface, id
string) (string, error) {
```

```
        result, err := ctx.GetStub().GetState(id)
        if err != nil { return "", err }
        if result == nil { return "", nil   // 无结果}
        return string(result), nil   // 返回结果
}
// 根据指定的 ID 查询详细历史信息
func (h * HRInfoContract) QueryDetailsByID(ctx contractapi.TransactionContextInterface, id
string) (string, error) {
        result, err := h.GetInfoByEntityID(ctx, id)
        var info HRInfo
        err = json.Unmarshal([]byte(result), &info) // 对查询到的状态进行反序列化
        if err != nil { return "", err }
        if err != nil { return "", err }
        if info.EntityID == ""{ return "", nil }
        //查询相应的详细历史记录信息
        info.Historys, err = h.queryHistoryForKey(ctx, info.EntityID)
        if err != nil { return "", err }
        res , _ := json.Marshal(info)
        return string(res), nil
}
// 查询历史记录信息
func (h * HRInfoContract) queryHistoryForKey(ctx contractapi.TransactionContextInterface, id
string) ([]HistoryItem, error) {
        iterator, err := ctx.GetStub().GetHistoryForKey(id) // 获取历史变更数据
        if err != nil { return nil, err }
        defer iterator.Close()
        var historys []HistoryItem
        var hisInfo HRInfo
        for iterator.HasNext(){      // 对结果集进行迭代处理
            hisData, err := iterator.Next()
            if err != nil { return nil, err }
            var history HistoryItem
            history.TxId = hisData.TxId
            json.Unmarshal(hisData.Value, &hisInfo)
            if hisData.Value == nil{
                var tmp HRInfo
                history.HRInfo = tmp
            }else { history.HRInfo = hisInfo }
            historys = append(historys, history)
        }
        return historys, nil
}
```

从上面的源码中可以看出，对数据状态的操作可以分为 3 个部分。

（1）存储数据：可以通过调用名称为 SaveHRInfo 的函数实现。该函数在调用时需要
接收两个参数，其中第二个参数是客户端传递的需要保存的数据对象。然后根据获取的身
份证号码进行查询，以确定是否重复保存。如果非重复数据，则调用自定义的 PutHRInfo
函数将数据存储上链。

（2）修改数据：如果在区块链中已经存在相应的用户数据，则可以通过 ModifyHRInfo 函数来实现修改数据的功能。首先根据指定的身份证号码查询出其对应的数据状态，然后将各项数据进行修改，最后通过调用 PutHRInfo 函数存储最新的数据状态。如果在任一步骤中出现错误，则直接返回自定义的错误信息。

（3）查询数据：查询数据功能可以分为以下两种。

① 根据指定的身份证号码查询数据的最新状态，通过调用 GetInfoByEntityID 函数实现。

② 根据指定的身份证号码查询数据的最新状态及相应的详细历史信息，通过调用自定义的 QueryDetailsByID 函数实现。QueryDetailsByID 函数会首先通过调用 GetInfoByEntityID 函数查询出数据的最新状态，然后调用自定义的 queryHistoryForKey 函数查询相应的历史记录信息，最后通过迭代处理将多条数据封装为一个数组对象并返回。

9.2.3 自动部署实现

我们在 8.4.2 小节中已经详细介绍了使用 fabric-sdk-go 实现对链码自动部署，所以读者可以参考该节的内容，定义链码部署过程相关的函数并编写各函数的具体实现代码。其中所涉及的源码文件如下：sdkInit/InitSDKStruct.go、sdkInit/SDKInfo.go、main.go。

在 main.go 源码文件中分别调用 CreateCCLifecycle 函数部署链码，以及 CreateOrgsChannelClients 函数创建 Orgs 通道客户端对象。

注意：需要将 sdkInit/SDKInfo.go 中定义的 ChaincodeName 常量的值修改为"hrinfoCC"。

源码编写完成之后，首先使用 go mod tidy、go mod venor 解决链码的扩展依赖问题。然后，返回至项目根目录下，在命令提示符中使用 make 命令启动应用程序。

第*10*章　应用项目实践之Web实现

10.1　MVC 架构及链码的调用

10.1.1　业务层开发

在业务层中,我们可以通过 fabric-sdk-go 提供的相应 API,调用链码中指定的函数实现相应的功能。首先在项目根目录中创建一个 service 目录,然后进入该目录创建一个名为 domain.go 的源码文件并对其进行编辑。

```
$ cd ~/go/src/hrinfo && mkdir service && cd service
$ vi domain.go
```

在 domain.go 文件中定义相关的结构体如下:

```
type HRInfo struct {
    // 具体成员可参考智能合约开发中的 HRInfo 结构体包含的成员……
}
type HistoryItem struct {
    // 具体成员可参考智能合约开发中的 HistoryItem 结构体包含的成员……
}
type ServiceDomain struct {
    ChaincodeID string
    OrgChannelClient * sdkInit.OrgsChannelClient
}
```

在智能合约的源代码中我们主要定义了 4 个功能,分别使用以下的函数实现。

(1) SaveHRInfo:将数据存储至区块链中。

(2) ModifyHRInfo:更新数据。

(3) GetInfoByEntityID:根据指定的 ID 查询数据。

(4) QueryDetailsByID:根据指定的 ID 查询历史记录的详细信息。

为了实现调用智能合约,我们在业务层中创建一个 hrInfoService.go 的源码文件并进行编辑。

```
$ vi hrInfoService.go
```

在该文件中定义 4 个函数,通过应用通道客户端对象分别调用智能合约中的相关函数以实现对应的功能,完整源码如下:

```
package service
func (s * ServiceDomain) SaveHRInfo(info HRInfo) (string, error) {
    obj, err := json.Marshal(info)      // 将 HRInfo 对象序列化成为字节数组
    if err != nil { return "", fmt.Errorf("指定的 info 对象序列化时发生错误") }
    req := channel.Request{ChaincodeID: s.ChaincodeID, Fcn: "SaveHRInfo", Args: [][]byte
{obj}}
    response, err := s.OrgChannelClient.Org1ChannelClient.Execute(req, channel.WithRetry
(retry.DefaultChannelOpts))
    if err != nil { return "", err }
    return string(response.TransactionID), nil
}
func (s * ServiceDomain) ModifyHRInfo(info HRInfo)  (string, error) {
    obj, err := json.Marshal(info)      // 将 HRInfo 对象序列化成为字节数组
    if err != nil { return "", fmt.Errorf("指定的 info 对象序列化时发生错误") }
    req := channel.Request{ChaincodeID: s.ChaincodeID, Fcn: "ModifyHRInfo", Args: [][]byte
{obj}}
    response, err := s.OrgChannelClient.Org1ChannelClient.Execute(req, channel.WithRetry
(retry.DefaultChannelOpts))
    if err != nil { return "", err }
    return string(response.TransactionID), nil
}
func (s * ServiceDomain) GetInfoByEntityID(entityID string) ([]byte, error) {
    req := channel.Request{ChaincodeID: s.ChaincodeID, Fcn: "GetInfoByEntityID", Args: [][]
byte{[]byte(entityID)}}
    response, err := s.OrgChannelClient.Org2ChannelClient.Query(req, channel.WithRetry
(retry.DefaultChannelOpts))
    if err != nil { return []byte{0x00}, err }
    return response.Payload, nil
}
func (s * ServiceDomain) QueryDetailsByID(entityID string) ([]byte, error) {
    req := channel.Request{ChaincodeID: s.ChaincodeID, Fcn: "QueryDetailsByID", Args: [][]
byte{[]byte(entityID)}}
    response, err := s.OrgChannelClient.Org2ChannelClient.Query(req, channel.WithRetry
(retry.DefaultChannelOpts))
    if err != nil { return []byte{0x00}, err }
    return response.Payload, nil
}
```

10.1.2 测试

返回至项目根目录,编辑 main.go 文件。

```
$ cd ~/go/src/hrinfo
$ vi main.go
```

在 main 函数中添加如下代码,用来实现对业务层的各个函数的调用测试。

```
[...]
    // Service
```

```
serviceDomain : = service.ServiceDomain{
    ChaincodeID: sdkInit.ChaincodeName,
    OrgChannelClient: channelClient,
}
info : = service.HRInfo{
    Name: "张三", Gender: "男", EntityID: "1101123456",
    Nation: "汉", Place: "北京", Education: "本科",
    GraduationDate: "2008 年 07 月", SchoolName : "北京五道口职业技术学校",
    Major: "软件工程", Mphone: "13000001234",
    CompanyName: "XX 技术有限公司", Department: "研发部", Job: "部门主管",
    Hiredate: "2016 年 05 月 10 日", Status: "在职", Leavedate: "",
}
txID, err : = serviceDomain.SaveHRInfo(info)    // 添加信息
if err != nil{
    fmt.Println(err.Error())
    return
}
fmt.Println("添加请求执行成功,返回的 txID: ", txID)
// 查询信息
```

使用 make 工具自动部署并执行。

```
$ make
```

若执行成功,则可以在终端中看到命令执行后输出的相关结果。

还可以在 main 函数中调用业务层中相关的方法分别实现以下测试。

(1) 根据 EntityID 调用 GetInfoByEntityID 方法查询信息。

(2) 修改信息。

(3) 查询详情信息。

10.2 Controller 层及 View 层实现

10.2.1 controller 层实现

通过 10.1 节的业务层实现了对链码的调用后,接下来我们需要实现 Controller 控制层。在项目根目录中创建一个 web 子目录,然后在 web 目录中创建一个 controller 子目录。

```
$ cd ～/go/src/hrinfo && mkdir - p web/controller
```

在 controller 目录中创建一个 controllerResponse.go 的源码文件,文件具体实现代码可参考 8.5.2 小节的同名文件。然后创建一个名为 controllerHandler.go 的源码文件,用于接收客户端请求之后调用业务层相关的函数,并将处理之后的结果通过 controllerResponse.go 中的函数响应给客户端。

```
$ vi web/controller/controllerHandler.go
```

具体实现代码如下:

```go
package controller
type WebController struct { WebApp * service.ServiceDomain }
func (web * WebController) Index(w http.ResponseWriter, r * http.Request)      {
    ShowView(w, "index.html", nil)      // 首页
}
// 转至添加信息页面(是否需要登录用户<HR>的信息)
func (web * WebController) AddPage(w http.ResponseWriter, r * http.Request){
    data := &struct{
        Msg string
        Flag bool
    }{ Msg:"", Flag:false, }
    ShowView(w, "addInfo.html", data)
}
// 添加信息
func (web * WebController) AddInfo(w http.ResponseWriter, r * http.Request)      {
    info := service.HRInfo{
        Name:r.FormValue("name"), Gender:r.FormValue("gender"),
        EntityID:r.FormValue("entityID"), Nation:r.FormValue("nation"),
        Place:r.FormValue("place"), Education:r.FormValue("education"),
        GraduationDate:r.FormValue("graduationDate"),
        SchoolName:r.FormValue("schoolName"), Major:r.FormValue("major"),
        Mphone:r.FormValue("mphone"),
        CompanyName:r.FormValue("companyName"),
        Department:r.FormValue("department"), Job:r.FormValue("job"),
        Hiredate:r.FormValue("hiredate"), Status:r.FormValue("status"),
        Leavedate:r.FormValue("leavedate"),
    }
    web.WebApp.SaveHRInfo(info)
    r.Form.Set("id", info.EntityID)
    web.QueryInfoByID(w, r)
}
func (web * WebController) ModifyPage(w http.ResponseWriter, r * http.Request){
// 修改信息(根据指定的 ID 查询信息)
    id := r.FormValue("id")
    result, err := web.WebApp.GetInfoByEntityID(id)
    var info = service.HRInfo{}
    json.Unmarshal(result, &info)
    data := &struct{
        Info service.HRInfo
        Msg string
        Flag bool
    }{ Info:info, Flag:true, Msg:"", }
    if err != nil{
        data.Msg = err.Error()
        data.Flag = true
    }
    ShowView(w, "modifyInfo.html", data)
}
```

```go
func (web * WebController) ModifyInfo(w http.ResponseWriter, r * http.Request) {    //修改信息
    info := service.HRInfo{
        Name:r.FormValue("name"), Gender:r.FormValue("gender"),
        EntityID:r.FormValue("entityID"), Nation:r.FormValue("nation"),
        Place:r.FormValue("place"), Education:r.FormValue("education"),
        GraduationDate:r.FormValue("graduationDate"),
        SchoolName:r.FormValue("schoolName"), Major:r.FormValue("major"),
        Mphone:r.FormValue("mphone"),
        CompanyName:r.FormValue("companyName"),
        Department:r.FormValue("department"), Job:r.FormValue("job"),
        Hiredate:r.FormValue("hiredate"), Status:r.FormValue("status"),
        Leavedate:r.FormValue("leavedate"),
    }
    web.WebApp.ModifyHRInfo(info)
    r.Form.Set("id", info.EntityID)
    web.QueryInfoByID(w, r)
}
func (web * WebController) GetPage(w http.ResponseWriter, r * http.Request) {
    data := &struct{
        Msg string
        Flag bool
    }{ Msg:"", Flag:false, }
    ShowView(w, "queryPage.html", data)
}
func (web * WebController) QueryInfoByID(w http.ResponseWriter, r * http.Request){
    // 根据指定的 ID 查询信息
    id := r.FormValue("id")
    result, err := web.WebApp.GetInfoByEntityID(id)
    var info = service.HRInfo{}
    json.Unmarshal(result, &info)
    data := &struct{
        Info service.HRInfo
        Msg string
        Flag bool
        History bool
    }{ Info:info, Msg:"", Flag:false, History:true, }
    if err != nil{
        data.Msg = err.Error()
        data.Flag = true
    }
    ShowView(w, "infoPage.html", data)
}
func (web * WebController)    GetDetails(w http.ResponseWriter, r * http.Request){
    // 根据指定的 ID 查询详情信息
    id := r.FormValue("id")
    result, err := web.WebApp.QueryDetailsByID(id)
    var info = service.HRInfo{}
    json.Unmarshal(result, &info.Historys)
    data := &struct{
        Info service.HRInfo
```

```
            Msg string
            Flag bool
            History bool
        }{ Info:info, Msg:"", Flag:false, History:true, }
        if err != nil{
            data.Msg = err.Error()
            data.Flag = true
        }
        ShowView(w, "detailsResult.html", data)
    }
```

控制层代码完成之后，在 web 目录下创建一个 webServer.go 的源码文件，该文件主要用于定义 GoWeb 应用程序的 Router(路由)信息。

```
$ vi web/webServer.go
```

完整代码如下：

```
package web
func WebStart(web controller.WebController){              // 启动 Web 服务
    fs: = http.FileServer(http.Dir("web/static"))
    http.Handle("/static/", http.StripPrefix("/static/", fs))
    // 指定路由信息(匹配请求)
    http.HandleFunc("/", web.Index)
    http.HandleFunc("/index", web.Index)
    http.HandleFunc("/addPage", web.AddPage)             // 显示添加信息页面
    http.HandleFunc("/addInfo", web.AddInfo)             // 提交信息请求
    http.HandleFunc("/modifyPage", web.ModifyPage)       // 修改信息页面
    http.HandleFunc("/modifyInfo", web.ModifyInfo)       // 修改信息
    http.HandleFunc("/getInfo", web.GetPage)             // 显示查询页面
    http.HandleFunc("/queryInfo", web.QueryInfoByID)
    http.HandleFunc("/getDetails", web.GetDetails)
    fmt.Println("启动 Web 服务, 监听端口号为: 8080")
    err := http.ListenAndServe(":8080", nil)
    if err != nil{
        fmt.Printf("服务启动时产生错误: % v", err)
    }
}
```

10.2.2 View 层实现

在 web 目录下创建 tpl 与 static 子目录，分别存放 HTML 页面与静态资源文件，文件结构与 8.5.3 小节的文件结构类似。

```
web
  ├—— controller
  │   ├—— controllerHandler.go
```

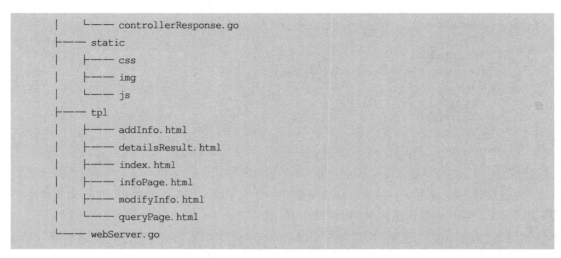

```
    |     └── controllerResponse.go
├── static
|     ├── css
|     ├── img
|     └── js
├── tpl
|     ├── addInfo.html
|     ├── detailsResult.html
|     ├── index.html
|     ├── infoPage.html
|     ├── modifyInfo.html
|     └── queryPage.html
└── webServer.go
```

tpl 目录中的各静态页面作用如下。

（1）addInfo.html：添加信息页面。

（2）detailsResult.html：历史记录信息显示页面。

（3）index.html：首页。

（4）infoPage.html：信息查询结果显示页面。

（5）modifyInfo.html：信息修改页面。

（6）queryPage.html：查询信息页面。

各页面的具体实现代码不再一一列出，大家可以根据情况自行编码实现。应用程序启动后，通过浏览器访问：http://localhost:8080，即可进入首页面。首页面显示内容如图 10-1 所示。

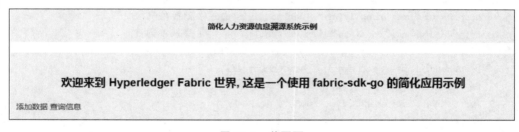

图 10-1　首页面

在首页面中单击添加数据的链接，进入添加人力资源信息页面，在该页面中输入需要添加的信息，如图 10-2 所示。

信息输入完成之后单击，如果请求处理成功，会自动跳转至人力资源信息查询结果页面（infoPage.html），并显示添加成功的相关数据。结果如图 10-3 所示。

查询信息结果显示页面也可以通过单击首页中的查询信息链接进入查询页面后，输入相应的身份证号码得到。查询页面如图 10-4 所示。

在查询结果页面中可以通过单击修改信息链接进入信息修改页面。修改页面如图 10-5 所示。

可以在此修改页面中对相应的信息做出修改，如图 10-6 所示。

添加人力资源信息

返回首页

姓名： 李四	专业： 计算机
性别： 男	联系电话： 13100001111
身份证号： 123456789	公司名称： ABC
民族： 汉	所在部门： IT
籍贯： 北京	职位： 部门经理
学历： 本科	入职时间： 2009年08月02日
毕(结)业日期： 2009年07月	是否在职： 在职
学校名称： 北京大学	离职时间： 离职时间

添加信息

图 10-2 数据添加页面

人力资源信息查询结果

姓名：李四	专业：计算机
性别：男	联系电话：13100001111
身份证号：123456789	公司名称：ABC
民族：汉	所在部门：IT
籍贯：北京	职位：部门经理
学历：本科	入职时间：2009年08月02日
毕(结)业日期：2009年07月	是否在职：在职
学校名称：北京大学	离职时间：

修改信息　查询详情　返回首页

图 10-3 响应页面

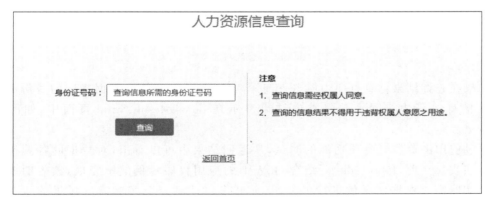

人力资源信息查询

身份证号码： 查询信息所需的身份证号码

注意

1. 查询信息需经权属人同意。
2. 查询的信息结果不得用于违背权属人意愿之用途。

查询

返回首页

图 10-4 查询页面

图 10-5　数据修改页面

图 10-6　修改对应数据

　　如果在查询结果信息页面中单击查询详情的链接,则系统会根据指定的身份证号码查询该信息的历史记录。并将查询结果显示在 detailsResult. html 页面中,如图 10-7所示。

　　通过使用浏览器对各项功能的测试,从返回结果中可以看出,对数据的各项操作都已正常实现。至此,fabric-sdk-go 结合 GoWeb 的应用程序示例演示完成,读者朋友们可以结合实际需求根据此示例进行思考,从而开发出达到符合实际需求场景的相关应用程序。

<table>
<tr><td colspan="10" align="center">人力资源详情信息查询结果</td></tr>
</table>

姓名	身份证号	毕业学校名称	毕(结)业日期	专业	公司名称	状态	入职时间	离职时间
李四	123456789	北京大学	2009年07月	计算机	ABC	离职	2009年08月02日	2016年09月16日
李四	123456789	北京大学	2009年07月	计算机	ABC	在职	2009年08月02日	

返回首页

图 10-7　查询结果页面

参 考 文 献

［1］ 杨保华，陈昌.区块链原理、设计与应用［M］.北京：机械工业出版社，2020.

［2］ 李鑫.Hyperledger Fabric 技术内幕：架构设计与实现原理［M］.北京：机械工业出版社，2019.

［3］ Flavio Junqueira，Benjamin ZooKeeper：分布式过程协同技术详解［M］.北京：机械工业出版社，2016.

［4］ Neha Narkhede，Gwen Shapira，Todd Palino. Kafka 权威指南［M］.北京：人民邮电出版社，2018.

［5］ E. Ben-Sasson，et al. Zerocash：Decentralized anonymous payments from bitcoin［C］. In IEEE Symposium on Security & Privacy，2014：459-474.

［6］ C. Cachin and M. Vukolić. Blockchain consensus protocols in the wild［C］. In A. W. Richa，editor，31st Intl. Symposium on Distributed Computing(DISC 2017)，2017：1-16.

［7］ F. P. Junqueira，B. C. Reed，and M. Serafini. Zab：High-performance broadcast for primary-backup systems［C］. In International Conference on Dependable Systems & Networks(DSN)，2011：245-256.

［8］ B. Kemme. One-copy-serializability. In Encyclopedia of Database Systems［C］. Springer. 2009：1947-1948.

［9］ J. Sousa，A. Bessani，and M. Vukolić. A Byzantine fault-tolerant ordering service for the Hyperledger Fabric blockchain platform［J］. In International Conference on Dependable Systems and Networks(DSN)，2018.